基本知識から運用まで、現代軍用機のミサイルや精密兵器に詳しくなる！

石川潤一の軍用機ウエポン事典 改訂版

Military Aircraft Weapon Encyclopedia

JN073331

イカロス出版

石川潤一の 軍用機ウエポン事典 改訂版

CONTENTS

Chapter 3

吊るしもの講座〈実装編〉 …………… 75

Chapter 3

吊るしもの講座〈知識編〉 ················ 107

索　引 ················ 163

Photos：US Air Force, Eurofighter-Geoffrey Lee, Sukhoi, MBDA, US Navy, Japan Air Self-Defense Force, Raytheon, SAAB, Russian Aircraft Corporation, Dassault Aviation-S. Randé

単位換算表

		メートル(m)	フィート(ft)	インチ(in)
長さ	*1 m*	1	3.2808	39.3701
	1 ft	0.3048	1	12
	1 in	0.0254	0.0833	1
		キロメートル(km)	マイル(mile)	ノーティカルマイル／海里(nm)
距離	*1 km*	1	0.6214	0.54
	1 mile	1.6093	1	0.869
	1 nm	1.852	1.1508	1
		キログラム(kg)	ポンド(lb)	
重量	*1 kg*	1	2.2046	
	1 lb	0.4536	1	
		リットル(L)	米ガロン(US gal)	英ガロン(Imp gal)
容量	*1 L*	1	0.2642	0.22
	1 US gal	3.7854	1	0.833
	1 Imp gal	4.5461	1.201	1
		時速キロメートル(km/h)	時速マイル(mph)	ノット(kt)
速度	*1 km/h*	1	0.6214	0.54
	1 mph	1.6093	1	0.869
	1 kt	1.852	1.1508	1

Chapter 1

軍用機ウエポン基礎知識

軍用機ウエポンの種類と搭載方法、運用のしかた

F-15Eの右主翼下Sta.8には610ガロン増槽、パイロン右側のSta.8RにCATM-9X、左側Sta.8LにはP5 ACMI（空戦機動計測）ポッドを搭載している。増槽の陰になっているがMXU-648/Aバゲージポッドと AAQ-13航法ポッドも見えている（写真：DVIDS）

「吊るしもの」こと
軍用機の搭載ウエポン

　この本は、月刊航空雑誌『Jウイング』で長らく続けさせていただいた連載、「吊るしものクラブ」を1冊にまとめ、さらに航空機搭載ウエポンを見分けるためのカタログページを追加したものだ。「吊るしもの」というのは戦闘機などが胴体や主翼に吊るす兵装類のことを親しみやすく紹介するために考案した「造語」で、ミサイルや爆弾だけでなくポッド類、落下増槽（ドロップタンク）、そしてそれらを吊るすためのパイロンやラック、ランチャーまでその種類は多岐におよぶ。

　正式にはこれらを「兵装」、英語では「Store（ストア）」というのだが、「吊るしもの」の方が直感的で分かりやすい。この連載によって「吊るしもの」という言葉はだいぶ浸透し、航空祭などでも使われているのをよく聞く。しかし、一般的に通用するかとなるとそれは別の話。

　余談になるが航空自衛隊が次期戦闘機として採用したロッキードマーチンF-35AライトニングIIは、ステルス性を保つため兵装をウエポンベイに収容、機外に吊るさないことを第一義にしている。そんなこともあって、今回書名は「吊るしもの」ではなく「ウエポン事典」というタイトルにしてみた。

　ウエポン（兵器）といっても小火器から戦略弾道ミサ

機体に何も搭載しない状態を「クリーン」というが、F-35のステルスモードではクリーンを維持する必要がある。そのため、左右3ヶ所ずつある兵装パイロンを取り外すとその穴は自動的に閉じられる（写真：Lockheed Martin）

イルまで無数にあるが、ここで紹介するのは軍用機、主に戦闘機、戦闘攻撃機、爆撃機などの作戦機（コンバットエアクラフト）が搭載するウエポンのこと。前述した「吊るしもの」がその中心だが、機関砲のように吊るさないウエポンも一部含まれている。航空機搭載のウエポンには機関砲やロケット弾のような非誘導の投射兵器、誘導システムを追加したミサイル、自由落下式の爆弾、誘導システムを持つ誘導爆弾、自由落下ながら子爆弾を大量に搭載し、空中で散布するクラスター（集束）爆弾などがある。

　また、目標が空なのか地上なのか水上／水中なのかで空対空、空対地、空対艦の分類法もある。さらには

攻撃的なウエポンではないが、電子戦や偵察、目標指示／照準用のポッドや増槽、空中給油ポッドなども軍用機が搭載するウエポンのひとつだ。主なウエポンについては「カタログ」のところで紹介するが、その前に搭載方法や、種類ごとの基本知識について紹介したい。

搭載方法

胴体や主翼下のハードポイントにウエポン指定席がある

　戦闘機を見ると、胴体や主翼の下にウエポン類を取り付けるため、パイロンという板状の懸架装置が付いている。その底部にはボムラック（爆弾架）が付いていて、爆弾やミサイル、その他のポッドを吊り下げるほか、レール発射式ミサイル用のランチャーを装着することも可能だ。パイロンやボムラック、ランチャーは

機体のどこに取り付けてもいいわけではなく、取り付け部はハードポイントといって他の部分より強化されており、アメリカ軍の場合は左から順番にSta.1、Sta.2という具合にステーションナンバーが振られている。

　各ステーションには搭載できる重量が決まっており、またドラッグインデックス（抵抗係数）や他の兵器との干渉などから搭載可能な重量一杯まで積めるわけではない。機体の周りをずらりと搭載可能な兵器を並べた写真が公開されることがあるが、あのすべてを一度に搭載できるわけではなく、仮に搭載できたとしても最大離陸重量をオーバーして離陸すらできないだろう。

　なお、ステーションについては番号とは別に位置による呼び方もある。胴体下、機軸の真下にあるのが「センターライン・ステーション」で、胴体の下方側面にあるのが「フューズラージ・ステーション」、主翼下面内舷が「インボード・ステーション」、外舷が「アウトボード・ステーション」だ。また、内舷と外舷の間（中舷）

F-2Aの搭載ウエポン。色調は異なるがほとんどが青や水色に塗られているか、青い帯が巻かれている。ウエポンで「青」は「イナート（不活性）」を意味しており、弾頭やロケットモーターなど火工品（火薬類）を搭載していない訓練弾やダミー弾に塗られている。赤／黄塗り分けは試験弾（写真：伊藤久巳）

●F-2の兵装搭載ステーション

ステーションには左端から右端までSta.1から順に番号が振られている。F-2の場合は翼端がSta.1/11、センターラインがSta.6で、主翼下のステーションは左右4ヶ所ずつ（Sta.2/3/4/5/7/8/9/10）。なお、Sta.4/8には内側に空対空ミサイルランチャーが追加可能（Sta.4L/8R）（写真：航空自衛隊）

に第3のステーションがある場合は「ミッドボード・ステーション」と呼ぶ。戦闘機によっては翼端部に空対空ミサイルを搭載できる「ウイングチップ・ステーション」を持つものもある。さらに、空気取り入れ口の下にポッド類を搭載するための「センサー・ステーション」を備えた機体もある。

パイロンの底部は空洞になっていて、そこにボムラックを取り付けるが、そのボムラックには14in（インチ）および30in間隔でフックが付いていて、ウエポン上部にあるサスペンションラグという吊り金具を前後からフックで挟み込むように引っかける。投下時はこのフックを外すと同時に、火薬カートリッジあるいは空気圧によってピストンを駆動、ウエポンを下側に突き離す。機体からの分離が充分でないと、気象条件などによっては逆に跳ね上がって機体を損傷させる可能性があるからだ。

これをエジェクトといい、この突き出し機構のあるものを「エジェクターラック」、単純に引っかけておくだけのものを「ラック」と呼び分けている。エジェクターラックには1発のウエポンしか搭載できないが、搭載

容量や干渉の問題がクリアできれば複数のウエポンを同一パイロンに搭載可能で、2連装、3連装、あるいは3連装を前後に並べた多連装などのエジェクターラックを使うこともある。

また、主翼下内舷など比較的面積の大きいパイロンの場合、側面にアダプターを取り付け、空対空ミサイル用のレールランチャーを追加することもある。アメリカ空軍が採用を検討した。F-15 2040Cアップグレード計画では、パイロン左右に加え、底部にも二股のアダプターを取り付けてレールランチャーを装着、1ヶ所に4発の空対空ミサイルを搭載できる「クアッドパック」が考案されている。

レールランチャーはミサイル側のフックをレールにはめ込み、発射時はそのレールを滑って前方へ飛び出す方式だ。AIM-9サイドワインダーやAIM-120 AMRAAMのような空対空ミサイルはこの方式で、AIM-7スパローやAAM-4など大型の空対空ミサイルでは、主翼下パイロン底部やフューズラージ・ステーションにエジェクトランチャーを装着、機外へ突き離してから点火する発射方法を採っている。AMRAAMなど昨今の

A-10の主翼下パイロンにはボムラックが内蔵されており、AGM-65マベリック空対地ミサイル用のLAU-117/Aミサイルランチャーはサスペンションラグで吊るされている（写真：US Air Force）

F-15Jの左主翼下、Sta.2にインボードパイロンを装着、ADU-407/Aアダプターを介してLAU-114/Aランチャーを取り付け、そこにAAM-5空対空ミサイルを搭載している（写真：伊藤久巳）

中射程空対空ミサイルは、レール式にもエジェクト式にも対応できるようになっている。

　ウエポンをどこに、どう搭載するかについてはだいたいお分かりになったと思う。ここからは航空機搭載ウエポンにどのような種類があるのか見ていきたい。なお、基本的には資料の多いアメリカ軍のウエポンを紹介している。その他の国のウエポンについてはカタログの方で紹介している。

種類

軍用機の基本ウエポンの種類と誘導方式を知る

機関砲／機関銃

　まずは機関砲だが、アメリカ軍は3本から6本のバレル（砲身）を回転させるガトリング方式が主流で、それに対してヨーロッパでは単砲身で30mmといった口径の大きい機関砲を搭載する例が多い。ガトリング砲は発射速度が速く、一方単砲身は構造が単純でコンパクト、さらには命中精度が高いというように一長一短がある。F-35Aをヨーロッパの企業と共同開発する際も、25mm5砲身ガトリング砲GAU-12/Uと27mm単砲身リボルバー式のマウザーBK-27のどちらを選ぶかで論争となった。結果としてGAU-12/Uの砲身を4本に減らすことで、問題だった重量の問題を解消したGAU-22/Aが選定されている。ガトリング式は単砲身に比べて射弾が散らばる傾向があるが、ショットガン的に使えるという点がアメリカ人好みだったようだ。

●機関砲のしくみ

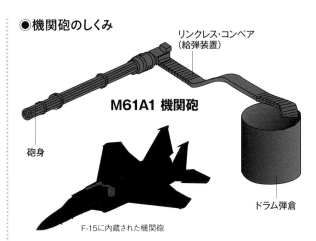

リンクレス・コンベア（給弾装置）

M61A1 機関砲

砲身

ドラム弾倉

F-15に内蔵された機関砲

　現在最も多く使われている機関砲が20mm6砲身のガトリング砲、M61A1で、電動式の機関砲と20mm弾を収容するドラム、給弾のためのコンベア、両者を繋ぐドライブシャフトなどから構成されている。アメリカの場合、20mm以上が機関砲（キャノン）、12.7mm（50口径）以下が機関銃（マシンガン）で、コンパクトな7.7mm（30口径）もガトリング式ミニガンの形で威力を高め、軽攻撃機やヘリコプターなどで使われている。また、ヘリコプターなどのドアガンとして、1930年代に実用化されたブローニングM2 12.7mm重機関銃が使い続けられていることは特筆していい。

ロケット弾

　ロケット花火のような火薬を使った飛び道具は11世紀の中国で誕生したと言われるが、航空機搭載兵器としてのデビューは20世紀初頭、第一次大戦の頃で、戦闘機から発射、爆発しやすい水素で浮揚する気球や飛行船に対抗する兵器として使われた。第二次大戦の頃

F-16は小型機ながら主翼端（Sta.1/9）、主翼下面3ヶ所（Sta.2/3/4/6/7/8）、胴体下センターライン（Sta.5）に兵装ステーションを持ち、AIM-9/120や空戦訓練ポッド、ALQ-184ジャミングポッド、増槽などを搭載できる。さらに空気取り入れ口下面にもセンサーステーションがあって、AAQ-33スナイパーターゲティングポッドやASQ-213 HARMターゲティングポッドなどを搭載することができる（写真：US Air Force）

になると直径5in（127㎜）のロケットを主翼下にずらりと並べ、対地攻撃、対艦攻撃に使う機会が増えた。戦後、5inロケットは尾部に弧断面の折りたたみ式安定フィンを持ち、チューブから発射された後に展張する方式に改められた。当初は数本のチューブを束ねたものだったが、円筒形のロケットランチャーから発射できる方式に変わった。このフィン折りたたみ式ロケット弾は、より小径で搭載数を増やせる2.75in（70㎜）に切り替わっていく。これが2.75in FFAR（フィン折りたたみ式無誘導ロケット）、別名「ハイドラ70」で、アメリカ以外でも多くの国で使用されている。

　広い範囲を制圧するためには1発の威力は小さくとも弾数を多く搭載できるハイドラ70のようなロケット弾が有利で、7チューブと19チューブのランチャーが多く使用されている。一方、「ズーニ」として知られる5inロケット弾は白燐弾頭などを装着、後続してくる機体に攻撃する目標の位置を知らせるために使われることが多い。このため、リップル（連続）発射は行わず、ランチャーも4チューブのものが中心だ。

　ズーニにしてもハイドラ70にしても、基本的には非誘導だが、近年、ハイドラ70にセミアクティブ・レーザー誘導システムを搭載したLGR（レーザー誘導ロケット弾）の開発が進んでいる。テロとの戦いでは市街戦が数多く発生し、敵味方が近接している場合や近くに民間人がいることも少なくない。つまり、威力の大きい兵器が使えない状況が増えてきているため、低威力だが確実に目標を破壊できるLGRが注目されているわけだ。

空対地誘導兵器

　LGRは空対地ミサイルの領域に達しており、その境目が曖昧になってきている。ミサイルというと尾部から炎や煙を吐いて高速で目標に突進するイメージが強いと思うが、ロケットモーターの燃焼時間は数秒から10数秒で、その間に最大速度に達し、あとは慣性によって飛び続ける。巡航ミサイルのようにジェットエンジンを搭載して長距離を飛行するミサイルもあるが、ほ

●空対地ミサイルの誘導方式

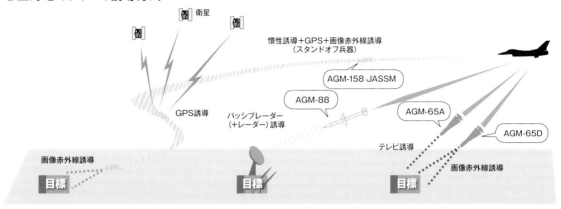

空対地ミサイルは射程数kmの対戦車ミサイルから1,000kmを超える巡航ミサイルまで多岐にわたり、誘導方式も様々だ。射程の長いミサイルではGPS/INSによりミッドコース（中間）誘導を行うが、ターミナル（終末）誘導は短射程空対地ミサイル同様、画像赤外線などのシーカーを使う。しかし、ミサイルが発射機から遠く離れているため、短射程ミサイルの有線/無線のコマンド方式は使えず、データリンクで座標を指示する方式を採る。

とんどが亜音速で燃費を稼ぐ方式になっている。しかし、マッハ5以上の極超音速で飛行可能な極超音速巡航ミサイルも開発中だ。

　つまり、多くのミサイルは発射直後こそロケット兵器だが、最終的には滑空兵器になっている。AGM-154 JSOW（統合スタンドオフ兵器）のように、最初からロケットモーターを持たず、高高度から投下され展張式の主翼で距離を稼ぐ滑空爆弾も「AGM」（空対地ミサイル）のカテゴリーに含まれている。JSOWはGPS（衛星による測位システム）とINS（慣性航法装置）を組み合わせた誘導システムと展張翼を持つが、この組み合わせは他の兵器にも適用可能で、非誘導兵器を精密誘導兵器に変えることができる。

　例えばMk80系爆弾と組み合わせたJDAM（統合直接攻撃ミュニッション）などが代表例で、クラスター爆弾を誘導兵器化したWCMD（風偏差修正ミュニッション・ディスペンサー）もある。最近では魚雷と組み合わせたボーイングHAAWC/ALA（高高度対潜戦兵器能力/空中発射アクセサリー）やレイセオン・フィッシュホークがあり、高高度から投下して滑空、GPS/INS誘導で潜水艦の至近に着水、魚雷の誘導システムにより目標に向かう滑空魚雷兵器だ。また、B61核爆弾についても、JDAMに似た誘導システムを追加した最新型、B61-12がある。

　このように、空対地、空対艦などの静止あるいは低速で移動する目標に対しては、GPS/INSやセミアクテ

●スタンドオフ・ウエポンのしくみ

AGM-158 JASSM

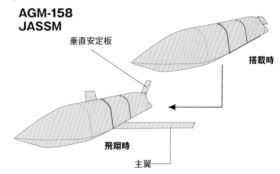

ィブレーザーホーミング、あるいはその両方を兼ね備えたデュアルモード誘導が有効だが、移動目標についてはさらに、ターミナルシーカーを装備した誘導兵器もある。空対地誘導兵器の誘導方式としては以下のような方式が一般的だ。

- ●有線/無線/レーダー・コマンド
- ● SALH（セミアクティブレーザーホーミング）
- ● GPS/INS
- ●デュアルモード（SALH+GPS/INS）
- ●アクティブターミナルシーカー
- ●アクティブレーダーホーミング
- ●パッシブレーダーホーミング

　このほか超低空を地形を縫うように飛行する巡航ミサイルでは

- ● TERCOM（地形照合）
- ● DSMAC（デジタル情景照合）

などの誘導方式が使われている。

　ミサイルや誘導爆弾などは発射/投下から着弾まで基本的には同じ誘導方式だが、射程の長いものではミッドコース（中間）とターミナル（終末）が異なる方式のものもある。より命中精度を増すためで、移動目標に対応できるターミナルシーカーを持つ。なお、個々のウエポンの誘導方式についてはカタログのところで紹介することにしたい。

　誘導兵器の多くは先端部が誘導（ガイダンス）セクションになっており、その後方に弾頭、推進システムを装備しているものは後端がロケットモーターやジェットエンジンになっている。

　次に紹介するのは対地攻撃兵器の弾頭（ウォーヘッド）だ。核弾頭を除く通常弾頭、在来弾頭について見ていく。「通常」「在来」と書いたが、これは「コンベンショナル」の訳し方がふたつあるということで、どちらも核兵器などの「スペシャル（特殊）」な弾頭に対して既存の火薬などを使った弾頭を意味している。

●誘導爆弾の誘導方式

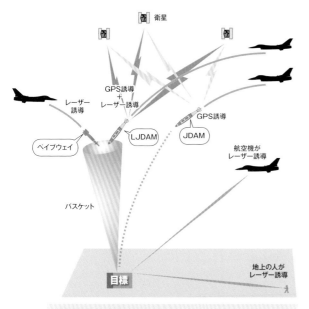

誘導爆弾の誘導方式はSALH（セミアクティブレーザーホーミング）とGPS/INSが主流で、SALHには悪天候や厚い雲に遮られると誘導できないという欠点がある。プログラムされた座標に向け落下するGPS/INS方式は全天候で使用可能だが、SALH方式に比べて命中精度で劣っている。この両者の欠点を解消するため、レーザーシーカーとGPS/INS誘導システムを併せ持つデュアルモードの精密誘導兵器が主流になりつつある。

　前述したように精密誘導兵器の弾頭は誘導部の後ろにあることが多く、先端部にあるとは限らない。砲弾の場合は発射薬（パウダー）の詰まった薬莢（ケース）の先端にはめ込み、発射薬の爆発燃焼によって飛び出す砲弾や弾丸が弾頭となるわけで、それがウォーヘッドの語源となったのだろう。しかし、ミサイルなどでは誘導部が先端にあるため、弾頭は弾体の中ほど、重心位置に近いところに置くことが多い。テレビなどで時々、ミサイルの先端を「弾頭部」と紹介しているのを見かけるが、これまで書いてきたようにそれは誤りで、「先端部」とか「ノーズ」とか呼ぶ方が正しい。話が横道に逸れたが、弾頭にもいくつか種類がある。空対地兵器で使われている主なものは以下の通りだ。
- ●爆風破砕（ブラストフラグメンテーション）
- ●直接破砕（ダイレクトフラグメンテーション）
- ●成形炸薬（シェイプドチャージ）
- ●貫通（ペネトレーター）
- ●集束（クラスター）
- ●焼夷（インセンディアリー）
- ●発煙（スモーク）

　標準的な弾頭が爆風破砕弾頭で、鋼鉄製の弾体（ケース）に炸薬を詰め、その爆風と砕け散った弾体の破片で目標を破壊する。

　直撃による破砕効果を狙った弾頭もある。対戦車ミサイルなどに使われるのが成形炸薬弾頭で、戦車などの装甲を突き破るため爆風が噴射する方向を一定方向に向けモンロー/ノイマン効果を応用した弾頭だ。簡単に説明すると、炸薬をすり鉢状の凹んだ円錐形に成形、メタル（金属）ライナーで覆う。起爆すると爆風はライナーを溶かしながらライナーと直角方向に進み、すべての爆風が集束する頂点で前方に方向を変える。爆風は溶けたライナーとともに高温のメタルジェットとなり前方に超高速で噴き出すため、装甲を突き破り、戦車の車内にも大きな損傷を与える。

　地下施設などの攻撃に使用する貫通弾頭（バンカーバスター）はケースをより強固にして、炸薬として爆発しにくい低反応炸薬を詰める。信管を遅延式あるいは時限式にして着弾から遅れて起爆するようにすると、地表ではなく地面やビルの天井を貫通した後に起爆する。最新のバンカーバスターでは、地下何階で爆発する——というような設定も可能。

　クラスター弾頭には様々なタイプがあり、対戦車地

●爆弾のしくみ

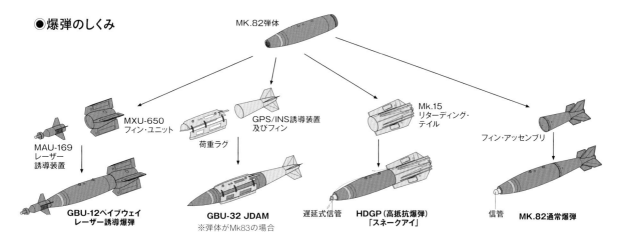

MK.82弾体

MXU-650 フィン・ユニット

GPS/INS誘導装置 及びフィン

Mk.15 リターディング・テイル

フィン・アッセンブリ

MAU-169 レーザー誘導装置

荷重ラグ

GBU-12ペイブウェイ レーザー誘導爆弾

GBU-32 JDAM
※弾体がMk83の場合

遅延式信管

HDGP (高抵抗爆弾)「スネークアイ」

信管

MK.82通常爆弾

雷や対人地雷、フレシェット (投げ矢) が放射状に飛び散るものまで様々で、どれも非人道的だという理由で現在は使わなくなっている。また、クラスター爆弾の問題点は不発弾を民間人が知らずに拾って事故が起きることで、2010年にクラスター弾に関する条約、通称オスロ条約が発効、日本を含む111の批准国で使用禁止となった。ただしアメリカ、ロシア、ウクライナなどは条約を批准していない。

このほかナパーム系のファイアボム (火炎爆弾) やサーモバリック燃料気化爆弾などは焼夷系の弾頭で、このほか赤燐、白燐などを使った発煙弾頭はロケット弾の弾頭として使われることが多い。

非誘導空対地兵器

アメリカの場合はMk80シリーズ、ロシアではFAB系が非誘導爆弾の代表格だ。先端部あるいは後部に信管を付ける。Mk80系を例に挙げると爆弾本体 (ボディ) とフィン・アッセンブリから構成されており、用途によってボディの先端部 (ノーズ) か後部 (テイル)、あるいは両方に信管を取り付ける。信管は爆弾を起爆するためには不可欠で、逆にいえば信管が装備されていない爆弾はたとえ輸送中や機体への搭載中に落下させても爆発することはない。また、信管を取り付けた後でも安全装置がかかっており、投下後、機体側から延びたアーミングワイヤが抜けることにより安全解除 (アーミング) を行う。

主な信管は以下の通り。

- ●時限信管 (タイムヒューズ)
- ●近接信管 (プロキシミティヒューズ)
- ●着発信管 (インパクトヒューズ)
- ●水圧信管 (ハイドロスタティックヒューズ)

バンカーバスターに装着されている遅延信管 (ディレイヒューズ) も着発信管の一種で、ほとんどの場合、テイルヒューズとして使われる。

ボディはケース (ケーシングともいう) に炸薬が詰まっており、TNT (トリニトロトルエン) 火薬を主剤とするトリトナール、マイノールⅡ、H6などがある。なお、H6はRDX (トリメチレントリニトロアミン) が主剤でTNT火薬も配合されている。これら高性能爆薬の代わりに、低感度爆薬AFX-757/797、PBNX-109/110などを詰めることで、貫通弾頭として使うことができる。さらに、Mk82 500lb爆弾の貫通型BLU-111/Bの炸薬PBNX-109を190lbから27lbまで減らしたLoCo (低コラテラルダメージ) 型がBLU-126/Bだ。コラテラルダメージとは戦闘中の民間人死傷者のことで、現代の戦争ではLoCoでしかも目標を確実に破壊できる能力が重視されている。

Mk80系、FAB系とも単体の自由落下爆弾として使われるほか、誘導爆弾の弾頭として使われることが多く、またフィン・アッセンブリを4枚羽根のコニカルフィンから抵抗を増やして落下速度を落とし、投下機への被害を減らす低高度用のリターデッドデバイスを取り付けることも可能。

空対空兵器

過去にはAIR-2ジーニのような非誘導ロケットに核弾頭を搭載、核爆発に巻き込んで爆撃機を撃墜する空対空兵器もあったが、現在は誘導ミサイルが主流だ。も

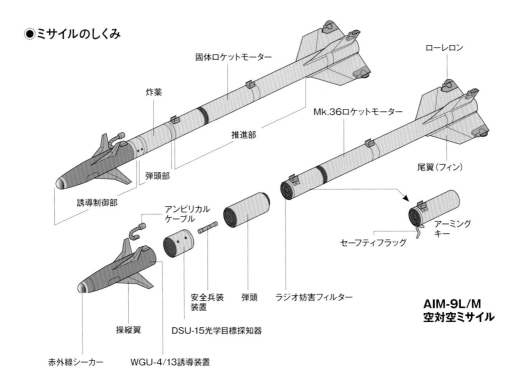

●ミサイルのしくみ

固体ロケットモーター

炸薬

ローレロン

推進部

Mk.36ロケットモーター

弾頭部

尾翼(フィン)

誘導制御部

アンビリカル
ケーブル

セーフティフラッグ

アーミング
キー

安全兵装
装置

弾頭

ラジオ妨害フィルター

**AIM-9L/M
空対空ミサイル**

操縦翼

DSU-15光学目標探知器

赤外線シーカー

WGU-4/13誘導装置

ちろん、気球のような動かない目標に対しては非誘導
ロケットの連射も有効と思われるが、現在は水素に代
わって引火しないヘリウムガスを使っているので、あ
まり大きな効果は期待できない。

　空対空誘導ミサイルの誘導方式としては、基本的に
3種類ある。

● SARH(セミアクティブレーダーホーミング)
● ARH(アクティブレーダーホーミング)
● IRH(赤外線ホーミング)

　ミサイル防衛でのALHTK(空中発射ヒット・トゥ・
キル)も空対空兵器と考えられるが、最終的には赤外線
誘導になるのでIRHの一種と考えていいだろう。

　SARHは目標に反射した発射機のレーダーパルスを
ミサイルが捉え、反射源へ向かう方式で、AIM-7スパ
ローが代表格だ。この間、発射機はレーダーを照射し
続けなければならず、反撃を食らう可能性が高い。一
方、ARHはミサイル自体がレーダーを持つため、発射
機はファイア・アンド・フォゲット(撃ち放し)で空域
を離脱できる。これら中射程の空対空ミサイルは、探
知した機体とミサイルを発射する機体が異なるクラウ
ドシューティングもARHなら可能だ。近年開発された
空対空ミサイルの多くがARHで、AIM-120 AMRA
AM(新型中射程空対空ミサイル)やAAM-4、ミーテ

ィア、R-77(AA-12アダー)など多数ある。

　BVRAAMに対するのがWVRAAM(目視距離内空対
空ミサイル)で、AIM-9サイドワインダーやAAM-5、
AIM-132 ASRAAM(新型短射程空対空ミサイル)、
R-73(AA-11アーチャー)などがある。IRHミサイル
は「熱線追尾(ヒートシーキング)」ミサイルとも呼ばれ
ており、当初は熱源となるエンジン排気口を後方から
追尾するミサイルだったが、画像赤外線方式などシー
カーの発達によりヘッドオン(正対位置)でも攻撃が可
能になった。

　また、ボアサイト(前方照準)から外れた敵機に対し
ても運動性向上によって攻撃可能になった。これを
HOBS(ハイ・オフボアサイト)といい、さらにはヘル
メット搭載照準器の登場により、LOAL(発射後ロック
オン)攻撃も可能になっている。通常、空対空ミサイル
は敵機をロックオンして発射するLOBL(発射前ロッ
クオン)が基本だが、ヘルメットサイトがオフボアサイ
トの目標を捉えていれば、発射後にその方向へ向かい、
後からロックオンできる能力だ。理論的には、追尾し
てくる敵機でも攻撃できることになる。

　空対空ミサイルの多くは単段固体ロケットモーター
だが、ミーティアやR-77の改良型K-77MEのように、
固体ロケットを空気取り入れ口(ダクト)から吸入した

●空対空ミサイルの誘導方式

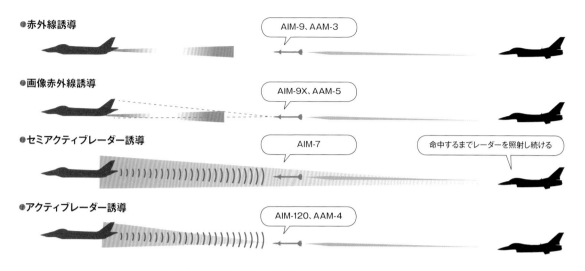

●赤外線誘導　AIM-9、AAM-3

●画像赤外線誘導　AIM-9X、AAM-5

●セミアクティブレーダー誘導　AIM-7　命中するまでレーダーを照射し続ける

●アクティブレーダー誘導　AIM-120、AAM-4

空対空ミサイルの誘導方式にはパッシブ式とアクティブ式があり、どちらにも大きな転換点があった。パッシブ式は赤外線を画像として認識、命中精度を大きく向上させることができた点で、エンジンのような熱源を追わなくても追跡が可能になった。一方、アクティブ式の方はレーダーのダウンサイジングによって大型ミサイルでなくともレーダーを搭載できるようになり、発射機のファイア・アンド・フォゲット（射ち放し）が可能になったことだ。

空気で二次燃焼させるダクテッドロケット方式もある。また、AMRAAMとAIM-9Xを組み合わせたNCADE（ネットワークセントリック空中防衛エレメント）という計画もあり、将来的には二段式ロケットモーターの空対空ミサイルも出てくるだろう。

　誘導セクション、推進セクションとくれば次は弾頭だが、高速で移動する目標に対して直撃で命中させることは容易ではなく、近接信管により至近距離で爆発、爆風破砕式の弾頭で損傷を与える。AIM-7スパローにはコンティニュアスロッド弾頭が付くが、これは弾体が連接したロッド状になっており、爆風でアコーディオン状に広がり目標に損傷を与える方式だ。

　このほか、ミサイル防衛用にはKKV（運動エネルギー・キルビークル）という直撃式の弾頭がある。大気圏外、すなわち宇宙空間という他に熱源がない環境で使うには有効なのだ。これを空対空ミサイルとして使う考えもある。アメリカ空軍研究所ではF-22AやF-35Aのウエポンベイに多くの空対空ミサイルを搭載する方法として、弾頭を持たず直撃（ヒット・トゥ・キル）で目標を破壊するSACM（小型先進能力ミサイル）の研究を進めている。弾頭がない分だけミサイルの小型化は可能で、AMRAAMの半分の長さになれば搭載可能な弾数も倍増する。

対艦、対潜兵器

　魚雷、機雷、爆雷（対潜爆弾）、そして空対艦ミサイルが、航空機から運用できる対艦、対潜兵器で、初期には非誘導ロケット弾で艦艇や浮上中の潜水艦を攻撃することも多かった。ここでは主として空対艦ミサイルについて紹介するが、現在多くの空対艦ミサイルが亜音速で、海面すれすれを飛行するシースキマーだ。しかし、艦側の防空システムも向上してくると、対艦ミサイルも高速化やステルス化などによって対抗せざるを得なくなり、技術的リスクや価格高騰を招いている。

　魚雷についてはGPS/INS誘導システムと展張翼により高高度、遠距離から潜水艦を攻撃できるようになり、航空対潜戦のあり方が変わってくる可能性がある。通常、航空機から魚雷や機雷を投下する場合、着水のショックを和らげるためパラシュートやリターーデッドデバイスを展張させる。機雷の場合はフィン・アッセンブリにパラパック（パラシュートパック）、バリュート（バルーンパラシュート）、展張式ドラッグプレートなどを取り付ける。魚雷の場合はプロペラスクリューが後端にあるため、そのスピナー部にパラシュートを内蔵したエアスタビライザーを取り付ける。

　航空機が搭載する魚雷はMk46やMk50、Mk56な

●空対艦ミサイルの発射から命中まで

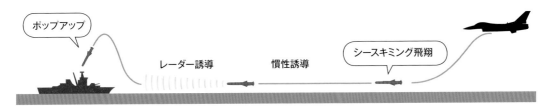

空対艦ミサイルは地球の丸みを利用して目標から見えない水平線下を、海面すれすれに飛ぶシースキミングミサイルが主流だ。ターミナル誘導ではアクティブレーダー誘導などに切り替えられ、構造的に脆弱な上部構造物を上から攻撃するためポップアップする。長距離を飛ぶため多くがジェットエンジンを搭載した亜音速ミサイルだが、艦艇側の防空能力強化に対抗するため超音速化も進んでおり、ステルス形状を持つものもある。

どのいわゆる短魚雷で、実弾は「ウォーショット」、訓練弾は「REXTORP（回収可能訓練魚雷）」と呼ばれる。爆弾などでは機体側にサスペンションラグという小さな吊り金具が付くが、水中での抵抗を減らしたい魚雷の場合はサスペンションバンドという2本ひと組のストラップで2ヶ所を固定、投下するとリリースワイヤによって拘束が解かれ、同時にエアスタビライザーのパラシュート開傘の動作が始まる。

対艦、対潜兵器に搭載される弾頭の炸薬はTNT単体やH6などのHBX（ハイブラスティング爆薬）、コンポジションB、PBXと様々だが、基本的には水中で大量の泡を発生させて、潜水艦や艦艇を破壊する。泡で船が沈むというと分かりにくいかもしれないが、爆風で発生した大量の泡は水圧との関係で収縮、膨張を繰り返す。これをバブルパルスというが、時に爆発そのものより大きな衝撃波を発生させ、船体に大きなダメージを与える。

機雷の起爆は主に
- 音響（アコースティック）
- 圧力（プレッシャー）
- 磁気（マグネティック）

の3種類で行われる。

ポッド類

航空機にはこのほか、様々な「ポッド」が搭載される。ポッドというのは豆類の「さや」のことで、グリーンピースやインゲン豆を想像していただけばいい。一番よく目にするのは増槽で、「ドロップタンク」や「落下燃料タンク」「EFT（外部燃料タンク）」と呼び名は様々。ドロップタンクというのは必要なら投棄して身軽になれ

るという意味だが、決して安価ではないためそうそう捨てられるものではない。

増槽に他機に対する給油システムを組み込んだのがバディタンクで、「バディ」とは「同僚」とか「仲間」という意味。バディタンクは燃料タンクも兼ねるが、ポンプと給油用のホースリールだけを収容、燃料は機内のものを使うのが空中給油ポッドで、燃料搭載量に余裕のある大型空中給油機が搭載することが多い。

実戦で使うポッドといえばIRST（赤外線捜索追跡）ポッドやレーザー照射を行うターゲティングポッド、FLIR（赤外線前方監視装置）航法ポッド、データリンクポッドなどがあり、近年ではIRSTとデータリンクをひとつのポッドで行うような、ハードポイント占有を減らす工夫がなされている。

ポッドの中に可視光カメラや赤外線センサー、SAR（合成開口レーダー）などを搭載して目標地域を画像化するのが偵察ポッドで、最新型はデータリンクを内蔵、通信衛星経由で地上や艦船、友軍機などにニア・リアルタイムで情報を伝えることができる。近年、特に重視されているのが味方の地上部隊に大きな損害を与える路肩爆弾や自動車爆弾で、ニア・リアルタイムの情報収集や監視により被害を最小限に抑えることができる。

このほかレーザーで機雷を探知するAMCM（空中対機雷）ポッド、機関銃や機関砲を収容したガンポッド、電子戦用のジャミング（妨害）ポッドなど様々あるが、多くを搭載しようとすればそれだけミサイルや爆弾などを搭載する余地がなくなる。また、外部搭載すれば空気抵抗により飛行性能に、またステルス性への影響も出る。ポッド類の高性能化が進めば簡単に投棄するわけにもいかず、機体内蔵がいいか、ポッド搭載がいいかは機体や運用形態などで違ってくるだろう。

Chapter 2

軍用機ウエポン・カタログ

空対空ミサイル　アメリカ　AIM-7スパロー

2006年のリムパック演習で、AIM-7Fスパローを発射するハワイANG 154WG/199FS（第154航空団第199戦闘飛行隊）のF-15C。胴体下のLAU-106/Aランチャーから約49°の角度でガス圧により下外側に射出されたスパローは、機体から離れたところで点火されて目標に向かう（写真：US Air Force）

　AIM-7スパローはアメリカ海軍が開発した中射程の空対空ミサイルで、1940年代末に開発された当時はAAM-N-2スパローⅠと呼ばれていた。1962年にAIM-7Aと改称されており、改良型AAM-N-3スパローⅡはAIM-7B、AAM-N-6スパローⅢはAIM-7C、AAM-N-6aはAIM-7D、AAM-N-6bはAIM-7Eとなった。

　AAM-N-2はウイング、フィンとも三角翼で、ノーズ部分は円錐形と現在のスパローとはだいぶ違っているが、AAM-N-3からは丸みを帯びたノーズとなり、フィンと寸法を合わせるようウイングの翼端がカットされている。AAM-N-2スパローⅠは発射機から目標に向け照射されたレーダービームに乗って目標に到達するレーダービームライディング方式だったが、命中精度が悪くAAM-N-3スパローⅡではアクティブレーダーが搭載された。

　しかし、当時の技術力では小型で充分な性能を持つレーダーは難しく、セミアクティブレーダーホーミング式のAAM-N-6スパローⅢが開発された。アクティブレーダーホーミングはミサイルが搭載するレーダーで目標を探知、レーダー反射波を受信してその反射源を追跡する方式だが、セミアクティブレーダーホーミングは発射機がCW（連続波）などで目標を照射、その反射波を追う方式だ。そのため、ミサイルのノーズ部分には受信用アンテナが収容されたレドームがあり、その後ろには誘導セクション、弾頭を挟んで操縦翼であるウイング付近が制御セクションになっている。誘導、制御セクションの間に弾頭があり配線が通せないため、弾体外側を這わせ四角断面のカバーで覆っている。

　ミサイル後端はロケットモーターで、液体ロケットを採用したAAM-N-6a/AIM-7D以外はすべて固体ロケットモーター。時代とともに電子機器のダウンサイジングが進み、その分だけロケットモーターの大型化が可能になっており、AIM-7F以降は射程が延びている。ミサイルには弾頭やロケットモーターなど火薬類が入っている部分に黄色や茶の帯が巻かれるが、ロケットモーターの大きいAIM-7F/Mは初期型と帯の位置が異なる。現行モデルのAIM-7Mはシーカー

リムパック2006演習において、F-15CにAIM-7Fの実弾を搭載する154AMXS（第154航空機整備中隊）のクルー。スパローの重心はローダーが持ち上げているウイングのすぐ後ろにある。実弾頭を表す黄帯に注目（写真：US Air Force）

搭載訓練に使うスパローのダミー訓練弾。AIM-7F/M訓練弾には弾頭はないが発射可能なATM-7F/M、誘導部のみ生きているキャプティブ訓練弾CATM-7F/M、すべてイナートなダミー訓練弾DATM-7F/Mがある（写真：伊藤久巳）

を改良するとともに、弾頭をコンティニュアスロッド式から爆風破砕式に変更している。なお、オートパイロットへのアップリンクが可能なAIM-7Pという発展型も開発されたが、AIM-7の生産が打ち切られたため、その技術は艦対空型RIM-7Pに生かされている。

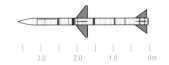

[AIM-7Mスパロー・データ]
ミサイル直径：20.3cm、全長：3.66m、ウイング幅：102cm、フィン幅：81cm、重量：231kg、弾頭：爆風破砕式40kg、射程：70km、推進方式：固体ロケット、誘導方式：セミアクティブ・レーダー誘導、飛翔速度：マッハ4

空対空ミサイル　アメリカ　AIM-9L/Mサイドワインダー

2021年3月10日、フロリダ州ティンダル空軍基地で実施された東部ウエポンシステム評価プログラムで、49FW（第49航空団）のF-16Cから発射されるAIM-9Mサイドワインダー。訓練用のミサイルで、ロケットモーターを表す茶帯は巻かれているが、弾頭は搭載していないようで、黄帯は見えない（写真：US Air Force）

　海軍がAAM-N-6スパローⅢに続いて開発した空対空ミサイルがAAM-N-7サイドワインダーで、AAM-N-7サイドワインダーI（AIM-9A）、サイドワインダーIA（AIM-9B）、サイドワインダーIC（AIM-9C）、サイドワインダーID（AIM-9D）の4種類あった。このうちAIM-9Cはセミアクティブレーダーホーミングで、残りはパッシブ赤外線ホーミング式。アメリカ空軍がサイドワインダーを採用したのはAIM-9Eからで、AIM-9Bを空軍仕様に改造した空対空ミサイルだ。AIM-9Fはヨーロッパの空軍向けAIM-9Bの発展型で、AIM-9Dの発展型がAIM-9G、さらに改良を加えたのがAIM-9Hだ。

　これら初期型のサイドワインダーは先端のシーカー部が半球形で大きく、操縦翼であるカナード（前翼）は三角翼。AIM-9C/D/Eの頃になるとシーカー部は半球形から先端の丸い円錐形になり、AIM-9E以降は長さも延長されている。カナードの形が大きく変わるのがAIM-9Jからで、三角翼の翼端部に後退角を持つ矩形翼を組み合わせたような「ダブ

ルデルタ」翼であった。同じダブルデルタでも、空軍のAIM-9Lは前縁後退角の異なる三角翼を組み合わせたすっきりした形で、最終量産型AIM-9Mにも引き継がれている。一方、AIM-9JのカナードはAIM-9N、そしてAIM-9Pへと引き継がれた。AIM-9PはAIM-9Lに導入された新技術をAIM-9J/Nにフィードバックしたミサイルで、価格がAIM-9Lより安かったため主に輸出用に使われている。

　しかし、アメリカではサイドワインダーの一本化が進み、現在は空軍、海軍ともAIM-9Mを運用している。AIM-9Mは排煙を軽減したロケットモーターとIRCCM（対赤外線対抗策）能力の向上が主な改修点で、海軍ではAIM-9M-8、空軍ではAIM-9M-9が現行バージョン。それ以前の初期型も、順次AIM-9M-8/9仕様に改造されている。AIM-9M以降、IIR（画像赤外線）シーカーを持つAIM-9Rも開発されたが、その技術は次に紹介するAIM-9Xとして結実する。

　AIM-9Mの構造は前部にシーカー、誘導/制御セクションが集中しているため

フロリダ州エグリン空軍基地でF-22Aに搭載されるDATM-9Mダミー訓練弾。搭載訓練用のミサイルで、ウイングに「DO NOT FLY」と記入されている。AIM-9Mは実弾でも86kgなので、ローダーなしで装填可能（写真：US Air Force）

弾頭、ロケットモーター部は青く塗られており、誘導/制御（C&G）のみ作動するキャプティブ訓練弾CATM-9Lまたは9Mだろう。実際に飛ぶことはないが、ウイング後縁翼端部のローレロンは外されずに残っている（写真：US Air Force）

非常にシンプルで、近接信管付きの弾頭セクションの後ろはロケットモーターだ。尾部には固定式のウイングがあるが、翼端後縁部にはジャイロ効果でミサイルを安定させるローレロンが取り付けられている。

3.0　2.0　1.0　0m

[AIM-9Mサイドワインダー・データ]
ミサイル直径：12.7cm、全長：2.85m、フィン幅：63cm、重量：86kg、弾頭：環状爆風破砕式9.4kg、射程：17.7km、推進方式：固体ロケット、誘導方式：パッシブ赤外線誘導、飛翔速度：マッハ2.5以上

空対空ミサイル　アメリカ　AIM-9Xサイドワインダー

MJ-1Bリフトトラックで機体（F-15）の近くまで運ばれるCATM-9Xキャプティブ訓練弾。実弾なら80kg以上あるので、ひとりで運ぶのは容易ではない。ちなみに、MJ-1は3,000lb（1,350kg）まで輸送可能（写真：US Air Force）

　1950年代に実用化したサイドワインダー空対空ミサイルは半世紀にわたって短射程空対空ミサイルの代名詞とも呼べる存在になったが、同じ弾体を使っての近代化には限界が見えてきた。大きなフィンとウイングを持つ構造は近年のドッグファイト用空対空ミサイルに求められている高機動性には不向きで、新世代の空対空ミサイルはカナードでの操縦をやめ、尾部で操縦を行うテイルコントロール方式が主流になりつつある。

　半世紀ぶりに大変身を遂げた第5世代のサイドワインダー、AIM-9Xもテイルフィンとジェットベーンにより操縦を行うテイルコントロール式で、カナードは固定式になり翼面積もかなり小さくなっている。つまり、それまでのAIM-9シリーズとは形も操縦法も異なるまったく別のミサイルで、本来ならAIM-○のような新しい型式名が与えられるべきだが、AIM-9サイドワインダーの発展型という形を取れば議会も納得しやすいため、AIM-9Xという名称が与えられ、サイドワインダーというポピュラーネームも引き継がれた。

　形はAIM-9Mなどと比べるとまった

く違っているが、弾体は同じ5in（12.7cm）径で、ロケットモーターも弾頭も共通。シーカーはAIM-9Rから受け継いだIIR方式で、目標を単なる熱源としてではなく画像として捉えるため、フレアーの散布などによるIRCM（赤外線対抗策）にもまどわされないようになっている。新型シーカーはこれまでの液化アルゴンガスによる冷却からスターリングサイクルを応用した冷却システムに変更され、熱雑音の影響を小さくしている。

　AIM-9Xの射程は約40kmとAIM-9Mの倍以上に延びたが、そうなると中間誘導が必要でIRU（慣性基準ユニット）が内蔵されている。また、限定的ながらLOAL（発射後ロックオン）能力も持っていて、最新型のブロックⅡではLOAL能

力を強化している。

　ロケットモーターはAIM-9Mの改良型だが、大幅にパワーアップするブロックⅢ計画もある。ノズル部にジェットベーンという推力偏向装置が追加されており、機動性を向上させている。尾部には4枚のテイルコントロールフィンが取り付けられているが、ロケットモーターの排気ノズル付近という限られたスペースであるため駆動用のアクチュエータはフィンの間に設置されている。このスペース不足を補うため、弾体底部にはハーネスと呼ばれる電子機器収容部が前部と後部に設けてあり、その後端部にアクチュエータユニットが設置されている。

エグリン空軍基地の33FWに所属するF-35Aに搭載されたAIM-9Xの実弾。LAU-151/AレールランチャーはSUU-96/A空対空パイロンに対して外側に傾いて取り付けられるため、ミサイルのフィンは正面から見て十字形になっている（写真：US Air Force）

F-35Aの主翼下に搭載されたAIM-9X。ウエポンベイ内への搭載はまだ認められておらず、主翼下から発射する試験のみが続けられている。物理的に搭載できないではなく、ソフトウェアのインテグレーションが鍵だ（写真：US Air Force）

3.0　2.0　1.0　0m

[AIM-9Xサイドワインダー・データ]
ミサイル直径：12.7cm、全長：3.02m、ウイング幅：36.3cm、テイルフィン幅：44.5cm、重量：85.3kg、弾頭：環状爆風破砕式9.4kg、射程：40km以上、推進方式：固体ロケット、誘導方式：パッシブ画像赤外線誘導+INS、飛翔速度：マッハ2.5以上

空対空ミサイル　アメリカ　AIM-120 AMRAAM

2019年1月21日、VX-9のテストパイロット、ダニエル・アルメンテロス中尉操縦のF-35Cが実施した、初のAIM-120 AMRAAMライブファイヤ（実弾発射）試験。主翼に搭載されているAIM-9Xも実弾で、どちらも黄帯と茶帯が巻かれている（写真：DVIDS）

AIM-7スパローの後継となる中射程空対空ミサイルがAIM-120AMRAAM（新型中射程空対空ミサイル）で、慣性および慣性コマンド、そしてアクティブレーダーによりベースラインのAIM-120Aでも50km以上の射程距離を持つ。AIM-120Aはロット1からロット5までの初期型で、ロット6/7は現場レベルでプログラム変更ができるEEPROM（電気的消去可能読み出し専用メモリ）を搭載したAIM-120Bだ。しかし、AIM-120BのウイングとフィンはAIM-120Aと同じ翼幅（それぞれ53.5cmと63.5cm）で、F-22Aのウエポンベイには収容できないため、ロット8以降の生産型は翼端を前後とも44.5cmまでカットしたAIM-120Cとなった。

ロット8からロット19までがAIM-120Cで、AIM-120A、AIM-120Bに次ぐ3番目のバージョンということでロット8/9/10はAIM-120C3と呼ばれている。弾頭の威力を強化したロット11はAIM-120C4、ロケットモーターを強化、SCAS（短縮型制御／アクチュエータセクション）を採用したロット12はAIM-120C5、信管を改良、QTDD（象限目標探知デバイス）を採

F/A-18のSUU-63/Aウイングパイロンに搭載されたAIM-120C。パイロンにはBRU-32/Aボムラックが内蔵されており、LAU-115/Aエジェクトランチャーを間に介することでAMRAAMを搭載できる（写真：Raytheon）

用したロット13/14/15はAIM-120C6。そしてロット16/17/18/19は誘導セクションのEP（電子防護）能力を高めた最終バージョンAIM-120C7で、ロット20以降は運動性を向上、HOBS（ハイ・オフボアサイト）能力を付与、GPS受信機、双方向データリンクを装備した、射程100km以上とされるAIM-120Dで、最新型は敏捷性を強化したAIM-120D-3だ。

AIM-120は後端のフィンを駆動して操縦を行うテイルコントロール式で、前方からガイダンス（誘導）セクション、アーマメント（武装）セクション、プロパルジョン（推進）セクション、コントロール（制御）セクションの4つから構成されている。それぞれGS/AS/PS/CSと呼ばれ

F-16の主翼端に搭載されたAMRAAM。ミサイルランチャーはAIM-9と兼用できるLAU-129/Aで、F/A-18用のLAU-127/A、F-15用のLAU-128/Aという3種ある共用ランチャーの中で、全長は129/Aが一番短い（写真：US Air Force）

るが、GSは先端のレドーム内にレーダーアンテナが収容されており、その後方に送信機とバッテリー、電子機器、そしてIRU（慣性基準ユニット）が配置されている。GSの後方、ウイング前縁付近までがAS（弾頭）で、フィン前縁部までがPS（ロケットモーター）。フィンの部分はロケットモーターのノズルになっており、それを取り巻くようにフィン作動用アクチュエータなどを内蔵したCSになっている。

弾体上部には3ヶ所、ランチフックがあって、レールランチャーの内側と外側にはまる構造になっているが、エジェクトランチャーに搭載する場合はフォワードフックとセンターフックが使われる。

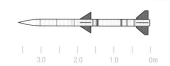

3.0	2.0	1.0	0m

[AIM-120C AMRAAM・データ]
ミサイル直径：17.8cm、全長：3.66m、ウイング/テイルフィン幅：44.5cm、重量：162.4kg、弾頭：爆風破砕式20.4kg、射程：100km、推進方式：固体ロケット、誘導方式：アクティブレーダーホーミング+慣性+慣性コマンド、飛翔速度：マッハ4

空対空ミサイル　アメリカ　**AIM-260 JATM**

アメリカ空軍は実用化から30年以上経つAIM-120 AMRAAMの後継空対空ミサイルとしてJATM(統合新型戦術ミサイル)の開発を2010年代後半に開始しており、ロッキードマーチンの提案を採用、2022年までにIOC(初期作戦能力)を獲得する予定だった。しかし、コロナ禍も加わって開発が遅延、開発費も高騰しており2020年代末まで実用化は遅れそうだ。

目指しているのは中国が開発しているPL-15(霹靂15)と同等以上の長射程空対空ミサイルで、200〜300kmが目標とされている。AIM-260の開発が遅れる間、空軍はAIM-120D-3という発展型を開発したが、射程は160km程度のようで、

2022年にアメリカ空軍ACC(航空戦闘軍団)総司令官、マークD.ケリー大将がインスタグラムに投稿した、F-22Aラプターから発射されるAIM-260のコンセプトイラスト。極秘に開発されているAIM-260の姿が明らかになることはなく、これまで出てきたのは想像図の段階だったが、空軍高官が公表しただけに、それなりの信憑性があるだろう(イラスト:US Air Force)

AIM-260には到底およばない。

AIM-260はF-22AやF-35A/B/C、そして次世代のエアドミナンス戦闘機、NGADのウエポンベイに収納できるよう、

AMRAAMと変わらないサイズになるようだ。2020年からQF-16標的機を使った飛行試験が続けられているが、外見からはAMRAAMと識別できないようだ。

[AIM-260・データ]
ミサイル直径:18cm、全長:3.66m、フィン幅:45cm、重量:154kg、射程:250km以上、推進方式:非公表、誘導方式:非公表、飛翔速度:マッハ5

空対空ミサイル　アメリカ　**ペレグリン**

AIM-260がAMRAAMサイズで長射程化を目指した空対空ミサイルだとすれば、AMRAAMとAIM-9サイドワインダーの間を狙った空対空ミサイルがRTX(レイセオン)のペレグリンだ。ステルス機のウエポンベイに搭載できる空対空ミサイルには限りがあるため、アメリカ空軍のAFRL(空軍研究所)はサイズダウンにより搭載数を増やすSACM(小型先進能力ミサイル)の開発を2010年代中盤に開始しており、その中で誕生したのがペレグリンだ。

レイセオンは2019年9月、AFA(空軍協会)のイベントで、AMRAAMの半分のサイズの実大モックアップを発表した。ロッキードマーチンもCUDA(クー

RTX(旧レイセオン)のウェブサイトにも掲載されているペレグリンのコンセプトイラスト。長いストレーキを持つテイルコントロール式の空対空ミサイルで、AMRAAMと比較して小型軽量でかつ高速という特長を持っている(イラスト:RTX)

F-22Aから発射されるペレグリン。AMRAAMの半分のサイズなので、4発のAMRAAMを搭載できるF-22Aのウエポンベイに8発搭載可能、F-35Aでは8発、サイドキック改修機なら12発の搭載が可能となる(イラスト:RTX)

ダ)というSACM案を提案していたが、AIM-260計画との兼ね合いもあってまだ研究段階を出ていない。

AMRAAMの半分サイズなら、F-22AやF-35では4発が8発、サイドキック改修済みのF-35Aであれば6発が12発に増えるわけだが、射程や探知能力まで半分に

なったのでは意味がなく、RTXは新しい高性能推進システムを開発した。空軍からのゴーサインが出ない中、AFRL(空軍研究所)はレイセオンにサイドワインダーの半分以下、全長1mのMSDM(ミニチュア自衛弾薬)ミサイルの開発を決定している。

[ペレグリン・データ]
ミサイル直径:?cm、全長:1.8m、ウイング幅:?cm、フィン幅:?cm、重量:68kg、弾頭:?、射程:?km、推進方式:?、誘導方式:?、飛翔速度:?

空対空ミサイル 日本 AAM-3（90式空対空誘導弾）

航空自衛隊第8飛行隊のF-2AのSta.1に搭載されているAAM-3訓練弾。シーカーが生きているキャプティブ訓練弾のようだ
（写真：穴田裕造）

　航空自衛隊は戦闘機搭載用空対空ミサイルの国産化を進めており、AIM-9Bサイドワインダーの後継としてAAM-1（69式空対空誘導弾）、AIM-4Dファルコンの後継としてAAM-2を開発したが、どちらも成功と呼ぶにはほど遠かった。

　国産空対空ミサイルで初めての成功作といえるのが三菱重工が開発したAAM-3で、1990年に部隊使用承認が下りて90式空対空誘導弾として制式採用された。航空自衛隊では当時、AIM-9Lが主に使用されていたが、その後継として開発されたのがAAM-3で、その成功によりAIM-9Lの発展型AIM-9Mは導入しなかった。AAM-3はカナードを除けば寸法はAIM-9Lほぼそのままで、これは後述するAAM-4とAIM-7Fスパローの関係でもいえることだ。

　空対空ミサイルというと戦闘機に搭載されている姿しか思い浮かばないが、搭載するためにはローダーが必要で、輸送用のカートや保管備蓄のためにはコンテナなどの支援機材が不可欠だ。空対空ミサイルの場合、操縦翼は取り外し可能で、AAM-3とAIM-9ではカナードを外すと外形はほとんど変わらない。つまり、AIM-9L用の支援機材がAAM-3にも応用できるということで、小さなことのようだが形状に共通性を持たせるメリットは大きい。なお、AIM-9Mなどのサイドワインダーではカナードを操縦翼、後部の固定翼をウイングと紹介したが、自衛隊ではカナードを操舵翼、ウイングを後翼と呼び名が異なる。

　AAM-3のシーカーは初期のサイドワインダーのように半球形で、アンチモン化インジウム（InSb）受光素子を使ったシーカーにより赤外線および紫外線を探知する二波長光波ホーミング方式を採用している。シーカーのレンズが大きいのは、センサーがスキャンする首振り角度がサイドワインダーと比べて大きいためだ。

　AAM-3とAIM-9Jの外見上の違いはカナードで、他に例のない形のドッグツース（犬歯）と呼ばれる切り欠きがある。カナードの付け根部後縁が弾体に固定されており、残りの大部分が遊動して弾体をロールさせることで方向転換が可能。サーボアクチュエータは電動式でサ

AAM-3のカナードは「ドッグツース（犬歯）」という変わった形をしており、前縁付け根部が回転する仕組みになっている。細かな動きでロール制御ができるため、ウイング端にローレロンは装備されない
（写真：編集部）

F-15JのSta.2Aに取り付けられたLAU-114/Aレールランチャーに搭載されるAAM-3訓練弾。ランチャー先端のノーズカバーを開け、ハンガーと呼ばれる金具をレール内側にはめ込み後方に滑らせて搭載する（写真：中井俊治）

イドワインダーと比べて細かい動作が可能なため、ウイングのローレロンは撤廃されている。弾頭は爆風破砕型から指向性破砕弾頭に変更されており、信管はアクティブレーザー式で、レーザー反射波により目標が近接すると起爆する。

[AAM-3・データ]
ミサイル直径：12.7cm、全長：3.10m、フィン幅：64cm、重量：90.6kg、弾頭：指向性破砕式15kg、射程：13km、推進方式：固体ロケット、誘導方式：パッシブ二波長光波ホーミング、飛翔速度：マッハ2.5

空対空ミサイル　日本　AAM-4（99式空対空誘導弾）

ホットスクランブルから帰投した航空自衛隊第3飛行隊のF-2A。Sta.8の中舷パイロンにはAAM-4の実弾が搭載されている。AAM-4の前方には実弾頭を表す黄帯、後方にはロケットモーター搭載を意味する茶帯が見える（写真：津久井信行）

AAM-3がAIM-9Jサイドワインダー後継ミサイルとしたら、AAM-4はAIM-7Fスパロー後継の中射程空対空ミサイルで、アクティブレーダーホーミングのファイア・アンド・フォゲット（撃ち放し）ミサイルに進化している。同様の能力を持つ空対空ミサイルとしてはAIM-120 AMRAAMがあるが、スパローとほぼ同寸のAAM-4はAMRAAMと異なりレールローンチは想定されておらず、F-15Jではフューズラージ・ステーションのエジェクトランチャーから運用されている。アメリカ空軍では「F-15 2040Cアップグレード計画」でAMRAAMを最大16発まで搭載可能だが、AAM-4では同様の改修を行っても搭載数は最大6発。F-2のウイングチップ（翼端）ステーションやF-35Aのウエポンベイにも搭載できず、大型ミサイルの問題点が次々と出てきているのが現状だ。

しかし、大型ミサイルにはメリットもある。より大きく威力のある指向性弾頭を搭載できることで、またロケットモーターもデュアルモーター化によりAMRAAMより射程が長い。そのため、指令受信機能により発射機からの中間誘導

を行っており、命中精度も向上している。つまり、性能的にはAMRAAMを上回っているわけだが、これは航空自衛隊が巡航ミサイル対処をAAM-4の任務のひとつに加えているためだ。相手が有人機なら軽い損傷でもミッションを断念する可能性があるが、片道兵器の巡航ミサイルでは致命傷を与えない限り飛び続けるので、アクティブレーザー信管と威力のある指向性弾頭により確実に仕留める必要がある。この辺の発想が、AMRAAMとは根本から違っている。なお、日本の独自仕様であるため戦時の補充が困難という点も意外に忘れられている問題点だ。

三菱電機が開発したAAM-4は99式空対空誘導弾として1999年に制式採用されたが、その改良型がAAM-4B、制式名99式空対空誘導弾（B）で、シーカーをアクティブフェイズドアレイ方式に変更、射程距離も伸びている。また、前述したAAM-4の問題点のひとつだったレールランチャーからの運用にも対応できるようになった。F-35Aのウエポンベイに搭載できないというサイズの問題だけは解消されていない。

こちらもホットスクランブルでのAAM-4実弾。F-15Jには胴体下に4発搭載できるが、実際に4発が必要な状況は考えにくく、2発に減らして抵抗を減らすことが多い（写真：細渕達也）

AAM-4 2発、AAM-5 2発というF-2の標準的な空対空兵装。AAM-4はスパローとほぼ同寸だが、エジェクトランチャーだけでなく、レールランチャーからも発射できるのが特徴で、運用柔軟性が増した（写真：松山誠一郎）

AAM-4をベースにダクテッドロケットを搭載した派生型も検討されていたが、イギリスと共同で研究を進めていたJNAAM（次世代合同空対空ミサイル）を基に新型ミサイルが開発される予定。

［AAM-4・データ］
ミサイル直径：20.3cm、全長：3.67m、ウイング幅：77cm、フィン幅：80cm、重量：220kg、弾頭：指向性破砕式40kg、射程：100km以上（推定）、推進方式：固体ロケット、誘導方式：慣性コマンド＋アクティブ・レーダー誘導、飛翔速度：マッハ4～5

空対空ミサイル　日本　**AAM-5（04式空対空誘導弾）**

2019年、那覇基地の美ら島エアーフェスタ開催中にスクランブル発進した航空自衛隊第204飛行隊のF-15J。AAM-5は中国機へのスクランブルの増えた那覇基地に、優先配備された（写真：猪股勧）

　沖縄県那覇基地の第9航空団は中国機に対するホットスクランブルの急増に対処できるよう、最新の国産空対空ミサイル、AAM-5の運用が可能なF-15J近代化改修型の優先配備を受けている。AAM-5はAAM-3を代替する新世代の短射程空対空ミサイルで、HOBS（ハイ・オフボアサイト）やLOAL（発射後ロックオン）、テイルコントロールなど多くの特徴を備えている。サイズはAAM-3とほとんど変わらないが、形状はまったく別物で、サイドワインダーやAAM-3にあったカナードはなく、テイルフィンとロケットモーターのTVC（推力偏向制御）ベーンによって機動性が大きく向上した。しかし、そのままでは安定性が不足するため、重心付近に台形翼のストレーキが追加されている。

　弾体前部が誘導制御部で、先端部のシーカーは赤外線フォーカルプレーンアレイ画像素子を複数使った画像赤外線方式になっている。3軸ジンバルによりシーカー視野角を増大させており、AAM-3と似たような大きなレンズを採用している。スターリング冷却システム

採用もAAM-3と同じだが、違いとしてはミッドコースまでのリング・レーザージャイロ式慣性誘導システムが追加されており、HOBS/LOALが可能になっている。AIM-9X同様、尾端まで配線と電子機器が内蔵された膨らみが延びており、テイルフィンとロケットモーターノズルの十字ベーンの駆動を制御する。誘導制御部の後方、ストレーキ部分の手前までが弾頭で、その後方にロケットモーターという構造になっている。

　テイルフィンとTVCによりAAM-5はAAM-3やAIM-9Lよりエンゲージエンベロープ（交戦包絡線）が拡大しており、射程、捕捉距離とも大幅に向上、IRCM（対赤外線対抗策）能力も強化されている。AAM-5はAAM-3/4で実現された機能を引き継いでおり、弾頭は指向性破砕式、近接信管はアクティブレーザー方式を採用している。

　開発、製造は三菱重工。搭載機はMIL-STD-1553デジタルデータバスを装備したF-15J/DJ MSIP改修機とF-2A/Bで、現時点ではF-15J近代化改修型に優先配備されているが、F-2A/Bについても

AAM-5の訓練弾。「へその緒」と呼ばれるアンビリカルコードが出ているので、搭載訓練用だろう。球形に近いシーカーは、探知できるボアサイトが半球形より広く取れる（写真：編集部）

AAM-5のテールコントロール部。すぐ前に見えるハンガーでX字形に搭載されるが、発射後は十字形に姿勢を変え、4枚のコントロールフィンは方向舵と昇降舵の役割を果たす（写真：編集部）

飛行開発実験団で運用試験が始まっている。F-35Aについては日本独自でインテグレーション変更ができないため、AIM-9Xが主用短射程空対空ミサイルとなることが決まっており、試験以外でAAM-5が搭載されることは当面ないだろう。

| 3.0 | 2.0 | 1.0 | 0m |

[AAM-5・データ]
ミサイル直径：12.7cm、全長：3.11m、フィン幅：44cm、重量：95kg、弾頭：指向性破砕式、射程：36km、推進方式：固体ロケット、誘導方式：赤外線フォーカルプレーンアレイ画像赤外線方式+慣性誘導、飛翔速度：マッハ3

空対空ミサイル　フランス　**MICA**

ラファールCから発射されるMICA-EM。長いストレーキとテールコントロール方式は近年の短射程空対空ミサイルの流行だが、MICAにはIR型に加え、アクティブレーダー誘導のEM型があるのが特徴で、違いはノーズコーンの形で分る（写真：MBDA）

　通常、空対空ミサイルは短射程のパッシブ赤外線ホーミング方式と中長射程のアクティブ／セミアクティブ・レーダーホーミング方式をそれぞれ別個のミサイルとして開発していることが多い。しかし、イギリス、フランス、ドイツ、イタリアのヨーロッパ4ヶ国が共同出資するMBDAが1990年代末に実用化したMICAは、同一のミサイルでありながら2種類の誘導方式を併せ持つ空対空ミサイルで、フランス軍が採用した。この手の誘導部分だけを交換できる空対空ミサイルは旧ソ連、ロシア製にはよくあるものの、中途半端な性能になるため西側ではフランス以外、ほとんど採用されていない。

　MBDAの前身となった会社のひとつであるフランスのマトラ社はR.530という中射程対空ミサイルを開発しており、赤外線シーカーとセミアクティブ・レーダーを交換できる方式だったが、ドッグファイト（格闘戦）のような高い機動性が求められる用途には向かない。そのため、マトラではR.530の発展型シュペル（スーパー）530はセミアクティブ・レー

ダー方式だけにして、代わりにR.550マジックという短射程赤外線誘導空対空ミサイルを開発している。マトラ（アエロスパシアル・マトラ）はイギリスのBAeダイナミックスやアレニア・マーコーニなどと合併してMBDAとなったが、そこで生まれたのがR.530方式の復活で、弾頭やロケットモーターを共通化、誘導部のみの換装で短射程空対空ミサイルとしても中射程空対空ミサイルとしても使える古くて新しいミサイルだった。

　MICA成功の大きな要因は発射母機がレーダー照射を続けなくても、ミサイルのレーダーで着弾できるアクティブレーダーホーミング方式の確立で、しかも誘導システムの小型化によって高機動に耐えられる小さめの弾体に搭載が可能になったことだ。ミサイルそのものは推力偏向ノズルを持つテイルコントロール式で機動性は増したが、重量は110kgを超えておりドッグファイトミサイルとしては重量過多といえるだろう。逆に弾体の大きさに制約があるため長射程化が困難で、この方式の最大のネック、「中途半端な性能」という問題点は解

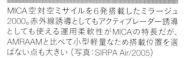

MICA空対空ミサイルを6発搭載したミラージュ2000。赤外線誘導としてもアクティブレーダー誘導としても使える運用柔軟性がMICAの特長だが、AMRAAMと比べて小型軽量なため搭載位置を選ばない点も大きい（写真：SIRPA Air/2005）

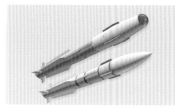

MICA-IR（上）とMICA-EM（下）。MICA-EMでは中空のレドームだった位置にMICA-IRは画像赤外線シーカーを内蔵しており、重心位置がかなり違っている。そのため、小さなカナードの位置も両者で違いがある（写真：MBDA）

消されていない。このため、搭載機はダッソー・ラファールやミラージュ2000などで、他機種への波及はできていない。

　誘導部が半球形のシーカーになっているのが赤外線誘導のMICA-IR、コーン形のレドームになっているのがアクティブレーダー誘導のMICA-EM（初期にはMICA-RFと呼ばれた）で、カナードの位置も違っているので識別は容易だ。

[MICA・データ]
ミサイル直径：16cm、全長：3.1m、重量：112kg、弾頭：指向破砕式12kg、射程：12km（IR）/60km（EM）、推進方式：固体ロケット、誘導方式：画像赤外線またはアクティブ・モノパルスレーダー＋データリンク、飛翔速度：マッハ4

空対空ミサイル　ヨーロッパ　ミーティア

ウエポンベイドアにミーティアを搭載したF-35のコンセプトイラスト。F-35のエジェクターラックは火薬カートリッジは使わず、ニューマチック（空圧）によりミサイルや爆弾を機外にエジェクトする方式を採っている（画像：MBDA）

ミーティア4発を搭載したサーブ・エアクラフト社有のJAS39E。ミーティアの下部にあるダクテッドロケットの吸気口は、揚力を発生するリフティングボディ構造になっている（写真：SAAB）

ドイツ空軍のユーロファイター2000に搭載されるミーティア。AIM-120 AMRAAMとほぼ同じサイズで、フックやハンガーの位置や形状も共通化されているので搭載は容易だ（写真：MBDA）

　多国籍企業であるMBDAはMICAとは異なるアプローチも並行して行っており、そのひとつがミーティアだ。ユーロファイターやサーブなどヨーロッパの戦闘機メーカーはAIM-120 AMRAAMはあくまでもアクティブ・レーダーホーミング空対空ミサイルの第一歩で、ポストAMRAAMとしてデュアルパルス・ロケットモーター式のERAAM（射程延長空対空ミサイル）と液体燃料ラムジェット式のFMRAAM（将来型先進空対空ミサイル）に注目していた。MBDAの前身となったアエロスパシアル・マトラ、BAeダイナミックス、アレニア・マーコーニ、LFK、サーブ・ダイナミックス、CASAなどはアメリカのボーイングと共同、1990年代末にミーティアチームを組んで次世代空対空ミサイルの研究を本格化した。AMRAAMのメーカーで

あるレイセオンはERAAMを進めていたが、ミーティアチームも方向性は同じで、当初はスパローのような大きなウイングを持つ形状だった。しかし、2003年頃には現在の形に近いウイングレス形態に変更されており、ダクテッドロケット用のダクト自体が揚力を生むリフティングボディ方式を採用した。

　ボーイングはミーティアチームから抜けたが、ヨーロッパ各社が合同したMBDAとサーブが開発の中心となり、2005年から2006年にかけてJAS39グリペンによるALD（空中発射デモンストレーション）を実施した。ユーロファイター・タイフーンでの初試射は2012年で、ラファールへの搭載もすでに始まっている。このほか、F-35への搭載も計画されているが、サイズ的にはウエポンベイドアへの搭載が難しいため2発しか搭載

できない。これを4発搭載可能にするために、フィンを小型化、ダクト形状を改め4発搭載を可能にするバージョンも研究されている。もちろん、F-35の側にもインテグレーション（統合）が必要で、標準型ミーティアでも運用はブロック4以降のF-35からになる。

　ミーティアのシーカーはMICA-EMと同じAD4A（新型アクティブレーダーシーカー）で、性能的には飛び抜けたモノではない。そのため、日本の優れた誘導技術を採り入れようとイギリスと日本が共同で新型シーカーを開発するJNAAM（次世代合同空対空ミサイル）という研究も進められた。推進システムは前述したように固体式のダクテッドロケットで、推力調整ができるためTDR（スロッテッド・ダクテッドロケット）とも呼ばれている。

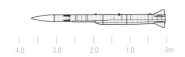

4.0	3.0	2.0	1.0	0m

［ミーティア・データ］
ミサイル直径：17.8cm、全長：3.7m、重量：190kg、弾頭：爆風破砕式、射程：100km以上、推進方式：固体ダクテッドロケット（ラムジェット）、誘導方式：アクティブ・モノパルスレーダー＋慣性データリンク、飛翔速度：マッハ4

空対空ミサイル　ヨーロッパ　**AIM-132 ASRAAM**

イギリスとドイツが共同開発したAIM-9サイドワインダーを代替するための短射程空対空ミサイルで、アメリカも協力したためAIM-132 ASRAAM（新型短射程空対空ミサイル）という名称が与えられた。最終的にはイギリスだけの計画となってトーネード、ハリアーII、タイフーン用として運用されている。ドイツが離脱したのは要求仕様の違いからで、アメリカはAIM-9X、ドイツはIRIS-Tという似たような仕様のテイルコントロール式で推力偏向ノズルをもつ短射程空対空ミサイルを開発することになった。

ASRAAM（アスラーム）はイギリス空海軍がF-35Bにも搭載する計画で、ブロ

F-35B 2号機にAIM-132を搭載、飛行試験を行うイギリス空軍のアンディ・エッジェル少佐。F-35BのレールランチャーでAIM-132を運用するには、冷却用ガス発生器が必要（写真：MBDA）

タイフーンの外翼下面に搭載されたASRAAM。パイロン自体がミサイルランチャーになっているようで、アメリカのように機種を選ばない汎用性はない（写真：MBDA）

ック4仕様で運用が可能になる。多くの新世代短射程空対空ミサイルと同じように、ASRAAMもLOAL（発射後ロックオン）が可能で、F-35Bから運用する場合、HMD（ヘルメット装着ディスプレイ）で目標を捉えてからウエポンベイを開けて発射、素早く閉じることでステルス

性および空力特性への影響は最小限ですむ。その間、パイロットはHMDにより目標を追い続けており、ミサイルは発射後にロックオンされた目標を追尾できる。カナードやストレーキがなく、テイルフィンだけという形状もASRAAMの特徴だ。

[AIM-132 ASRAAM・データ]
ミサイル直径：16.6cm、全長：2.9m、フィン幅：45cm、重量：88kg、弾頭：破砕式10kg、射程：18km、推進方式：デュアルスラスト固体ロケット、誘導方式：画像赤外線、飛翔速度：マッハ3以上

空対空ミサイル　ヨーロッパ　**IRIS-T**

IRIS-T は「Infra Red Imaging System Tail/Thrust Vector Controlled＝赤外線画像システム・テイル／推力偏向制御」の略で、AIM-132 ASRAAMと袂を分かったドイツが、イタリアやカナダ、スウェーデン、スペイン、ギリシャなどと共同開発した短射程空対空ミサイルだ。名称からだけでも新世代の短射程空対空ミサイルと分かるが、その特徴は大きなストレーキで、コントロールフィンの翼幅はストレーキよりやや大きい。また、先端の誘導部に小さなカナードがあるのもIRIS-Tの外見上の特徴で、機動性では競合するASRAAMを凌いでいる。

また、多くの画像赤外線式シーカーが

スウェーデン空軍のJAS39CグリペンはIRIS-Tとミーティアを組み合わせることで、高い防空能力を維持している（写真：MBDA）

タイフーンに搭載されたIRIS-T。黄帯と茶帯が巻かれているが、このカラーコードはアメリカ独自のもの。しかし、採用するNATO加盟国は多い（写真：Diehl Defence）

赤外線フォーカルプレーンアレイ画素子を使っているのに対して、IRIS-Tのシーカーは2基の線形アレイを配置、鏡が首を振る方式で、ボアサイトを左右90°まで広げることが可能になっている。IRIS-TはドイツのディールBGTが開発を

行っており、2005年にドイツ空軍で運用開始、F-4FファントムやユーロファイターEF2000などが搭載した。また、南アフリカのJAS39グリペンやギリシャ、ノルウェーのF-16、スペインのEF2000およびF/A-18などが採用している。

[IRIS-T・データ]
ミサイル直径：12.7cm、全長：2.94m、フィン幅：44.7cm、重量：87kg、弾頭：爆風破砕式11.4kg、射程：12～25km、推進方式：固体ロケット、誘導方式：線形アレイ式画像赤外線、飛翔速度：マッハ3

空対空ミサイル ロシア R-33/AA-9エイモス

ロシアの空対空ミサイルについて紹介し出すと何ページあっても足りないので、現用の4種類に絞って見ていく。R-33というのはロシアの型式名で、「R」は「ロケット」を意味する。AA-9はアメリカ国防総省のコードネームで、「AA」は空対空ミサイルのこと。「エイモス（Amos）」はNATOのコードネームで、空対空ミサイルは「A」で始まる主に名詞が使われる。ちなみにエイモスは男性の名前。

R-33は長射程のセミアクティブ・レーダーホーミング方式の長距離空対空ミサイルで、ミッドコース（中間段階）では慣性誘導が使われている。アメリカ海軍のF-14トムキャットが搭載していたAI

MiG-31フォックスハウンド防空戦闘機の前に展示された2発のR-33。全長4mを超える大きな空対空ミサイルで、160kmを超える長射程ミサイルだ（写真：Piotr Butowski）

MiG-31に搭載されたR-33。直径38cmもある大きなミサイルだけに、半埋め込み式の搭載方法も空気抵抗のことを考えるとかなり効果があるだろう（写真：鈴崎利治）

M-54フェニックスに似た形状で、MiG-31フォックスハウンド防空戦闘機に搭載される。空対空ミサイルとは思えない450kgもある大型ミサイルで、MiG-31の胴体下に最大4発まで半埋め込み式に搭載される。

F-14とAIM-54はすでに退役したが、

MiG-31はMiG-31B/BMへと進化を続けている。また、空対空ミサイルの方も発展型R-33Sやアクティブレーダー誘導の発展型R-37、AA-13アローへと近代化されている。R-37はマルチロール型で、Su-35SやSu-57 PAK FAへの搭載も計画されている。

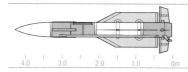

```
4.0    3.0    2.0    1.0    0m
```

[R-33・データ]
ミサイル直径：38cm、全長：4.15m、フィン幅：1.16m、重量：490kg、弾頭：爆風破砕式47.9kg、射程：160km、推進方式：固体ロケット、誘導方式：セミアクティブ・レーダー誘導+慣性誘導、飛翔速度：マッハ4.5

空対空ミサイル ロシア R-27/AA-10アラモ

R-33/AA-9は搭載機が限定された大型ミサイルだが、R-27/AA-10はロシア航空宇宙軍の主力戦闘機、Su-27/30およびMiG-29が運用できる中射程空対空ミサイルで、誘導部を付け替えることによって様々な誘導方式を選べる。アメリカ側の対抗馬としてはAIM-7スパローに相当しており、スパローと同じセミアクティブレーダー誘導型がR-27R、赤外線誘導型がR-27T。最近ではアクティブレーダー誘導型R-27Pやパッシブレーダー誘導式のR 27AEという派生型もあって、後者はSEAD（敵防空網制圧）任務のほか、対AWACS兵器としても使われている。

R-27の外見上の特徴は操縦翼でもあ

Su-34フルバックの主翼下に搭載されたR-27R。ロシアの空対空ミサイルは黒い帯をいくつも巻いているが、ダミー弾を表している模様（写真：鈴崎利治）

展示されたR-27シリーズのモックアップ。セミアクティブレーダー誘導のR-27Rで、最後列はR-27Tかもしれない。カナードのないバージョンもある（写真：鈴崎利治）

る弾体中ほどにあるフィンで、翼端へ行くほど翼弦長が大きくなる逆テーパー形をしている。誘導部はフィンより前にあり、赤外線誘導型R-27Tでは先端部にシーカーが付いており、バランスをと

るためカナードが増積されている。

輸出実績の多い戦闘機、Su-27/30やMiG-29の主要兵装であるため、R-27シリーズも多くの国に輸出されており、30ヶ国ほどで使用されている。

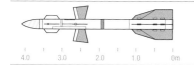

```
4.0    3.0    2.0    1.0    0m
```

[R-27R・データ]
ミサイル直径：23cm、全長：4.08m、フィン幅：77.2cm、重量：253kg、弾頭：爆風破砕式39kg、射程：50km、推進方式：固体ロケット、誘導方式：セミアクティブ・レーダー誘導、飛翔速度：マッハ4

空対空ミサイル　ロシア　R-73/AA-11アーチャー

排気ノズルに推力偏向制御（TVC）システムを採用した短射程空対空ミサイルの先駆者がロシア製のR-73だが、最新の空対空ミサイルほどの割り切り方ではなく、操縦用のカナードとウイング後縁のロールタブが可動する方式を採用している。1980年代にR-73が登場した際は奇をてらった兵器のように思われていたが、高機動性は想像を超えるもので、その後開発されたほとんどの短射程空対空ミサイルがTVCシステムを導入した。

カナードの前にはデスタビライザーと呼ばれる小翼があり、その前縁部にAOA（迎え角）検知用のセンサーが付いていて、そのデータを元にカナードやロ

MiG-35の主翼下に搭載されたR-73。形は比較的オーソドックスに見えるが、最初に推力偏向制御を取り入れた短射程空対空ミサイルがこのR-73だ（写真：Russian Aircraft Corporation）

ールタブ、TVCを使って姿勢を制御する。12Gに達する高機動性を求められるドッグファイトミサイルには重要なシステムだ。1990年代末には射程を延長、IRCCM（対赤外線対抗策）能力を向上させたR-73Mの運用が始まっている。

ロシア製の戦闘機に限らず攻撃機やヘリコプターの自衛兵器としても多用

地上展示されたR-73のモックアップ。実物では台形翼と三角翼を組み合わせたカナードの前にAOA（迎え角）センサーと呼ばれる小翼が追加されている（写真：鈴崎利治）

されており、20数ヶ国が採用した。なお、Su-57 PAK FAのウエポンベイには収容できないため、ウイングを小型化したR-74Mという発展型も開発中だ。

[R-73M・データ]
ミサイル直径：17cm、全長：2.9m、フィン幅：51cm、重量：105kg、弾頭：爆風破砕式7.4kg、射程：20～30km、推進方式：固体ロケット、誘導方式：画像赤外線、飛翔速度：マッハ2.5

空対空ミサイル　ロシア　R-77/AA-12アダー

AA-10に替わる中射程空対空ミサイルとして1990年代初頭に登場したのがアクティブレーダー誘導方式のR-77で、西側ではAA-12アダーと命名、サイズがAIM-120 AMRAAMと近かったためそのパクりだという意味で「アムラームスキー」などと呼ばれた時期もあった。しかし、格子状のグリッドフィンで操縦を行うテイルコントロール方式で、フィンもカナードもなく、代わりに大きなストレーキを持つ形状はAMRAAMとは似ても似つかぬもので、そのあだ名もいつしか忘れ去られていった。

AMRAAMがミーティアなどに進化するのと同じように、R-77にもラムジェット型があり、R-77M-PDあるいはRVV-

MiG-29Kに4発搭載されたR-77。MiG-29Kのような空母搭載機は運用できる機数が限定されるため、長射程で命中精度の高い空対空ミサイルが必須だ（写真：Piotr Butowski）

R-77は格子状になったグリッドフィンが特徴だが、ステルス機のウエポンベイに収容するため折りたたみ式のフィンを持つ改良型も開発されている（写真：藤田勝啓）

AE-PDと呼ばれている。また、アクティブ・フェイズドアレイレーダーに換装したK-77Mという発展型もあって、こちらもラムジェット化して射程を延ばすK-77MEがある。K-77M/MEはSu-57 PAK

FAのウエポンベイにも搭載可能で、折りたたみ可能なグリッドフィンが役に立った。搭載機はSu-27系やMiG-29系戦闘機全般だが、中国やインドなどの戦闘機用としてもR-77が採用されている。

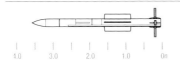

[R-77・データ]
ミサイル直径：20cm、全長：3.6m、フィン幅：42cm/70cm（展張時）、重量：177kg、弾頭：爆風破砕式22kg、射程：40～80km、推進方式：固体ロケット、誘導方式：アクティブ・レーダー誘導＋慣性誘導、飛翔速度：マッハ4.5

空対空ミサイル　台湾　天剣2型(TC-2)

天剣2型(TC-2)中射程空対空ミサイルは、台湾の中山科学研究院がF-CK-1「経国」戦闘機に合わせる形で開発を始めたアクティブ・レーダー誘導ミサイルで、アメリカが中国への配慮からAIM-120 AMRAAMの輸出を認めなかったため独自開発されたもので、1996年に実用化している。ミサイル自体はAMRAAMに似た形状で、大きさもほぼ同じで、テイルフィンで操縦する方式を採用している。

誘導はミッドコースが慣性、ターミナルがアクティブレーダー方式で、射程は60kmといわれているが、100kmまで延ばした改良型、天剣2C(TC-2C)の開発も進んでいる。発展型としてはAGM-88

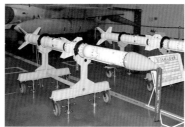

経国戦闘機とともに展示された天剣2型空対空ミサイル。黄帯と茶帯が巻かれているが、実弾を展示する可能性もある（写真：王清正）

経国戦闘機に搭載された天剣2型。胴体下面に半埋め込み式に搭載され、エジェクトランチャーにより下方へ射出される（写真：王清正）

HARMに似た対レーダーミサイル、天剣2A(TC-2A)や艦対空ミサイルTC-2N海剣2型とその陸上型陸剣2型も製造されている。

アメリカは現在、台湾空軍のF-16V戦闘機用にAMRAAMとHARMの輸出

を認めているため、天剣2型は経国戦闘機専用の空対空ミサイルになっており、胴体下センターラインに前後に2発搭載できる。しかし2発では心許ないこともあって、主翼下面にも2発搭載できるよう改良されている。

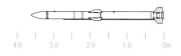

```
  4.0    3.0    2.0    1.0    0m
```

[天剣2型・データ]
ミサイル直径：19cm、全長：3.6m、ウイング幅：?cm、フィン幅：?cm、重量：183kg、弾頭：爆風破砕式22kg、射程：60km、推進方式：固体ロケット、誘導方式：アクティブレーダーホーミング+慣性、飛翔速度：?

空対空ミサイル　イスラエル　パイソン5

イスラエルのラファエル社はAIM-9サイドワインダーをベースにシャフリルという単射程空対空ミサイルを国産化、それをベースに発展したのがパイソン・シリーズだ。パイソンは英語だが、ヘブライ語ではピュトンと発音するようで、ギリシャ神話の蛇の怪物、ピュートーンが語源。最初に開発されたのがサイドワインダー似のカナードと矩形後退翼にローレロンを組み合わせたパイソン3で、中国の西安東機械工場がPL-8(霹靂8型)としてライセンス生産した。

発展型パイソン4はデルタ翼のカナードを前後に配置しており、矩形後退翼のウイングは同じだが、ローレロンは廃止され、位置も尾端部に移された。2000年

イスラエル空軍 No.109Sqnの F-16D-30が主翼下Sta.2に、16S210レールランチャーを介してパイソン5を搭載している（写真：IAF）

イスラエル空軍No.109Sqn所属機に搭載されたパイソン5。独特のダブルカナードとアメリカ式とは異なるカラーコードに注目（写真：IAF）

代に入って開発された最新型のパイソン5はパイソン4と変わらないが、IIR(画像赤外線)シーカーを搭載、改良型慣性誘導装置への更新によりLOAL(発射後ロックオン)が可能になった。

パイソンシリーズは多くの戦闘機で

運用可能なため、イスラエルを含め10ヶ国以上で使用されているが、パイソン3/4使用国の多くはパイソン5へのアップデートを予定している。さらに、インドのように国産戦闘機テジャス用にパイソン5を採用した国もある。

```
    3.0    2.0    1.0    0m
```

[パイソン5・データ]
ミサイル直径：16cm、全長：3.1m、ウイング幅：64cm、重量：103.6kg、弾頭：爆風破砕式11kg、射程：15～20km、推進方式：固体ロケット、誘導方式：パッシブ画像赤外線+慣性誘導、飛翔速度：マッハ4以上

空対空ミサイル　中国　PL-12（霹靂12型）

中国航空工業集団公司は1990年代初頭、アメリカのAIM-120 AMRAAMに対抗できる中射程空対空ミサイル、X-93の開発を傘下の第613研究所に命じた。そしてロシアからの技術提供の元に誕生したアクティブ・レーダーホーミング式の空対空ミサイルが、PL-12（霹靂12型）空対空ミサイルで、K/AKK-12とも呼ばれる。

中国はPL-12の前に上海機電第二局にも中射程空対空ミサイル、PL-11（K/AKK-11）を開発させており、よく似た形の2種類の空対空ミサイルが部隊配備された。PL-11とPL-12はアメリカのAIM-7スパローとAMRAAMの関係に似ており、パッシブ・レーダーホーミングでカ

中国空軍のJ-10A戦闘機に搭載されたPL-12アクティブ・レーダー・ホーミング空対空ミサイル（内側）とPL-8B赤外線誘導空対空ミサイル。セミアクティブ式のPL-11と形は近い（写真：柿谷哲也）

PL-12は中航技術進出口有限責任公司がSD-10A（閃電10A）の輸出名で海外市場に売り込んでいるが、いまのところ導入例は聞かない。隣は中国空軍未採用で輸出用のPL-9C（写真：王清正）

ナード制御のPL-11に対して、PL-12はアクティブ・レーダーホーミングでテイルコントロール式。スパローとAMRAAMはまったく別の弾体なのに対して、PL-12はPL-11とほとんど変わらず、ロシア製9B-1348アクティブシーカーを国産化してPL-11の弾体に積んだミサイルと

いえよう。

識別法はPL-12のウイングとフィンの翼端がカットされている点で、ステルス機のウエポンベイに収容できるようフィンを折りたたみ式に変更したPL-12Cという派生型がある。また、ラムジェットモーターを採用したPL-12Dも開発中。

[PL-12・データ]
ミサイル直径：20.3cm、全長：3.93m、フィン幅：63cm、重量：180kg、弾頭：爆風破砕式6kg、射程：120km、推進方式：固体ロケットモーター、誘導方式：アクティブレーダーホーミング+慣性/衛星、飛翔速度：マッハ4以上

空対空ミサイル　中国　PL-15（霹靂15型）

150kmを超える長射程の空対空ミサイルはAIM-54フェニックスやR-33（AA-9エイモス）のような500kg近い大型ミサイルと相場が決まっていたが、弾体の直径が38cmもあって搭載できる戦闘機は大型機に限られていた。そこで、中小型戦闘機でも運用できる直径20cm台の細い空対空ミサイルが求められており、アメリカはAIM-120D-3、ロシアはR-27の発展型K-27Eを開発した。

中国もテイルフィンの折りたたみが可能でウエポンベイに収容できるPL-12Cをベースに、複合材の使用などで軽量化、射程を延ばしたPL-15（K/AKK-15）を2016年に実用化している。外見上の識別点は、台形翼のウイングを採用し

J-20戦闘機のウエポンベイに収容されたPL-15空対空ミサイル。PL-12の発展型として開発された長射程空対空ミサイルで、翼端がカットされ、ウエポンベイに搭載可能。左右のミサイルは短射程のPL-10（写真：山本晋介）

ている点だ。

空対空ミサイルの射程が延びればそれだけ目標までの到達に時間がかかり、目標の方もその間に移動してしまう。PL-15は双方向データリンクにより目標の現在位置を知り、未来位置に向かうことができる。またPL-15は200km以上の

射程距離があるとされるが、レーダーシーカーのアンテナをAESA（アクティブ電子スキャンアレイ）化して精度を向上、探知距離を延ばしている。また、パッシブ誘導も可能なデュアルモードシーカーを採用しているため、電子戦環境にも柔軟に対応できる。

[PL-15・データ]
ミサイル直径：20.3cm、全長：4m、ウイング/フィン幅：約50cm、重量：200〜230kg、弾頭：爆風破砕式、射程：200km以上、推進方式：固体ロケット、誘導方式：アクティブレーダーホーミング+慣性/衛星+データリンク、飛翔速度：マッハ4以上

空対地ミサイル アメリカ AGM-65マベリック

ニューメキシコ州キャノン
空軍基地の27FW/522FS
所属F-16Cから発射され
るAGM-65マベリック。マ
ベリックの弾体色は白か
らオリーブドラブ、グレー
へと変遷しており、写真は
過渡期の塗装と思われる
（写真：US Air Force）

アメリカ空軍が1960年代後半、AGM-12ブルパップの後継ミサイルとして開発を始めた短射程の空対地ミサイルで、先端部のテレビカメラで捉えた映像をコクピットのディスプレイに表示、それを元にミサイルを誘導する方式で、改良型AGM-65Bは「シーン・マグニフィケーション（シーンマグ）」と呼ばれ、2倍ズームが可能になる。ロックした画像を記録できるようになったため、着弾までパイロットやWSO（ウエポンシステム士官）が誘導する必要がなくなった。これにより、発射機のサバイバビリティは大幅に向上した。3番目のバージョンがセミアクティブ・レーザーホーミングのAGM-65Cで、レーザーディジグネータが照射したレーザーの反射ビームを捉えて目標に命中する。次がIIR（画像赤外線）誘導のAGM-65Dで、赤外線を単なる熱源としてだけでなく画像化できるため、目標としてロックして撃ち放しでも命中する。

AGM-65EはAGM-65Cの改良型「レーザーマベリック」で、AGM-65F/Gは「IIRマベリック」の発展型だ。改良型

A-10に搭載された実弾のマベリック。パイロットが点検している部分にはバッテリーのアクセスパネルやロケットモーターのアーミング（安全解除）キーなどがあり、ミッション前には必ずチェックしておくところだ
（写真：US Air Force）

こちらは離艦前のF/A-18Cに搭載されていたAGM-65Eレーザーマベリックの実弾。空対空ミサイルとは異なり、LAU-117/Aレールランチャーのレールをミサイルの金具が外側から挟むような形で搭載される
（写真：US Navy）

IIRマベリックには2種類かあって、海軍が運用しているAGM-65Fは対艦攻撃に向くようソフトウェアが変更されており、空母や水上戦闘艦での運用を考慮してSAD（セイフィング／アーミングデバイス）という安全装置が搭載されている。現在、マベリックの多くはCCD（コヒーレント変化検出）画像シーカーを搭載した改良型になっており、AGM-65B/Dの改造型はAGM-65H、AGM-65Fの改造型はAGM-65J、AGM-65Gの改造型はAGM 65Kとなっている。

マベリックは前からセンサー／誘導部、弾頭、ロケットモーターが並んでおり、センサーについてはバージョンによ

って何種類かある。弾頭もAGM-65Dまでは戦車などの装甲に孔を穿ち、高温のメタルジェットで内部を焼き尽くす成形炸薬弾頭で、AGM-65E/F/Gは炸薬量を大幅に増やした貫通／爆風破砕式に切り替わった。外見は各型ともほとんど同じで、三角翼のウイングの後方に矩形の操縦翼がある。この操縦翼については、空軍は「フライトコントロール・サーフェス」、海軍は「ガイダンスフィン」と呼んでいるが、まったく同じものだ。

なお、マベリックの発射はレール発射式で、単装のLAU-117/Aあるいは三連装のLAU-88/Aレールランチャーが必要だ。

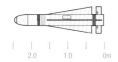

2.0　1.0　0m

[AGM-65F/G・データ]
ミサイル直径：30.5cm、全長：2.49m、フィン幅：71.9cm、重量：304kg、弾頭：貫通/爆風破砕式136kg、射程：27km、推進方式：固体ロケット、誘導方式：画像赤外線、飛翔速度：亜音速

空対地ミサイル　アメリカ　AGM-114ヘルファイア

HSM-35（第35洋上攻撃ヘリコプター飛行隊）のMH-60Rから発射されるAGM-114Mヘルファイア。機首に搭載されたAAS-44赤外線/レーザー探知測距追跡セットにより目標にレーザーを照射、ヘルファイアを誘導する（写真：US Navy）

陸軍の対戦車ミサイルとして開発されたAGM-114ヘルファイアだが、現在は海軍もMH-60R/Sなどで対艦攻撃用に運用している。もちろん、大型艦に対しては無力に近いが、哨戒艇や魚雷艇、ミサイル艇などの小型軍艦や漁船に偽装した工作船などには有効だ。マベリックでは艦上運用のための安全装置SADはAGM-65Fから搭載されるようになったが、こちらは海兵隊のAH-1Wコブラで運用されることもあってAGM-114Bから搭載が始まっている。オートパイロットの改良やロケットモーターの無煙化など改良があったが、陸軍のAGM-114A/C/D、海兵隊のAGM-114B/Eは基本的に共通で、重量8kgの成形炸薬弾頭を搭載していた。9kgのタンデム対装甲弾頭が採用されたのはAGM-114Fからで、AGM-114GはSAD搭載の海兵隊用だ。

AGM-114F/Gは弾頭こそ変わったが基本的には同じミサイルで、1991年の湾岸戦争での教訓から改良を加えたAGM-114Kからが第2世代のヘルファイアIIだ。具体的には軽量化とデジタル化で、HOMS（ヘルファイア最適化ミサイルシステム）と呼ばれている。ヘルファイアIIには陸軍型AGM-114Kのほか、対艦攻撃が可能なようソフトウェアを更新、デジタル式SADを搭載したAGM-114M、空軍のMQ-1プレデター、MQ-9リーパー無人機用のAGM-114Pがある。「L」型が抜けているようだが、AGM-114LロングボウヘルファイアはAH-64Dロングボウアパッチ専用で、APG-78「ロングボウ」ミリ波レーダーで誘導できる。「L」が「ロングボウ」を意味していることはいうまでもないだろう。

ヘルファイアは運用できるプラットフォームが艦載ヘリや無人機まで広がったことにより様々な派生型が生まれた。また、洞窟攻撃など新しい任務のためサーモバリック弾頭を搭載したAGM-114Nも登場する。しかし、派生型が多いことは兵站面では不利で、近代化改修を機に各バージョンを統合、AGM-114Rが誕生した。現在ではセミアクティブ・レーザー誘導のAGM-114Rとミリ波誘導のAGM-114Lの2系統に統一されつつある。

ヘルファイアの構造はマベリックに

M299ミサイルランチャーに搭載されたAGM-114Bヘルファイア。4本のレールの基部はCCA（サーキットカード・アセンブリー）と呼ばれ、上部にサスペンションラグとインターフェイスのアンビリカルがある（写真：US Navy）

MQ-1プレデター無人機に搭載されたAGM-114P。無人機用といっても陸軍型AGM-114Kとほとんど差異はない。ランチャーはM299の改良型で、MQ-1は単装、MQ-9リーパーは2連装を搭載する（写真：US Air Force）

似ていて、ガイダンス（誘導）/ウォーヘッド（弾頭）/プロパルジョン（推進）/コントロール（操縦）の4セクションからなっている。安定翼はストレーキ状で、その後縁部が独立した形の操縦フィンになっている。

[AGM-114K・データ]
ミサイル直径：17.8cm、全長：1.78m、フィン幅：33cm、重量：50kg、弾頭：タンデム対装甲9kg、射程：27km、推進方式：固体ロケット、誘導方式：画像赤外線、飛翔速度：マッハ1.3

2.0　　1.0　　0m

空対地ミサイル アメリカ AGM-84E/H/K SLAM/SLAM-ER

2023年3月24日、岩国基地で米海兵隊VMFA-115のF/A-18Dに搭載されるCATM-84K SLAM-ERの訓練弾。CATM＝キャプティブ訓練弾なので飛行することはないが、誘導部は生きているので搭載した状態で発射をシミュレートできる（写真：DVIDS）

飛行試験中のSLAM-ER。ハープーンとの識別は容易で、ウイングがない代わりに展張翼が追加されており、弾頭部セクション（写真では色の濃い部分）が短く、その分だけ誘導セクションが長くなっている（写真：US Navy）

左主翼下にSLAM-ERを搭載したF/A-18C。右側にはAWW-13データリンクポッドが2基搭載されている。機体各所にカメラ（赤い部分）が設置されていることから、SLAM-ER発射試験の際の撮影と思われる（写真：US Navy）

　"AGM-84"というとハープーン対艦ミサイルの空中発射型のことだが、同じAGM-84ながら1980年代後半に開発されたAGM-84EはSLAM（スタンドオフ対地攻撃ミサイル）と呼ばれる空対地ミサイルで、当初はハープーン・ブロック1Eと呼ばれていた。ハープーンについては別項があるので、ここではSLAM（スラム）についてだけ見ていく。

　SLAMは1991年の湾岸戦争で初めて実戦投入され、A-6Eイントルーダーから発射された。弾体やJ402ターボジェットエンジン、貫通／爆風破砕弾頭などはハープーンと変わらないが、画像赤外線シーカーはAGM-65Dマベリックから、データリンクはAGM-62ウォールアイから流用しており、安価かつ短時間に実用化できた。

　しかし、AGM-84Eはスタンドオフミサイルというには射程距離が短かった

ため、展張翼を追加、飛行距離を延ばした改良型AGM-84H SLAM-ERが登場する。マルチチャンネルGPS受信機を搭載したこともSLAMとの相違点で、1998年に実用化している。

　2000年代に入って実用化したのがAGM-84Hの発展型AGM-84Kで、離陸前に入力した画像データのライブラリーから、自動的に目標を選択して攻撃するATA（自動目標取得）が可能になっている。射程距離が延びたことにより、SLAM-ERの運用にはデータリンクポッドが不可欠になり、P-3Cなどでは AGM-84H/K と AWW-13データリンクポッドを併載していることが多い。

　なお外見上、AGM-84H と AGM-84K の識別は難しいが、H型は順次K型に改修しているので、現状はほとんどがAGM-84Kと見て間違いないだろう。

　展張翼を持つSLAM-ERは別にして、

ベースラインのSLAMはハープーンと同じウイングとフィンの組み合わせで、ウイングより前方にガイダンスセクションとウォーヘッドセクションがある。弾体後部はJ402ターボジェットや燃料が収容されたサステイナーセクションで、排気ダクト付近にフィンを駆動するコントロールセクションがある。SLAM-ERではウイングが撤去され、代わりに低翼配置の展張翼が追加された。また、丸窓だったIIRセンサーがステルス性を意識した斜めにカットされた角窓になったのもSLAM-ERの特徴で、ここまで来ると原型がハープーンであったと分からないかもしれない。

　SLAM-ER は海軍の F/A-18E/F や P-8A で運用されるが、韓国空軍がF-15K用として導入しており、同機はSLAMイーグルと呼ばれている。

[AGM-84K・データ]
ミサイル直径：34.3cm、全長：4.37m、翼幅（展張時）：2.43m、重量：725kg、弾頭：貫通360kg、射程：280km、推進方式：J402-CA-400ターボファン、誘導方式：画像赤外線+GPS/INS、飛翔速度：マッハ0.85

※イラストはAGM-84H SLAM-ER

空対地ミサイル　アメリカ　AGM-86C/D CALCM

AGM-86C/DはB-52H爆撃機だけが運用している空対地ミサイルで、核弾頭付きのAGM-86A/B ALCM（空中発射巡航ミサイル）を改良、2,000lb（907kg）級爆風破砕弾頭付きにしており、頭にC（コンベンショナル）を付けてCALCM（在来型空中発射巡航ミサイル）と呼ばれる。アメリカ空軍は1980年代後半、新しい核ミサイルとしてAGM-129 ACM（新型巡航ミサイル）の開発をスタート、余剰となるALCMを非核化して使い続けることになった。それがAGM-86Cで、2000年代になるとAUP（新型汎用貫通）弾頭を搭載したAGM-86D CALCMブロックⅡが実用化している。ALCMは慣性誘導とTERCOM（地形照合）誘導を併用しているが、通常兵器として運用するためにはより高い命中精度が必要で、CALCMにはGPS受信機が追加されている。

2014年9月、ユタ訓練試験レンジ上空で2BWのB-52Hから発射されるAGM-86B ALCM（写真：US Air Force）

飛行試験段階のAGM-86C CALCM。ダークグレーに塗られており、「U.S. AIR FORCE」の文字や国籍マークなどミサイルとは思えない塗装（写真：US Air Force）

写真にミサイルは写っていないが、CALCMをB-52Hの主翼下に搭載するためのICSMS（統合在来兵装管理システム）パイロン（写真：DVIDS）

空軍はAGM-86C CALCMブロック0/I 430発以上、AGM-86D CALCMブロックⅡ 50発を保有しており、ルイジアナ州バークスデール空軍基地とグアム島のアンダーセン空軍基地に配備されている。核弾頭付きのAGM-86B ALCMはまだ1,100発以上が残存しており、核戦力削減にともないCALCM化されていくだろう。

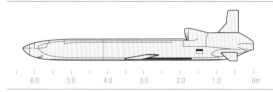

6.0　5.0　4.0　3.0　2.0　1.0　0m

[AGM-86C・データ]
ミサイル直径：62cm、全長：6.32m、フィン幅（展張時）：3.66m、重量：1,950kg、弾頭：高性能爆薬破砕式907kg、射程：1,100km、推進方式：F107-WR-101ターボファン、誘導方式：TERCOM+GPS/INS、飛翔速度：マッハ0.73

空対地ミサイル　アメリカ　AGM-181A LRSO

AGM-86 ALCM（空中発射巡航ミサイル）の後継としてRTX（レイセオン）が開発しているのがAGM-181A LRSO（長距離スタンドオフ）兵器で、ロッキードマーチンXAGM-180との比較審査の結果、2017年に採用が決まった。2021年からはミサイルを試作するEMD（技術製造開発）段階に入り、2027年に量産が決定され、2030年頃の実用化を目指している。ALCMはB-52Hからしか運用できなかったが、

LRSOはB-2AやB-21Aのようなステルス爆撃機からも運用できる巡航ミサイルで、アメリカ空軍では1,000発以上を調達、段階的にALCMと入れ替えていく。

LRSOは爆撃機の爆弾倉のロータリーランチャーに8発搭載できるよう、底面が平らなおむすび形をしており、投下されると底部の展張翼が開き、折りたたまれていた尾翼が広がる。全体的にはステルス形状をしており、2,500km以上の射程がある

ため発射機は敵防空網の外側から発射できる。搭載する核弾頭はリバモア研究所製のB80-4で、ALCMが搭載するW80-1の改良型。低威力5キロトン（広島型原爆の1/3）と高威力150キロトンの切り替えができる。

なお、ALCMには通常弾頭のCALCMもあったが、戦術スタンドオフ兵器の射程が延びている現状では、非核型は開発されていない。

[AGM-181・データ]（未公表）
ミサイル直径：?、全長：?、フィン幅（展張時）：?、重量：?、弾頭：W80-4核弾頭、射程：2,500km以上、推進方式：ターボファン、誘導方式：TERCOM+GPS/INS、飛翔速度：?

空対地ミサイル　アメリカ　AGM-154 JSOW

ユタ試験レンジでF-16Cから投下されたAGM-154 JSOW。黄帯の実弾と分かるが、弾頭の位置は各型とも同じなので、帯から識別はできない（写真：US Air Force）

アメリカ海軍は1990年代までAGM-62ウォールアイという滑空式空対地ミサイルを運用しており、ウイングの大きいウォールアイⅡ ERDL（射程延長データリンク）は高高度から投下すれば45kmも飛行した。推進システムを持たないのにウォールアイが「ミサイル」に分類されるのはそのためで、海軍ではさらに、AGM-154 JSOW（統合スタンドオフ兵器）と呼ばれる滑空式空対地ミサイルを導入した。スタンドオフ兵器というのは防空ミサイルの射程外から投下/発射して目標に命中可能な兵器のことで、地対空ミサイルの性能向上にともないスタンドオフ能力が不可欠な距離は長くなってきている。

JSOWの場合、開けば翼幅2.69mにもなる展張翼を装備しており、射程距離は74kmまで延びる。また弾体先端をシャークシェイプ・ノーズと呼ばれるステルス形態にして地対空ミサイルのレーダーに探知されにくくする工夫もしている。JSOWの「J」は「ジョイント＝統合」で、海軍だけでなく空軍も採用、「ジョイントサービス＝統合運用」するという意味

空母艦上でMHU-191/Mミュニッショントランスポーターに積載されたAGM-154C JSOW-C。現在、JSOWを運用しているのはアメリカ海軍のみだ（写真：US Navy）

F-35Cのウエポンベイから投下されるAGM-154C-1の試験弾。機体にもミサイルにも丸十字を白黒に塗り分けたターゲットマークが貼られている（写真：US Navy）

だ。JSOWは海軍のAIWS（新型阻止兵器システム）が始まりで、これに空軍が相乗りしてJSOWとなった経緯がある。空軍はCEM（複合効果ミュニション）を弾頭にするAGM-154AとBLU-108/B SFW（センサー信管兵器）を搭載したAGM-154Bの2種類を導入する計画だったが、どちらもいわゆる「クラスター爆弾」で、空軍は両方とも手を引いた。

最後に残ったのが海軍が進めていたAGM-154Cで、貫通弾頭を1基搭載する非クラスター兵器だった。当初の計画ではMk82 500lb爆弾の炸薬を低感度爆薬に詰め替えたBLU-111/B貫通爆弾を弾頭にする計画だったが、イギリスのロ

イヤルオードナンスが開発した新型貫通弾頭BROACH（ブローチ）に切り替えた。BROACHは成形炸薬弾頭と爆風破砕弾頭を搭載する二段式で、成形炸薬弾頭が装甲に孔を開けた後、爆風破砕弾頭が炸裂する。先端部には画像赤外線シーカーが搭載されており、GPS/INS誘導で目標に接近、ターミナル誘導に切り替わる。

海軍ではさらにシーカーの精度を増し、データリンクを搭載したAGM-154C-1、通称JSOW-C1に更新中で、移動目標の攻撃も可能になる。また、AGM-84K同様、ATA（自動目標取得）が可能なこともAGM-154Cの特徴だ。

4.0　3.0　2.0　1.0　0m

[AGM-154C・データ]
ミサイル直径：33.8cm、全長：4.26m、翼幅（展張時）：2.69m、重量：483kg、弾頭：BROACH貫通弾頭、射程：74km、推進方式：J400-WR-104ターボジェット、誘導方式：画像赤外線＋GPS/INS、飛翔速度：亜音速

空対地ミサイル　アメリカ　AGM-158 JASSM

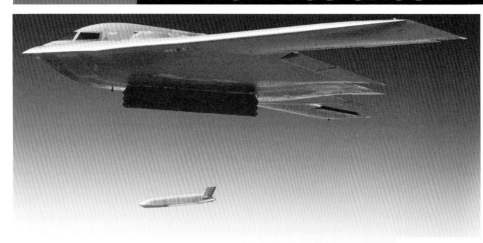

B-2Aから投下された AGM-158 JASSM 空対地ミサイル。B-2Aの爆弾倉は左右1ヶ所ずつあり、内蔵するロータリーランチャーにそれぞれ8発ずつ、計16発搭載できる。爆弾倉が3ヶ所あるB-1Bは最大24発搭載できる（写真：Lockheed Martin）

　1980年代後半、アメリカ空軍とノースロップは本格的なステルスミサイルの開発に踏み切り、これに海軍と陸軍が加わってTSSAM（三軍共用スタンドオフ攻撃ミサイル）として開発が決まった。空軍と海軍は空中発射型AGM-137A、陸軍は地上発射型MGM-137Bを導入する計画だったが、1994年末に国防予算の見直しが行われ、開発遅延と価格高騰に悩まされていたTSSAMもキャンセルの対象となった。陸軍はATACMS（陸軍戦術ミサイルシステム）へ移行したため、空海軍だけで代替ミサイルの開発を始める。これがAGM-158 JASSM（統合空対地スタンドオフ・ミサイル）で、「ジャズム」と発音する。

　開発メーカーはノースロップ（キャンセル段階ではノースロップグラマン）とステルス技術では双璧を成すロッキードマーチンで、TSSAMほどではないがRCS（レーダー反射断面積）を減らす工夫を随所に組み込んだミサイルだ。SLAMやJSOWなどスタンドオフ能力を謳うミサイルは多いが、JASSMのように射程200nm（約370km）以上のミサイルは多くない。AGM-158Aは1999年に飛行試験を開始、2003年頃には本格運用が始まっており、空海軍のマルチロール戦闘機や空軍の爆撃機などが運用している。

　しかし、2003年にイラキ・フリーダム作戦が開始されると、より縦深攻撃能力を求める声が高まってくる。AGM-86C/D CALCMにはおよばないものの、射程1,000kmを超える限りなく巡航ミサイルに近いスタンドオフ兵器が求められ、JASSMの射程を延長したAGM-158B JASSM-ERの開発が始まった。AGM-158Aはハープーンと同じテレダインCAE製のJ402-CA-100ターボジェット（推力680lb）を搭載していたが、AGM-158BはCALCMやトマホーク巡航ミサイルなどと同じウィリアムズF107-WR-105ターボファンエンジン（1,400lb）に換装、パワーアップと燃費向上により射程距離を大幅に延ばした。

　JASSM-ERの射程をさらに延ばしたAGM-158D JASSM-XRも開発中で、F-15EXの胴体下に搭載できる。JASSM-ERはB-1B、B-52H、B-2A、B-21A、F-15

MHU-40リフトトラックに積載されたAGM-158A JASSM。垂直尾翼は手前側に折りたたまれており、投下されると立ち上がるとともに、主翼が展張してターボジェットエンジンが始動、370kmの射程がある（写真：US Air Force）

2020年11月20日、カリフォルニア州エドワーズ空軍基地において、同基地の412TW（第412試験航空団）所属機を使って実施された、B-1B爆撃機のAGM-158JASSM外部兵器運搬能力試験（写真：US Air Force）

E、F-16、F-35A（外部搭載のみ）などで運用できる。

　なお、450発のJASSMを導入する計画だった海軍はAGM-84H/K SLAM-ERに傾注するためキャンセル、その代わりとしてJASSM-ERの空対艦型、AGM-158C LRASM（長射程対艦ミサイル）を導入することにしている。

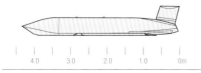

[AGM-158A・データ]
ミサイル幅：63.5cm、全長：4.27m、翼幅（展張時）：2.4m、重量：1,020kg、弾頭：450kg貫通弾頭、射程：370km、推進方式：J402-CA-100ターボジェット、誘導方式：GPS/INS、飛翔速度：亜音速

空対地ミサイル　アメリカ　AGM-183 ARRW

　アメリカ軍初の極超音速空対地ミサイルが、ロッキードマーチン AGM-183 ARRW（空中発射迅速対応兵器、アローと読む）で、2021年から飛行試験を続けているが失敗も多く、予算化が遅れている。

　極超音速ミサイルには2種類あって、スクラムジェットなど空気吸入式エンジンを使ってマッハ5以上で巡航するタイプと、ARRWのように大型のブースターでマッハ20近くまで加速、切り離された弾頭部は運動エネルギーによりマッハ7以上で滑空するブースト・グライド方式に分かれる。

　ARRWの弾頭部はウェーブライダーといって、前縁部から発生する衝撃波に

2020年8月8日、エドワーズ空軍基地で実施されたB-52HによるAGM-183A ARRWのキャプティブキャリー飛行試験。主翼下のAGM-86 ALCM/CALCM搭載用のパイロンに、前後2発搭載できる。全長6.7mの大型ミサイルだが、ほとんどは加速用のブースターで、前部のフェアリングには極超音速飛行するグライドボディが収容されている（写真：US Air Force）

乗って上昇と降下を繰り返しながら滑空、距離を稼ぐ構造になっており、1,600km近い射程距離を持つといわれている。弾頭は炸薬のない、運動エネルギーで目標を破壊するヒット・トゥ・キル方式で、極超音速巡航ミサイルと比べて開発リスクは小さい。ARRWについて空軍は試験失敗にもかかわらず開発を断念していないのはそのためだ。しかし、大型ブースターが必要なため小型機からは発射は困難で、飛行試験ではB-52Hの主翼下面から発射された。実用化されたらB-1Bのロータリーランチャーと胴体下面に31発搭載する計画もあった。また、F-15EXのセンターラインパイロンに搭載できるかどうかも注目されている。

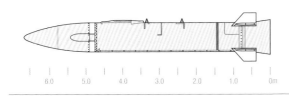

| 6.0 | 5.0 | 4.0 | 3.0 | 2.0 | 1.0 | 0m |

[AGM-183・データ]
ミサイル直径：77cm、全長：6.7m、フィン幅：?、重量：3,000kg、弾頭：キネティック、射程：1,600km、推進方式：ブースト・グライド、誘導方式：?、飛翔速度：マッハ7〜8

空対地ミサイル　アメリカ　AGM-182 HCSW/HACM

　ブースト・グライド方式のARRWに対して、空気吸入式エンジンを使って極超音速巡航を行うのがAGM-182 HCSW（極超音速通常攻撃兵器）で、その略語から「ハックソー（弓ノコ）」と呼ばれている。ロッキードマーチンが開発していたが、空軍はARRWを選定してHCSWは2018年にキャンセルされた。しかし、ロッキードマーチンは空気吸入式超音速巡航ミサイルの開発を継続しており、DARPA（国防高等研究局）／空軍のHAWC（極超音速空気吸入兵器コンセプト、ホークと読む）にエアロジェット・ロケットダイン製スクラムジェットを搭載したバージョンを提案している。

　HAWCにはレイセオン（現RTX）がノ

レイセオンとノースロップ・グラマンが共同開発するHACM（極超音速巡航ミサイル）のコンセプトイラスト。2022年に空軍が契約している（イラスト：RTX）

ースロップ・グラマン製スクラムジェットを搭載して提案を行っており、2022年9月にレイセオンに対してHACM（極超音速巡航ミサイル）として実用化する契約が結ばれた。HCSWをAGM-182と紹介したが、HACMが同じ型式名を使っているという資料もあり、現時点でははっきりしない。HACMの開発は2027年度まで続けられるが、飛行試験が始まれば型式名を含めて分かってくるだろう。

　ARRWの不調もあってHACMがアメリカ空軍最初の極超音速空対地兵器になりそうだが、爆撃機だけでなくF-15EXなど戦闘機からも運用できるサイズに収めることが課題だ。

[HACM・データ]（未公表）
ミサイル直径：?、全長：?m、フィン幅：?、重量：?、弾頭：?、射程：500km、推進方式：スクラムジェット、誘導方式：?、飛翔速度：マッハ7

空対地ミサイル　アメリカ　BGM-71 TOW

AH-1Sの発射チューブにTOWを装填しているところ（写真：菊池雅之）

　対戦車ミサイルの代名詞と言えば今やヘルファイアだが、すべての機種で運用できるわけではなく、まだBGM-71 TOWを運用しているヘリコプターも多い。TOW（トウ）は「T＝チューブ発射」「O＝光学追跡」「W＝有線誘導」の頭文字で、AH-1コブラでは前席のガナー（射手）が機首先端のTSU（望遠照準ユニット）で発射されたミサイル尾部の発光を追跡、目標とミサイルのLOS（照準線）が一直線になるよう照準器を向ける。照準器が算定したデータは2本のワイヤを通してミサイルに送られ、後部のフィンによって衝突コースを修正する。この方式をSACLOS（半自動指令照準線一致）方式というが、あくまでも半自動（セミ

AH-1Sから発射されるTOW。機首にあるTSU（望遠照準ユニット）で目標をロックすると、ミサイルは有線により半自動的に目標方向へ誘導される（写真：鈴崎利治）

オートマチック）でガナーは着弾まで目標を照準し続けなければならない。

　TOWはBGM-71A/B/Cが初期型で、弾頭を大型化して前後部同径の円筒弾体となったBGM-71DからがTOW 2だ。BGM-71E TOW-2Aと貫通型BGM-71

H、そしてBGM-71F TOW 2Bが最新型で、着弾直前にポップアップして装甲車両の脆弱な部分である上面を攻撃するトップアタック能力が付与されている。なお、重心近くにあるウイング、尾部の操縦フィンとも折りたたみ式で、チューブから発射された直後に跳ね上がる方式だ。

[BGM-71F・データ]
ミサイル直径：15.2cm、全長：1.17m、フィン幅：34.3cm、重量：22.6kg、弾頭：二重爆発成形6.1kg、射程：3.75km、推進方式：固体ロケット、誘導方式：有線SACLOS、飛翔速度：秒速300m

空対地ミサイル　アメリカ　AGM-179 JAGM

　アメリカ軍がヘリコプター、無人機で運用しているAGM-114Rヘルファイアの後継として開発中の対戦車ミサイルがJAGM（統合空対地ミサイル）で、ロッキードマーチンとボーイング／レイセオン・チームの競争試作をした結果、2015年にロッキードマーチン案が採用され、AGM-179Aと命名された。ロッキードマーチンはヘルファイアとAGM-65マーベリック空対地ミサイルを代替するAGM-169 JCM（統合共用ミサイル）を開発していたが、キャンセルされており、その技術を活かしてJAGMを提案した。

　LRIP（低率初期生産）は2018年から始まっており、陸軍が2018年度に899発を購入、海軍も翌年度から75発を調達して

いる。2020年度にはフル生産が決まり、2024年度には調達数が1,000発を超えている。

　JAGMはヘルファイアのミサイルランチャーに搭載可能で、陸軍のAH-64アパッチ、MQ-1Cグレイイーグル、海軍のMH-60R/S、海兵隊のAH-1Yベノム、空軍のMQ-9Aリーパーなどから運用できる。

　現用ヘルファイアにはセミアクティブ・レーザー誘導のAGM-114RとロングボウMMR（ミリ波レーダー）誘導のAGM-114Lがあるが、JAGMはそのどちらも代替できるよう、デュアルモード・レーザーシーカーとMMRシーカーを併

AGM-179JAGMはヘルファイア用のレールランチャーを使って、AH-64EアパッチやAH-1Zバイパー、MQ-9Aリーパーなどから運用できる（イラスト：Lockheed Martin）

せもつトライモード・シーカーを備えている。射程を倍増させたJAGM-MRも開発中。

[AGM-179 JAGM・データ]
ミサイル直径：18cm、全長：1.8m、フィン幅：33cm、重量：49kg、弾頭：成形炸薬＋破砕、射程：8km/16km（JAGM-MR）、推進方式：固体ロケットモーター、誘導方式：セミアクティブ・レーザー＋ミリ波レーダー、飛翔速度：マッハ1.5

空対地ミサイル ブリムストーン/SPEAR

プレデターBガーディアン無人機にはペイブウェイ誘導爆弾2発に加え、3連装ランチャーを介してSPEARを12発が搭載可能だ（写真：MBDA）

ヨーロッパの多国籍企業MBDAのミサイルシステムズ部門は、空対空、空対地、大小様々なミサイルを開発、製造しているが、「小」の代表がブリムストーンで、ヘルファイア対戦車ミサイルをベースにしているのでサイズはほぼ同じ。しかし、ヘリコプター搭載用というわけではなく、トーネードやタイフーン、あるいは無人機などで運用する。当然、1発の威力は小さいが命中精度が高ければ目標だけを破壊、コラテラルリスクを減

胴体下左右側に2基のブリムストーンを搭載したイギリス空軍のトーネードGR.4。ランチャーには3連装のものもあり、それを使えば計12発搭載できる（写真：MBDA）

ブリムストーンを搭載する3連装ミサイルランチャー。トーネードの胴体前後左右、4ヶ所に装着可能で、後方のランチャーは斜め下向きに取り付けられる（写真：MBDA）

らすことができる。コラテラルというのは戦闘中に民間人に死傷者を出すことで、低威力の精密誘導兵器ならそのリスクを減らすことができる。アメリカもブリムストーンに似たJAGM（統合空対地

ユーロファイターEF2000は主翼下に3連装ランチャーを装着、ブリムストーン2を搭載する試験を実施した。EF2000は6ヶ所のパイロンに3発ずつ、計18発のブリムストーン/SPEARを搭載することができる（写真：Eurofighter GmbH）

SPEARにもブリムストーン2同様、展張翼を持つ射程延長型があるが、写真はさらに改良を加え、ジャミングシステムを追加した電子戦型、SPEAR-EWだ（写真：MBDA）

ミサイル）の開発を進めている。

ブリムストーンはヘルファイアそのものの形状だが、展張翼を追加して射程距離を延ばしたのがブリムストーンⅡで、現在はSPEAR（スピア）という名称で呼ばれている。「Selective Precision Effects At Range」の略で、直訳すれば「射程内での選択的精密効果」となる。

SPEARには射程延長型SPEAR2/3や電子戦型SPEAR-EWもあり、F-35にはウエポンベイに左右4発ずつ、最大8発まで搭載できる。

[ブリムストーン・データ]
ミサイル直径：17.8cm、全長：1.8m、フィン幅：34.3cm、重量：48.5kg、弾頭：タンデム成形炸薬、射程：12km、推進方式：固体ロケット、誘導方式：ミリ波レーダー+INS、飛翔速度：秒速450m

空対地ミサイル ヨーロッパ アパシュ/SCALP-EG/ストームシャドー

イタリアのアレニア（現レオナルド）が製造した、ユーロファイターIPA2（量産仕様2号機）に搭載されたストームシャドー。イタリア空軍はユーロファイターF/TF-2000A用にストームシャドーを導入している（写真：MBDA）

ラファールに搭載されるストームシャドー。フランスではSCALP-EGと呼んでいる。ラファールは2基のエンジンの間がへこんでいるが、それでもSCALP-EGを搭載すると地上とのクリアランスは数10cmしかない（写真：MBDA）

フランスのマトラは1980年代にCWS-50アパシュというコンテナ兵器システムを開発、1990年代に実用化した。アパシュは目標となる滑走路やレーダーサイトの上空で子爆弾を散布するシステムで、射程は50〜80kmある。子爆弾には弾体内に収容されているものや、側方に2列に配置された片側20個以上の穴から投射されるものなど様々あり、滑走路破壊用の「クリス」弾の場合は10発をクラスター爆弾のように束ねて収容している。

このアパシュの弾体を流用したのがMBDAのSCALP-EG(Système de Croisière Autonome à Longue Portée - Emploi Général)で、訳すと「長距離スタンドオフ巡航ミサイル-汎用」となる。実用化は2000年に入ってからで、まずフランス空軍のミラージュ2000Nが、翌年にはイギリス空軍のトーネードが運用を開始した。イギリス空軍はこのミサイルを「ストームシャドー」と呼んでおり、

2003年にはイラク軍に対して27発を発射した。フランス空軍もリビアでSCALP-EGを実戦投入しており、シリアにおける対IS作戦にも投入されている。

誘導方式はGPS/INSで目標付近まで飛行、高度を落としてDSMAC（デジタル情景照合）方式により地形追随回避飛行を行う。1,000km近い航続距離実現のため、チュルボメカTRI60-30ターボジェットを搭載しており、展張翼と尾部には操縦用のフィンが取り付けられている。面白いのはフィンの枚数で、通常は十字あるいはX字の4枚だが、SCALP-EG/ストームシャドーは後部まで箱形断面をしているため、その上下に2枚ずつ、さら

に操縦用として左右に各1枚、計6枚のフィンを持っている、なお、弾頭は2段貫通式のBROACHを搭載している。

搭載機は前述したミラージュ2000やトーネードのほか、ラファールやタイフーンなどで、1トンを超える大型ミサイルのためどの機種も2発しか搭載できない。運用している国はフランス、イギリスのほか、イタリア、ギリシャ、エジプト、サウジアラビア、カタール、アラブ首長国連邦、インドなどがあり、ウクライナにも供与された。このほかMBDAでは2010年代に入ってから水上戦闘艦から発射できるMdCN（海軍型巡航ミサイル）という派生型を開発している。

5.0　4.0　3.0　2.0　1.0　0m

[ストームシャドー・データ]
ミサイル幅：1.66m、全長：5.1m、翼幅（展張時）：2.84m、重量：1,230kg、弾頭：450kgBROACH貫通弾頭、射程：250km、推進方式：TRI60-30ターボジェット、誘導方式：DSMAC+GPS/INS、飛翔速度：マッハ0.8

空対地ミサイル　ドイツ　タウルスKEPD350

SCALP-EGがフランス生まれの計画だったのに対して、ドイツで考案されたスタンドオフ兵器がタウルスKEPD350で、ドイツのTAURUSシステムズ社が2005年に実用化した射程500kmの空対地ミサイルだ。韓国が2013年にF-15K搭載用に導入を決めた際、「タウルス」と表記したため、これまでの英語発音の「トーラス」はあまり使われなくなった。基本的にはSCALP-EG／ストームシャドーのよく似た構成で、韓国のほか、ドイツ空軍がトーネードで、スペイン空軍がEF-18ホーネットで運用している。

誘導はIBN（画像ベース航法）、TRN（地形参照航法）、そしてGPS/INSの組み合わせで、エンジンはウィリアムズ

ドイツ空軍のユーロファイターEF2000に搭載されたタウルスKEPD350。KEPD350はストームシャドーと同じ全長5.1mだが、重心位置の違いからなのか、前に突き出て大きく見える（写真：MBDA）

韓国空軍のF-15Kスラムイーグルに搭載されたKEPD350。先端の黒い部分はターミナル誘導用の赤外線シーカー（写真：MBDA）

P8300-15ターボファン。MEPHISTO（多元効果貫通・高度先進・目標最適化）弾頭は着弾するとミサイル本体から飛び出し、信管で設定された回数の衝撃を受けると起爆する。つまり、地下3階にある司令部を攻撃するには、地表面を含めて4度目の衝撃で起爆するように設定すればいいわけだ。タウルスではJAS39グリ

ペンなどに搭載するため、射程を300kmほどにとどめた中射程型KEPD350MRも製造している。

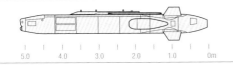

[KEPD350・データ]
ミサイル幅：1.08cm、全長：5.1m、翼幅（展張時）：2.06m、重量：1,400kg、弾頭：481kgMEPHISTO貫通弾頭、射程：500km、推進方式：P8300-15ターボファン、誘導方式：IBN/TRN/GPS/INS、飛翔速度：マッハ0.8～0.95

空対地ミサイル　フランス　ASMP

ASMP（Air-Sol Moyenne Portée＝中距離空対地ミサイル）はフランス空海軍のミラージュ2000N、ラファール、シュペルエタンダールなどが運用する戦術核ミサイルで、射程250～300kmのASMPと500kmまで延伸させた改良型ASMP-Aがある。核弾頭は時期や運用しているのが空軍か海軍かで異なるが、150～300キロトン級の水爆、TN81が搭載されているという資料がある。限定された戦域内での運用を想定しているため航続距離は長くはなく、液体燃料を使ったラムジェットによりマッハ2からマッハ3程度で飛行、慣性および地形参照により誘導される。

全長5mを超える大型ミサイルである

フランス航空宇宙軍のラファールB複座戦闘機に搭載されたASMP-A核ミサイル。CFAS（戦略空軍コマンド）所属機がSMP-Aを運用している（写真：MBDA）

空母シャルル・ドゴールを離艦する海軍のラファールMに搭載されたASMP-A。フランス海軍は空母での核兵器運用能力を、まだ保持し続けている（写真：MBDA）

ため、ミラージュ2000Nもラファールも胴体下のセンターラインステーションに1発のみを搭載する。弾体の側面にはラムジェット用の吸気口が左右2ヶ所あって、後部には操縦用のフィンがX字形に

配置されている。ASMPと同じような短射程の核ミサイルとしてはアメリカ空軍がAGM-69 SRAM（短距離攻撃ミサイル）を運用していたが、FB-111A戦闘爆撃機の退役にともない姿を消した。

[ASMP-A・データ]
ミサイル幅：30cm、全長：5.39m、翼幅（展張時）：2.84m、重量：860kg、弾頭：TN81核弾頭、射程：250km、推進方式：液体燃料ラムジェット、誘導方式：TERCOM+GPS/INS、飛翔速度：マッハ2～3

空対地ミサイル　ロシア　Kh-29/AS-14ケッジ

　旧ソ連、ロシア製の空対地ミサイルはアメリカ軍同様、巡航ミサイルから対戦車ミサイルまで多岐にわたっており、すべてを紹介するのは難しい。ここでは現用機に搭載され、メディアへの露出が多いものに絞って見ていく。まずはビンペル設計局が開発した短射程の空対地ミサイルKh-29、西側名AS-14ケッジ（Kedge）で、アメリカではマベリックに相当する。空対空ミサイルのところにもあったが、旧ソ連では同じミサイルの誘導部を取り替えることで用途の幅を広げている。

　Kh-29の場合はカナードより前の部分が交換可能で、セミアクティブレーザー誘導のシーカーを装備したバージョンがKh-29L、テレビカメラ用の半球形窓の付いているバージョンがKh-29T。ビンペルは空対空ミサイルの設計でも知られるが、Kh-29のカナードとその前の小翼、また後部の固定式三角翼というレイアウトはR-60（AA-8エイフィド/アフィッド）空対空ミサイルとそっくり。もちろん弾体はずっと太い

が、空力特性などはR-60の経験から応用できるので、姉妹関係にあるミサイルともいえる。

Kh-29Tには弾体径と同じくらいの大きなテレビカメラ用窓があるが、Kh-29Lは先端部がレーザーシーカーの大きさに絞られており、前部カナードも異なる（写真：藤田勝啓）

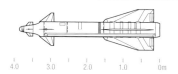

[Kh-29L/T・データ]
ミサイル直径：38cm、全長：3.9m、フィン幅：1.07m、重量：660kg（L）、680kg（T）、弾頭：高性能爆薬破砕式320kg、射程：10km、推進方式：固体ロケット、誘導方式：セミアクティブレーザー（L）、テレビ（T）、飛翔速度：1,470km/h

空対地ミサイル　ロシア　Kh-31/AS-17クリプトン

　アメリカ海軍がロシア製のミサイルを運用していたといったら驚かれる方も少なくないだろう。1998年から2007年まで使われた超音速標的機ボーイングMA-31の原型はズベズダ設計局が開発したKh-31タイフーンで、対艦型Kh-31Aと対レーダー型Kh-31Pがある。外形上最も目立つのがX字形に配置されたラムジェットの吸気口で、通常は円錐形のカバーが付いているが、飛行時には外れてショックコーン付きの吸気口が露わになる。このラムジェット吸気口自体にリフティングボディの効果があるようで、その後部にストレーキ、尾部に操縦用のテイルフィンが付いている。
　ラムジェットは一定速度にならないと使えないが、Kh-31は発射からしばら

Su-34の空気取り入れ口下面に搭載されたKh-31。対レーダー用のKh-31Pのようだが、対艦用のKh-31Aとはレドーム内部の違いだけなので識別は難しい（写真：Piotr Butowski）

地上展示されていたKh-31。レドームの黒い部分が小さいのでKh-31Aかもしれない。吸気口にはやや外側を向いた円錐形のカバーが付いている（写真：藤田勝啓）

くは固体ロケットモーターで加速、ラムジェットは速度を維持するサステーナーとして機能する。誘導はKh-31Aではアクティブレーダーホーミング、Kh-31Pはパッシブレーダーホーミングで、弾頭重量はAが94kg、Pが87kg。Kh-31Pはロシアの戦闘機、攻撃機などほとんどの機

種で運用できるが、Kh-31AはほぼSu-33艦上戦闘機専用。アメリカを含めて10ヶ国ほどが運用実績を持つ。

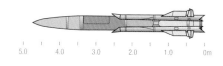

[Kh-31A/P・データ]
ミサイル直径：36cm、全長：4.7m、フィン幅：1.15m、重量：610kg（A）、600kg（P）、弾頭：高性能爆薬破砕式320kg（A）、87kg（P）、射程：25~50km（A）、100km（P）、推進方式：固体ロケット+ラムジェット、誘導方式：アクティブレーダー+INS（A）、パッシブレーダー+INS（P）、飛翔速度：1,000km/h

空対地ミサイル　ロシア　Kh-55/555/AS-15ケント

アメリカのAGM-86ALCMやAGM-109トマホークに相当する空中発射巡航ミサイルがラドゥーガ設計局が開発したKh-55グラナート、西側での名称はAS-15ケントで、Tu-95MSベアやTu-160ブラックジャック戦略爆撃機で運用される。射程はターボファンの採用により約2,500kmあるが、燃料容量を増して3,000kmにしたKh-55SM/ケントBも登場している。

冷戦の終結や戦略兵器削減条約などにより核巡航ミサイルの重要性は減っており、アメリカのCALCMと同じようにKh-55にも通常弾頭型が登場する。それがKh-555/ケントCで、2004年から運

Tu-95MS爆撃機から投下されるKh-55巡航ミサイル。爆弾倉にはMKU-6ロータリーランチャーがあり、翼や吸気口を収容した状態で6発搭載できる（写真：Russian Federation）

Tu-160ブラックジャック爆撃機に搭載されたKh-555通常弾頭型巡航ミサイル。前後にあるオレンジ色の円盤形は電波高度計のアンテナだろうか？（写真：Piotr Butowski）

用が始まっている。飛行距離が長いということは、亜音速の巡航ミサイルにとって滞空している時間が長いわけで、レーダーに探知され迎撃される可能性も増える。そのための地形追随回避飛行だが、レーダーに探知されにくいステルス形状に改めるという方策もある。

Kh-55/555シリーズの弾体をステルス形態に変更したのがKh-101/102で、前者が非核弾頭、後者が核弾頭搭載型だ。Kh-101/102はターミナルシーカーを装備しているのもKh-55/555との相違点で、命中精度が大きく向上している。

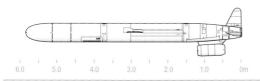

[Kh-55・データ]
ミサイル直径：51.4cm、全長：5.88m、フィン幅（展張時）：3.1m、重量：600kg、弾頭：核弾頭、射程：2,500km、推進方式：ターボファン、誘導方式：地形参照+INS、飛翔速度：マッハ0.8

空対地ミサイル　ロシア　Kh-58/AS-11キルター

Kh-58、西側名AS-11キルターはラドゥーガ設計の対レーダーミサイルで、対艦型も研究されたが実用化はされなかった。全長は4.8mあり、翼幅も1mを超える大きなミサイルで、固体ロケットにより120kmほど飛行可能で、慣性誘導で目標に接近、パッシブレーダーシーカーにより地対空ミサイルの捜索レーダーなどの波長を捉えて着弾する。弾頭は149kgの高性能爆薬で、アメリカ軍のSEAD（敵防空網制圧）のような一時的に無力化するというより、DEAD（敵防空網破壊）に近い運用法だ。

1980年代になるとロケットモーターを大型化して射程を倍増させたKh-58U

T-50 PAK FAなどステルス機のウエポンベイ収納を可能にするため、ウイング、フィンを折りたたみ式に変更したKh-58UShkEのモックアップ（写真：Piotr Butowski）

Su-24と並べて展示されたKh-58。配線カバーのフェアリングが後端まで延びているので、Kh-58と分かる。Kh-58Uはフィン後縁付近で途切れる形状だ（写真：Piotr Butowski）

が登場する。改良により重心位置が違ってきたようで、固定式のウイングの取り付け位置がやや前寄りになっている。図面を見比べれば分かる程度の違いで、写真でKh-58とKh-58Uの識別ができるかどうかは難しいが、尾部の操縦フィンとの間隔が広がっている。なお、Kh-58U

はシーカーの改良などを行ない現在も第一線にあり、Su-57での運用も予定されている。そのため、ウエポンベイへの収容を考慮してウイング、フィンが折りたたみ式になったKh-58UShkEという派生型も開発されている。

[Kh-58・データ]
ミサイル直径：38cm、全長：4.8m、フィン幅：3.1m、重量：650kg、弾頭：高性能爆薬149kg、射程：120km、推進方式：固体ロケット、誘導方式：パッシブレーダーシーカー+INS、飛翔速度：マッハ3.6

空対地ミサイル　ロシア　Kh-59/AS-13キングボルト

Kh-59オーボトは1980年代に実用化した空対艦ミサイルで、西側のコードネームはAS-13キングボルト。改良型Kh-59Mオーボト M/AS-18カズーは現在も使用されている。基本型のKh-59は固体ロケット推進だが、Kh-59MはRDK-300-10ターボファンを搭載したナセルを下部に追加しており、射程距離を115kmまで延ばしたバージョン。さらにARGS-59アクティブレーダーシーカーに換装した空対艦型Kh-59M2A（輸出名Kh-59MK）がある。

Kh-59/59Mは誘導方式によってテレビ誘導のKh-59T/MTとレーザー誘導のKh-59L/MLがあり、Kh-59Mは後に可視光テレビと画像赤外線センサーを

射程延長型Kh-59M2の輸出型、Kh-59MK2のモックアップ。カナードがこれまでの曲線的なダブルデルタから台形翼になったのが外見上の識別点だ（写真：Piotr Butowski）

独特のカナード形状を持つKh-59Mのモックアップ。下部のターボファンエンジンは吸気口にカバーがされており、発射時に火薬で吹き飛ばされる構造だ（写真：鈴崎利治）

併載するKh-59M2/M2Aとなった。対艦型Kh-59MKをSu-57で運用するため四角い断面の弾体と展張翼を採用した発展型がKh-59MK2で、Kh-555の誘導システムを採用している。

Kh-59の外見上の特徴は先端部に小

さなカナードがあることで、Kh-59では折りたたみ式、Kh-59M/MKは翼幅の大きい固定式になっている。

[Kh-59L/T・データ]
ミサイル直径：38cm、全長：5.7m、フィン幅：1.3m、重量：930kg、弾頭：成形炸薬320kg、射程：120km、推進方式：固体ロケット、誘導方式：セミアクティブレーザー（L）またはテレビ（T）、飛翔速度：マッハ0.88

空対地ミサイル　ロシア　9K114シュトゥルム/AT-6スパイラル

旧ソ連／ロシア製の空対空ミサイルが「AA」と数字を組み合わせたアメリカ軍のコードネーム、そして「A」から始まるNATOのコードネームを付けているのと同じように、空対地／空対艦／対レーダーミサイルは「AS」と「K」のコードネームだった。これに対して対戦車ミサイルは「AT」と「S」で、その代表格がAT-6スパイラルだ。AT-6はロシアでは9K114シュトゥルムと呼ばれ、BGM-71 TOWと同じSACLOS方式の誘導で、射程は最大7km程度。運用開始は1970年代で、現在も20数ヶ国で使用されている。

発射はチューブから行われ、成形炸薬弾頭を搭載するが、FAE（燃料気化）弾頭を搭載した9K114Fもある。また、無

右スタブウイングに9K114のランチャーを8本搭載したミルMi-28N。1発の威力は大きくないが多く搭載できるのが強みで、Mi-28Nなら最大24発（写真：Russian Helicopter）

線リンク方式に改めた9K120アターカ（AT-9スパイラル2）という発展型もある。

AT-6/9は細いのが特徴で、直径は13cm。例えばミルMi-28ハボック攻撃ヘリの場合、スタブウイングパイロンに片側8発、左右合わせて16発の搭載が可能だ。

ポーランド陸軍のMi-24ハインドに搭載された9K114シュトゥルム対戦車ミサイルのランチャー（手前）。ロケットランチャーと比較してもかなり細身だ（写真：Piotr Butowski）

Mi-28やKa-52用に9K121ビフル1（AT-16スカリオン）や9M123クリザンテマ（AT-15スプリンガー）も製造されている。

[9K114・データ]
ミサイル直径：13cm、全長：1.63m、フィン幅：36cm、重量：31.4kg、弾頭：成形炸薬5.3kg、射程：5～7km、推進方式：固体ロケット、誘導方式：無線SACLOS、飛翔速度：秒速345m

空対地ミサイル　ロシア　Kh-47M2 キンジャール

ロシア航空宇宙軍929 GLITs（第929連邦飛行研究センター）のMiG-31KでテストされたKh-47M2キンジャール。ロシア語で「短剣」を意味する（写真：Piotr Butowski）

　Kh-47M2キンジャールはウクライナ侵攻でロシアが実戦初投入した空対地ミサイルで、NATOはAS-24「キルジョイ」というコードネームを与えている。「極超音速ミサイル」と報じられることもあるが、イスカンデル短距離弾道ミサイルを空中発射用に改造したものと推定され、ALBM（空中発射弾道ミサイル）と見るのが一般的だ。MiG-31Kという専用の発射機から投下されるとロケットモーターで高度を上げ、弾道を描いて超音速で落下するが、一定の変則機動ができるようで、落下速度と相まって迎撃が難しいとされていた。しかし、ウクライナ軍のパトリオット地対空ミサイルにより撃墜された例も多く、前評判ほどではなかったようだ。

　ロシア側はマッハ10で射程2,000kmと宣伝していたが、その数値は盛りすぎのようで、イスカンデルや北朝鮮のKN-23の観測データに「空中発射」という割増分を加えても、マッハ7程度、射程も1,000km程度と見られる。キンジャールはイス

カンデルとはまったく別個のミサイルだという説もあるが、ここまで形がそっくりだと簡単に納得できるものではない。今のところ輸出実績はないが、輸出型が出てくればより詳細が分ってくるだろう。

　ロシアがMiG-31フォックスハウンドの改造機に大型のミサイルを搭載して飛行試験を行ったのは2017年で、翌年3月にはプーチン大統領が発表した6つの新型戦略兵器のひとつとしてキンジャール（短剣）の名で存在が明らかになった。MiG-31Kからの射程が2,000km、発射母機がTu-22Mバックファイアからなら3,000kmとロシアメディアは伝えているが、発射機によってミサイルの射程が1,000kmも延びるはずがなく、発射機の戦闘行動半径を含めた数値とみられている。

　キンジャールの標的としては空母や大型艦なども含まれており、ターミナル段階で弾道を補正するための光学誘導システムが搭載されている可能性があ

キンジャールはイスカンデルによく似ているが、排気口の後ろが絞ったような形に成形されているのが違いだ（写真：Piotr Butowski）

る。ミッドコース誘導はINS（慣性誘導）に加え、ロシアが打ち上げたGLONASS（汎地球航法衛星システム）の電波によってコースを補正する。

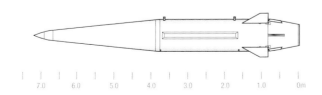

[Kh-47M2・データ]
ミサイル直径：120cm、全長：7.2m、フィン幅：1.6m、重量：4,300kg、弾頭：高性能爆薬または核500kg、射程：1,000km（推定）、推進方式：固体ロケット、誘導方式INS+GLONASS+光学ターミナル、飛翔速度：マッハ7-10（?）

空対地ミサイル ロシア **Kh-38M**

ロシアの戦術空対地ミサイルの主力はKh-29シリーズだが、防空システムの強化によりその射程外から攻撃できるスタンドオフ性能が求められるようになった。2010年代になってKh-MD（単射程空対地ミサイル）計画の下に開発されたのがKh-38Mで、スホーイSu-34フルバック戦闘爆撃機用として2015年から運用が始まっている。

ミッドコース誘導はINSで、GLONASS（汎地球航法衛星システム）の電波によりコースを補正するが、ターミナル誘導には何種類かあって方式によってミサイルの名称が異なる。アクティブレーダー誘導のKh-38MA、セミアクティブ・レーザー誘導のKh-38ML、画像赤外線

RSK-MIG社有のデモ機、MiG-29M（MiG-35）の主翼下に搭載されていたKh-38M（写真：Piotr Butowski）

地上展示されたKh-38M（手前）で、隣はKh-38をベースにした長射程型、グロムE2だ（写真：Piotr Butowski）

誘導のKh-38MTがあり、このほかターミナル誘導を持たず、INS/GLONASS誘導で目標上空でクラスター弾頭散布する対戦車型Kh-38MKがある。「K」は「クラスター」を意味している。

このほかKh-38MはKh-36グロム計画の試験用にも使われている。グロムは弾

頭重量を600kgまで増やして威力を増した対地攻撃ミサイルで、展張翼のほかに補助ロケットブースターを装着、射程を100km以上に延ばしている。試作型はKh-38Mを使っているが、量産型は新設計の弾体になる可能性が高い。

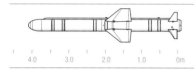

[Kh-38M・データ]
直径：31cm、全長：4.2m、ウイング幅：1.14m、重量：520kg、弾頭：爆風破砕250kg、射程：40km、推進方式：固体ロケットモーター、誘導方式：レーザーまたは画像赤外線、飛翔速度：マッハ2.2

空対地ミサイル 中国 **KD-20（空地20）**

中国空軍のH-6K（轟炸6K）爆撃機はしばしば東シナ海や日本海に進出しているが、主翼下に6ヶ所ハードポイントがあって、KD-20（空地20）巡航ミサイルを1発ずつ搭載できる。KD-20はCASIC（中国航天科工集団公司第三研究院）が開発した核／非核巡航ミサイル、DH-10（東海10）の空中発射型で、車載型はCJ-10（長剣10）と呼ばれている。

アメリカのトマホークに相当する巡航ミサイルで、パワープラントはターボファンエンジン。射程距離は1,500〜2,000kmとされ、東シナ海上空から発射した場合、最短コースを取れば近畿、東海、関東にも到達する。実際にはレーダー網

中国空軍第8轟炸機師団のH-6Kに2発搭載されたKD-20空対地ミサイル（写真：鈴崎利治）

「K/AKD-20」という空軍制式名を記入したKD-20ミサイル（写真：柿谷哲也）

を回避しながら飛ぶため東京到達は難しいかもしれないが、核弾頭も搭載できることから日本にとって大きな脅威であることは間違いない。

誘導はINSと衛星（北斗衛星導航）、TERCOM（地形照合）で、ターミナル誘導用のDSMAC（デジタル情景照合）システムが搭載されている。空軍のH-6は

KD-20および改良型KD-20Aを運用しており、H-6Mが4発、H-6Kが6発搭載できる。海軍のH-6Nも6ヶ所のハードポイントがあり、対艦攻撃バージョンYJ-100（鷹撃100）の搭載が可能。ミサイルはKD-20と同じだが、ターミナル誘導用にアクティブレーダーシーカーと赤外線シーカーを持つ。

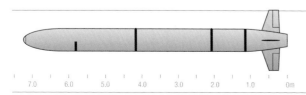

[KD-20・データ]
直径：52cm、全長：7.2m、ウイング幅：3.1m、重量：1,700kg、弾頭：爆風破砕または核 300〜500kg、射程1,500〜2,000km、推進方式：ターボファンエンジン、誘導方式INS+GLONASS+TERCOM+DSMAC、飛翔速度：マッハ0.77

空対地ミサイル　中国　KD-63（空地63）

2000年代中盤に実用化したH-6H爆撃機用のスタンドオフ対地攻撃ミサイルで、中国海鷹機電技術研究所が開発したYJ-63（鷹撃63）空対艦ミサイルをベースに、空軍の対地攻撃ミサイルに改良したのがKD-63（空地63）だ。FW-41Bターボファンエンジンにより射程を200kmまで延ばしている。主翼下パイロンを4基から6基に増やしたH-6K爆撃機では、射程の長いKD-20巡航ミサイルと組み合わせて搭載することもある。

中国は「シルクワーム」の名で世界各国に輸出した有翼の対艦ミサイルの生産を続けてきたが、YJ-63もその系列にあり、弾体は空気抵抗の小さいスリムな形状になったが全長はほとんど変わら

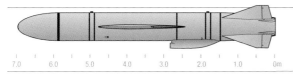

第8轟炸機師団のH-6Kに搭載されたKD-63（K/AKD-63）。2本の黄帯は重心位置を示しているのかもしれない（写真：Piotr Butowski）

H-6Kに搭載されたKD-63。前上部の黒いアンテナはUHF/VHF/TVアンテナ（写真：Piotr Butowski）

ず、重心付近にデルタ翼を持つ。操縦は尾部のX翼後縁部にある操舵翼で行う。尾翼の少し前には下部にターボファン用の吸気口がある。投下後、ミサイルは高度600mで巡航、速度は900km/h程度。誘導はミッドコースがINSで、ターミナル誘導用として先端部にCCDカメラが搭載されている。CCDカメラは10km

以上離れた目標を探知して追跡するが、2010年代中盤には画像赤外線シーカーに換装、命中精度を高めたKD-63Bの運用が始まっている。

[KD-63・データ]
直径：76cm、全長：7.0m、ウイング幅：3.1m、重量：2,000kg、弾頭：爆風破砕500kg、射程：180～200km、推進方式：ターボファンエンジン、誘導方式：INS+CCDカメラ、飛翔速度：900km/h

空対地ミサイル　中国　KD-88（空地88）

中国の空対地ミサイルは対艦ミサイルがベースになっていることが多く、KD-63はシルクワーム系のYJ-6シリーズの発展型だ。もうひとつ、1970年代にフランスのエグゾセやアメリカのハープーンを参考に開発されたYJ-8系があり、その最新型で、YJ-83空対艦ミサイルをベースに、対地攻撃や対レーダー攻撃などを可能にした改良型がKD-88だ。空軍はJH-7A、J-10C、J-16などで、海軍もJH-7Aで運用している。海軍は原型となったYJ-83をJH-7/7Aや空母搭載機J-15で運用、もちろん海軍型H-6爆撃機、H-6G/Nでも運用されている。

YJ-83/KD-88のミッドコース誘導は慣性航法と中国版GPS、北斗衛星導航で

中国海軍の空母「遼寧」艦上のJ-15戦闘機が搭載していたKD-88空対地ミサイル（写真：柿谷哲也）

補正するシステムを採用しているが、ターミナル誘導はバージョンごとに異なっている。海軍のJH-7/7AやH-6G/Nが運用するYJ-83Kはレーダー、J-15が運用するYJ-83KHは画像赤外線、KD-88の基本バージョンはCCDテレビ誘導の

KD-88で、画像赤外線誘導のKD-88A、そして双方向データリンクで発射後に目標変更ができるKD-88Bがある。H-6やJH-7、J-10はKD-88Bを運用する際には、CM-802AKGデータリンクポッドを搭載している。

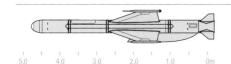

[KD-88・データ]
直径：36cm、全長：4.7m、ウイング幅：1.22m、重量：600kg、弾頭：爆風破砕165kg、射程：200km、推進方式：ターボジェットエンジン、誘導方式：CCDカメラ、飛翔速度：マッハ0.85

空対地ミサイル　トルコ **SOM-J**

トルコはF-35 JSF計画のレベル1開発パートナーで、F-35A 100機の購入を決め、飛行訓練も始まっていたが、ロシアからS-400地対空ミサイルを購入したことから機密漏れを恐れたアメリカは2019年にトルコへの輸出を差し止めた。トルコのロケットサン社はF-35Aのウエポンベイに収容できる空対地ミサイル、SOM（スタンドオフ・ミサイル）-Jの開発を2010年代前半から続けており、F-35Aの導入がなくなった後もF-16やF-4E搭載用として開発を進めている。

SOM-Jはウエポンベイ収容とステルス性を同時に確保できるよう、弾体は箱型で展張翼と尾部には折りたたみ式の尾翼と操舵翼がX字に配置されている。

つまり、尾翼は8枚あるわけだが、前方の大きい安定翼は前方から跳ね上がる方式で、後方の操舵翼は後部胴体の幅に近いため折りたたみ式にはなっていない。ターボジェットエンジンを収容した後部胴体は吸気口もあって太くなっており、操舵翼の翼幅と差異はない。

弾体先端は細くステルス形状になっていて、先端のターミナルシーカーもレーダーを反射しにくい切り子窓になっている。ミッドコース誘導は

F-35Aのウエポンベイ内に搭載できるSOM-Jスタンドオフミサイル。ウエポンベイから射出後、展張翼が開いて射程距離を延ばす。弾体上部には四角いGPSアンテナが見える（イラスト：ROKETSAN）

INS/GPSで、ターミナルシーカーは画像赤外線で、地形参照や画像参照、自動目標捕捉などの機能を持つ。

4.0	3.0	2.0	1.0	0m

[SOM-J・データ]
全長：3.9m、ウイング幅：2.6m、重量：540kg、弾頭：爆風破砕140kg 、射程：275km、推進方式：ターボジェットエンジン、誘導方式：INS+GPS+画像赤外線、飛翔速度：亜音速

空対地ミサイル　トルコ **L-UMTAS**

ロシアのウクライナ侵攻において、実績はともかく知名度を挙げたのがトルコのバイカル社が開発したバイラクタルTB2無人機で、最大離陸重量650kgほどの小型機ながら、主翼下に左右2ヶ所ずつのハードポイントを持っている。ここには小型の対戦車ミサイルや誘導爆弾、ロケット弾などが搭載できる。そのひとつがロケットサン社が製造するL-UMTAS（レーザー誘導長射程対戦車ミサイル）で、無人機のほかT129やS-70Bヘリからも運用できる。また、装甲車などに搭載できる車載型や艦艇搭載型もある。

L-UMTASの弾頭はタンデム式対戦車、対戦車高性能爆薬、対戦車爆風破砕、サーモバリック弾頭の4種類があり、

トルコ海軍のS-70Bシーホークから発射されるL-UMTAS対戦車ミサイル。陸軍のT129攻撃ヘリからも発射可能（写真：Lockheed Martin）

機体とミサイルはMIL-STD-1760デジタルインターフェイスで結ばれており、発射前だけでなく発射後のロックオンも可能になっている。

ロケットサンではL-UMTASの射程を倍増、デュアルシーカーを装備したUMTAS-GRを開発中だ。

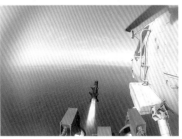

S-70Bからの発射シーンを後方から撮影したもの。サイズはヘルファイアとほぼ同じで、小型舟艇攻撃にも使える（写真：Lockheed Martin）

開発が先行しているのが既存のSAL（セミアクティブ・レーザー）誘導に加え、IIR（画像赤外線）を追加して命中精度を向上させたUMITAS-GRブロック1で、可視光テレビを追加してデュアルモード化したブロック2も開発中だ。

2.0	1.0	0m

[L-UMTAS・データ]
直径：16cm、全長：1.8m、重量：37.5kg、弾頭：爆風破砕/サーモバリックなど、射程：8km、推進方式：固体ロケットモーター、誘導方式：セミアクティブ・レーザー、飛翔速度：マッハ0.9

空対艦ミサイル　アメリカ　AGM-84ハープーン

2022年7月22日、すでに退役していたドック型輸送揚陸艦LPD-9デンバーを標的に実施した撃沈演習、SINKEXに参加、AGM-84ハープーンの実弾2発を搭載してハワイの基地を離陸する米海兵隊VMFA-232のF/A-18C。RIMPAC演習の一環として実施された（写真：US Marines）

AGM-84には空対艦ミサイルのハープーンと空対地ミサイルのSLAMがあるが、元々は対艦型が始まりで、空中発射型AGM-84、水上艦艇発射型RGM-84、潜水艦発射型UGM-84がある。

空中発射型ハープーンにはAGM-84A/B（ブロックI）、AGM-84C（ブロックIB）、AGM-84D（ブロックIC）、AGM-84F（ブロックID）、AGM-84G（ブロックIG）、AGM-84J（ブロックII）、AGM-84L（ブロックII）、AGM-84M（ブロックIII）がある。

運用が始まったのはベトナム戦争後の1977年で、その間に何度か大きなブロック改修を受けている。1982年に実用化したのがブロックIBで、ECCM（対電子対抗）能力を向上させた。続いてジェット燃料をALCMと同じJP-10に変更、射程を延ばしたブロックICで、1985年頃に実用化している。

弾体を延長して燃料搭載量を増し、射程を長くしたのがブロックIDで、射程が延びた分、「クローバーリーフ」と呼ばれるクローバーの葉を一筆書きしたような捜索パターンで当初の目標とは異なる目標を探知できるようになった。これを「リアタック（再攻撃）」能力というが、実用化したのは冷戦終結の前後であったため、予算削減のあおりを受けて少数の生産のみで終わった。ブロックICからの改造も行われていない。すでに完成していたブロックICにリアタック能力を付与する改修を施したのがブロックIGで、ECCM能力も向上している。

この間にSLAMはSLAM-ERに改修されるなど進化しており、その技術をフィードバックする形でハープーンに適用したのがブロックII、別名「ハープーン2000」で、海軍はAGM-84Jという名称でAGM-84Dを近代化改修した。ブロックIIの量産型がAGM-84Lだが、海軍は採用せず、輸出用として韓国や台湾、エジプト、アラブ首長国連邦などが導入している。ブロックIIをさらに進め、新型シーカーや双方向データリンクを追加したブロックIIIは2009年にキャンセルされ、その技術をブロックIIに転用したのがAGM-84NブロックII＋ERだが、発射試験は未実施のようだ。

ハープーンはP-3オライオンやP-8ポセイドン、F/A-18などの海軍機に加え、空軍のB-52H爆撃機からも運用可能で、台湾空軍ではF-16A/Bでも運用している。

P-8Aポセイドンの外翼下にあるSUU-92/Aウイングパイロンに搭載されるCATM-84Dハープーンのキャプティブ訓練弾。パイロンにはBRU-76/Aボムラックが内蔵されている（写真：US Navy）

米空軍のB-52G爆撃機に搭載されたCATM-84A。空軍は爆撃機に対艦ミサイルや機雷を搭載し、シーコントロール（海上制圧）任務を行っており、主翼下のパイロンに左右4発ずつ、最大8発まで搭載できる（写真：石川潤一）

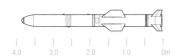

4.0　　3.0　　2.0　　1.0　　0m

[AGM-84F・データ]
ミサイル直径：34.3cm、全長：4.44m、翼幅：91.4cm、重量：635kg、弾頭：221kg貫通爆風破砕、射程：315km、推進方式：J402-CA-400ターボジェット、誘導方式：アクティブレーダー＋INS、飛翔速度：マッハ0.85

空対艦ミサイル アメリカ AGM-158C LRASM

米海軍の試験評価飛行隊、VX-23のF/A-18Fに搭載されて飛行試験を実施したAGM-158C LRASM。主翼端にカメラが並んでいることから、発射試験の直前と思われる（写真：Lockheed Martin）

現在、F/A-18E/Fスーパーホーネットで運用試験が実施されている空対艦ミサイルがAGM-158C LRASM（長射程空対艦ミサイル）で、AGM-158B JASSM-ERをベースにした対艦ミサイルだ。アメリカ海軍ではDARPA（国防高等研究局）と共同でハープーンの後継となる対艦ミサイルをOASuW（攻撃的対水上戦）兵器として導入を決定、そのインクリメント1としてロッキードマーチンのJASSM-ER改修提案を採用した。ただし、AGM-158Cの調達は限定的で、2024年までに実用化するOASuWインクリメント2にはライバルのレイセオンやノルウェーのコングスベルクが提案しているJSMなどとの競争になる可能性がある。

AGM-158CはAGM-158Bのステルス形態の弾体をそのまま使用しており、艦対艦型RGM-158Cも尾部にブースターを付けただけでMk41 VLS（垂直発射装置）に合うような円筒形弾体にはなっていない。誘導システムはJASSM-ERはGPS/INSだったが、巡航ミサイルに搭載されているTERCOM（地形照合）を発展

AGM-158Cを主翼下に搭載したF-35A。ウエポンベイには入らないサイズだが、ステルス性が要求されないビーストモードなら、主翼下4ヶ所に搭載できる（画像：Lockheed Martin）

飛行試験中のLRASM。海面が近く見えるが、レーダー輻域下を飛ぶシースキマーだ（写真：Lockheed Martin）

させた自動情景目標照合システムを搭載しており、GPSやデータリンクなどの情報が得られない場合でも自律的に目標に接近、画像赤外線式のターミナルシーカーによって命中する。

アメリカ海軍はすでにF/A-18E/Fスーパーホーネットでの飛行試験を進めているが、空軍はB-1Bランサー爆撃機で運用する計画だ。空軍はハープーンをB-52Hに搭載してOASuWミッションをこなしていたが、老朽化も進んでいることや、主翼下に左右6発ずつ、12発しか搭載できないという難点もあった。B-1Bの爆弾倉に装着されるLAU-144/Aロータリーランチャーは1基あたり8発のAGM-

158Cが搭載可能で、しかも爆弾倉が3ヶ所あるため合計数は24発で、B-52Hのハープーン搭載数の倍。爆弾倉に搭載されるためB-1Bの超音速性能や限定的ながら有するステルス性を阻害することはない。空軍では2018年末から部隊運用を開始した。

一方、艦対艦型RGM-158Cの試験も始まっており、ニューメキシコ州ホワイトサンズやカリフォルニア州ポイントマグーの地上施設に設置されたVLSからの試射を実施、海軍ではF/A-18E/F用AGM-158Cともども2019年から運用を開始した。

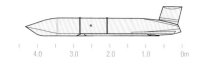

[AGM-158C・データ]
ミサイル幅：63.5cm、全長：4.27m、翼幅（展張時）：2.4m、重量：1,066kg、弾頭：1,000kg貫通爆風破砕、射程：930km、推進方式：F107-WR-105ターボファン、誘導方式：画像赤外線+自動情景目標照合、飛翔速度：亜音速

空対艦ミサイル　日本　ASM-2（93式空対艦誘導弾）

F-2Aの中舷パイロンにASM-2の実弾を搭載して飛行するF-2A。普段はカバーがかかっているシーカー部の、茶色がかった画像赤外線シーカーがよく分る（写真：佐川貴史）

主翼下中舷パイロンにASM-2の訓練弾4発を搭載したF-2A。黄色いミサイルがPTM（パイロット訓練ミサイル）、残り3発がダミー訓練弾で、PTM弾は上半分が赤く塗られている（写真：佐川貴史）

BL-4ボムリフトトラックに積載されたASM-2ダミー訓練弾。このほか、もっと明るいブルーに翼がグレーのキャプティブ訓練弾もある（写真：小久保陽一）

　国産初の空対艦ミサイルが、1980年にF-1支援戦闘機で運用の始まったASM-1（80式空対艦誘導弾）で、固体ロケットモーターを使っていたため射程は推定50km程度だった。三菱重工ではロケットモーターに替え、自社製のTJM2ターボジェットエンジンをサステーナーとした長射程型を開発する。最初に実用化したのが陸上自衛隊向けの地対艦ミサイルSSM-1（87式地対艦誘導弾）で、海上自衛隊の90式艦対艦誘導弾（SSM-1B）およびP-3Cオライオン搭載用のASM-1C（91式空対艦誘導弾）が続く。航空自衛隊もASM-1のジェットエンジン化を進めるが、その際に画像赤外線シーカーを追加して個艦識別能力や命中精度を高めており、ASM-2（93式空対艦誘導弾）と名称を改めている。

　F-1用の空対艦ミサイルとしてはASM-2はオーバースペックであったため、主にその後継機、F-2が運用している。弾体そのものはASM-1とほとんど同じで、下面に吸気口が追加されているのが識別点だ。このほか、ウイング（主翼）をステルス翼に変更できる点もASM-2の特徴だ。ステルス翼は電波吸収材を使ってRCS（レーダー反射断面積）を減らしているが、重量はその分重いため、ミッションによって軽い通常のウイングと使い分けている。操縦はハープーンと同じで、ウイングは固定式で、尾部には可動式のテイルフィン（操舵翼）がある。誘導はミッドコースが慣性、ターミナルが画像赤外線で、低高度をシースキミング飛行するため電波高度計を内蔵している。

　ミッドコースの精度を向上するため、慣性航法装置にリングレーザージャイロを追加、GPS受信機を搭載したASM-2（B）が導入されている。さらに、画像赤外線シーカーの捉えた目標を双方向データリンクで発射機に送り返し、より命中精度を高める改善も行われているようだ。ただし、ASM-2Bという名称は正式には使われていないようで、「93式空対艦誘導弾（B）」というのが制式な呼び名らしい。

　搭載機はF-4EJ改とF-2A/Bで、ハープーンと同じようにパイロンに内蔵されたボムラックにより、ミサイル上面にあるサスペンションラグを引っかける方式で、F-2なら通常は左右2発ずつ、4発を搭載するのが標準的。その場合、胴体に近い内舷パイロンには増槽を搭載する。

4.0　3.0　2.0　1.0　0

[ASM-2・データ]
ミサイル直径：35cm、全長：3.98m、翼幅：1.19m、重量：528kg、弾頭：焼夷徹甲榴弾、射程：170km、推進方式：TMJ2ターボジェット、誘導方式：画像赤外線+慣性、飛翔速度：1,150km/h

空対艦ミサイル 日本 ASM-3

防衛装備庁(旧技術研究本部)が開発した超音速空対艦ミサイルで、固体ロケットブースターで加速、ラムジェットに切り替えて巡航するIRR(インテグラルロケット・ラムジェット)という推進方式を採用している。これにより、マッハ3という対艦ミサイルとしては比類のない高速で飛翔、強化著しい洋上防空網を突破することを目指している。

誘導はミッドコースがGPS/INS、ターミナルがアクティブ/パッシブ複合レーダーホーミングで、計画段階にあった画像赤外線シーカーは撤廃された。

超音速飛行するため海面すれすれでのシースキミングはできず、その分レー

飛行開発実験団のF-2Aから発射されるXASM-3。ロケットモーターで加速、速度を稼いでラムジェットに切り替えて飛行する(写真:ATLA)

飛行開発実験団のF-2Bに搭載されたXASM-3。4枚の操縦フィンは弾体ではなくIRRから出ている(写真:ATLA)

ダーに探知されやすいが、弾体をステルス形状にし、レーダー吸収材を多用することにより発見されにくくしている。当然ながら高価なミサイルになっており、多くは導入できないためASM-1代替用にとどめ、ASM-2シリーズと併用することで双方の欠点を補う運用法が考えら

れている。2022年に量産型ASM-3Aを発注しており、改良型ASM-3(改)も発注済み。

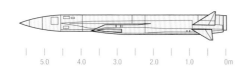

[XASM-3・データ]
ミサイル直径:35cm、全長:5.52m、翼幅:1.19m、重量:900kg、弾頭:高衝撃型貫徹式、射程:150km、推進方式:インテグラルロケット・ラムジェット、誘導方式:アクティブ/パッシブ複合レーダーホーミング+GPS/INS、飛翔速度:マッハ3以上

空対艦ミサイル フランス AM39エグゾセ

アメリカを代表する対艦ミサイルがハープーンだとすれば、ヨーロッパで最も知られた対艦ミサイルがフランス製のエグゾセで、1982年のフォークランド紛争ではアルゼンチンに輸出されたエグゾセによりイギリス軍艦が痛い目に遭っている。空中発射型はAM39と呼ばれており、そのほか水上艦発射型MM38/39/40や潜水艦発射型SM39が製造された。誘導はミッドコースが慣性、ターミナルがアクティブレーダーホーミングという対艦ミサイルとしては標準的なもので、推進システムは固体ロケットモーター。ターボジェットのサステーナーに変更、射程を2.5倍増させたMM40ブ

ロック3という艦対艦ミサイルもあるが、空中発射型はAM39のまま生産を続けている。

AM39はフランス空海軍のほか、アルゼンチン、ブラジル、エジプト、インド、パキスタン、ペルー、カタール、サウジアラビア、シンガポール、アラブ首長国連邦などで使用されており、搭載機はラファールやミラージュ2000、シュペルエタンダール、アトランティック、クーガーなど12機種で運用されていた。

ラファールに搭載されたAM39エグゾセ。ドイツのコルモランやヨーロッパ共同開発のマーテルなど、この時期の空対艦ミサイルは似た形状のものが多い(写真:MBDA)

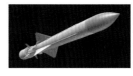
尾部にブースターを取り付け、戦闘艦のキャニスターから発射できるようにしたMM40エグゾセ艦対艦ミサイル。潜水艦の魚雷発射管から発射できるSM39もある(写真:MBDA)

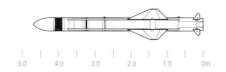

[AM39・データ]
ミサイル直径:35cm、全長:4.69m、翼幅:110cm、重量:670kg、弾頭:165kg、射程:70km、推進方式:固体ロケットモーター、誘導方式:アクティブレーダー+慣性、飛翔速度:亜音速

空対艦ミサイル ノルウェー AGM-119ペンギン

ノルウェーのコングスベルクが開発したヘリコプター搭載用の対艦ミサイルで、曲線的なカナードとウイングが「ペンギン」を連想させる。アメリカ海軍ではSH-60B/Fシーホーク用にAGM-119という制式名で導入しており、厚木基地の航空祭Wingsにキャプティブ訓練弾CATM-119が展示されたことがある。

弾体が短く翼幅の大きいいかにもペンギン風のバージョンがMk1とMk2で、Mk3は弾体が長く翼幅の狭いスマートな形状。アメリカ海軍はMk3をAGM-119A、Mk2 Mod.7をAGM-119Bとして導入した。

各型とも仕様に大きな違いはなく、ロケットモーターは固体式、弾頭は半徹甲

SH-60Fから発射されるAGM-119ペンギン。エジェクターラックにサスペンションラグで搭載され、エジェクトランチされた後、ロケットモーターに点火する（写真：US Navy）

ペンギン空対艦ミサイルのコンセプトイラスト。ユーモラスな外見で名が体を表すぴったりなネーミングだが、弾頭重量は130kgあり、侮れないミサイルだ（写真：Kongsberg）

弾、誘導システムはパッシブ赤外線だ。射程はMk2が34km、Mk3が55kmで、ヘリコプターの一般的な飛行高度から発射すれば水平線内で目標を捉えられる距離だ。このため、空対空ミサイルのWVR（目視距離内）戦闘のように赤外線シーカーで目標となる艦船をロック、発射後は離脱できる撃ち放しが可能だ。ノルウェー、アメリカ以外では、ブラジル、ギリシャ、スペイン、スウェーデン、トルコ、ニュージーランドなどの海軍が採用している。

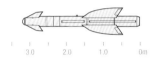

[ペンギン・データ]
ミサイル直径：28cm、全長：3.20m、翼幅：100cm、重量：370kg、弾頭：半徹甲弾130kg、射程：34km、推進方式：固体ロケットモーター、誘導方式：パッシブ赤外線、飛翔速度：マッハ1.2

空対艦ミサイル ノルウェー JSM

F-35Aのウエポンベイに収容できる空対艦ミサイルとして開発されたのがコングスベルクのJSM（ジョイント・ストライク・ミサイル）で、水上艦から発射できるNSM（ネイバル・ストライク・ミサイル）をベースに開発された。マイクロターボ製のTRI40ターボジェットエンジンやGPS/INS、地形参照によるミッドコース誘導、画像赤外線によるターミナル誘導、爆風破砕式弾頭などはJSM、NSM共通で、航続距離がJSMの方が6割ほど長いため、JSMは大きな展張翼を持っている。NSMのウイングはミサイルのキャニスターに収まるよう単純に折りたたんだ形だが、JSMの場合はF-35Aからドアなどにぶつかることなく射出される必

JA2016で展示されたJSMのフルスケールモックアップ。F-35のウエポンベイに収容するため、原型のNSMでは下面にあった吸気口が側面に移った（写真：竹内 修）

ステルス機F-35Aからの、ステルス対艦ミサイルJSMによる攻撃という、目標にされた艦にとっては悪夢のような戦闘が近い将来、現実のものとなる（写真：Kongsberg）

要があり、テイルフィンも折りたたみ式になっている。

RTX（レイセオン）はJSMの製造ライセンスを獲得、AGM-184として採用しており、配備の始まっているF-35Aブロック4からステルスモードで運用可能。航空自衛隊を含め、多くの国が導入予定。

[JSM・データ]
ミサイル幅：48cm、全長：4.0m、翼幅（展張時）：1.36m（NSM）、重量：407kg、弾頭：125kg爆風破砕、射程：930km、推進方式：TRI40ターボジェット、誘導方式：画像赤外線+地形参照/INS、飛翔速度：亜音速

空対艦ミサイル

| 空対艦ミサイル | ロシア | # Kh-35/AS-20カヤック |

旧ソ連の兵器で西側に似たようなコンセプトがあると、ロシア人によくある名前、「○○スキー」のようなあだ名を付けることがよくある。Kh-35対艦ミサイルのあだ名は「ハープーンスキー」で、このミサイルがどのようなコンセプトで開発されたかは改めて説明するまでもない名前だ。もちろん、ズベズダ設計局のオリジナルの設計で、ハープーンのコピーではないため誘導方式は慣性およびアクティブレーダーホーミング、弾頭は成形炸薬、エンジンはターボファンなど違いは多々ある。ウイング、フィンが折りたたみ式なのは特に珍しくないが、その後方に取り付けられる固体ロケット

Kh-35の輸出用艦対艦型、Kh-35UE。後部下面の膨らんだ部分がターボファンエンジン搭載部で、黒い部分が吸気口。排気口は弾体中心部より下側にあり、上部にはフェアリングがある（写真：Piotr Butowski）

式のブースターにも折りたたみ翼が付いていることで、ラダー（方向舵）として機能するようだ。

空中発射型はブースターを外した状態で、全長はハープーン空中発射型よりさらに短い。このため、戦闘機や戦闘攻

撃機だけでなく、対潜ヘリコプターなどへの搭載も可能。水上艦発射型Kh-35Uウラルを含めればロシアと関係の深いインドやイラン、北朝鮮、ベトナム、ミャンマー、ベネズエラなど8ヶ国で運用されている。

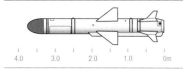

[Kh-35・データ]
ミサイル直径：42cm、全長：3.75m、翼幅：130cm、重量：480kg、弾頭：145kg成型炸薬、射程：130km、推進方式：ターボファン、誘導方式：アクティブレーダー＋慣性、飛翔速度：亜音速

| 空対艦ミサイル | インド/ロシア | # ブラモス |

防衛装備庁が開発しているXASM-3が世界にも例を見ないマッハ3級のステルス空対艦ミサイルだと紹介したが、インドではすでにブラモスというマッハ2～3級の空中発射対艦ミサイルを実用化している。ロシアのP-800オニクス、輸出名「ヤホント」をベースに共同開発したもので、インドの大河ブラマプトラ川とロシアの首都モスクワを流れるモスクワ川の頭3文字ずつを取って「BRAHMOS」と命名された。

最初に実用化されたのは水上艦発射型で、潜水艦発射型、車両発車型、そして空中発射型と次々に派生型が誕生している。空中発射型の飛行試験は2016年4月にSu-30MKI戦闘攻撃機によって

ロケットブースターによる1段目が点火中は先端部がカバーがされており、左右の穴からの噴射によってカバーが吹き飛び、ラムジェット用吸気口が表れる（写真：鈴崎利治）

艦対艦ミサイルとして運用する場合はチューブ形のキャニスターから発射されるが、その場合は先端カバーが不要で、最初からショックコーンが見えている（写真：One half 3544）

実施されており、2020年に空軍部隊に配備されている。現状ではマッハ2.5級だが、将来的にはXASM-3より速いマッハ5級の発展型を開発したい意向であるものの、まだ先の話だ。

パワープラントは2段式で、1段目は固体ロケットブースター、2段目は液体燃

料のラムジェットになっており、ミサイルの先端がMiG-21戦闘機のようなショックコーンになっていて、ここからラムジェット用の空気を取り入れる。

[ブラモス・データ]
ミサイル直径：60cm、全長：8.2m、翼幅：130cm、重量：2,500kg、弾頭：300kg成型炸薬、射程：290km、推進方式：固体ロケット＋液体燃料ラムジェット、誘導方式：アクティブレーダー＋慣性、飛翔速度：マッハ2～3

対レーダーミサイル アメリカ AGM-88 HARM/AARGM

2022年8月30日、北マリアナ射爆撃場でAGM-88 HARMの実弾発射訓練を実施した米海軍VAQ-209のEA-18Gグラウラー（写真：DVIDS）

アメリカはベトナム戦争で北ベトナム軍の地対空ミサイルに苦しめられたが、そこで生まれたのがアイアンハンド作戦で、攻撃隊の先陣を切って飛行、レーダーサイトなどを潰す役割だった。その後、AGM-45シュライクARMやAGM-78スタンダードARMのようなARM（対レーダーミサイル）が登場、ワイルドウィーズル作戦へと進化していく。スタンダードARMは洋上防空や弾道ミサイル防衛にも使われているスタンダードミサイルを対レーダー用に改造したもので、全長4.6m、重量620kgもある大型ミサイルだった。

ワイルドウィーズル作戦は自らを囮にしてレーダーを起動させ、そこにミサイルを撃ち込むわけで、機体側にも機動性が求められる。スタンダードARMのような大型ミサイルを搭載していたのでは当然機動性にも影響、より軽量小型のARMが求められた。その結果、1983年に量産型の納入が始まったのがAGM-88A HARM（高速対レーダーミサイル）で、1985年にまずアメリカ海軍で、1987年に次いで空軍でIOC（初期作戦能

力）を獲得した。弾体は先端がパッシブレーダーホーミングのシーカーになっていて、これでレーダー波を捉え、中央部にあるウイングを動かして操縦する。弾頭は誘導セクションのすぐ後ろにあって、目標に損傷を与えるだけにとどまらず、誘導セクションにプログラムされた情報が敵の手に渡らぬよう、命中しなくても破壊する役割も負っている。

独特の形状をしたウイングの後方が固体ロケットモーターで、かなり大きめだが、これによりマッハ2以上の高速と150kmの航続性能を得ている。ワイルドウィーズル機の接近を知ると敵がレーダーを停止しミサイルのシーカーからの探知を逃れる戦法に転じたが、慣性誘導方式でレーダー停止前にロックした位置に向かうよう改良されており、現行のAGM-88DではGPS受信機も追加されている。さらに、ミリ波アクティブレーダーシーカーを追加したAGM-88E AARGM（新型対レーダー誘導ミサイル）も運用が始まっており、ターミナル誘導機能を加えることで命中精度を上げるとともに、友軍のレーダーを破壊するよ

F-16に搭載されたHARMの実弾。F-16CM/DM-50はALQ-213 HTS（HARMターゲティングシステム）ポッドを搭載、脅威となるレーダー発信源を探知、位置測定、識別できる能力を持ち、HARMの運用を補助する（写真：Raytheon）

2023年9月19日、カリフォルニア州ポイントマグーで実施された、VAQ-209のEA-18GによるHARM実射訓練（写真：US Navy）

うな同士討ちも避けられる。さらに、F-35Aのウエポンベイに収容できるようウイング、テイルフィンを廃止、テイルコントロール式に変更したのがAGM-88G AARGM-ERで、2024年に実用化する予定。

AGM-88C

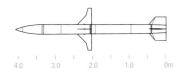

4.0	3.0	2.0	1.0	0m

AGM-88G

4.0	3.0	2.0	1.0	0m

[AGM-88C・データ]
ミサイル直径：25.4cm、全長：4.1m、翼幅：110cm、重量：355kg、弾頭：66kg爆風破砕、射程：106km、推進方式：固体ロケット、誘導方式：パッシブレーダーホーミング、飛翔速度：マッハ2以上

誘導爆弾 アメリカ ペイブウェイ

イギリス空軍のタイフーンに搭載されたペイブウェイⅣレーザー誘導爆弾。アメリカ軍のペイブウェイと比べてずんぐりした形に見えるが、これは弾頭にイギリス製のCPU-123/B 1,000lb爆弾を使っているためだ（写真：BAE SYSTEMS）

2016年11月5日、強襲揚陸艦LHA-6アメリカを離艦する米海軍VX-23のF-35B。主翼下にSUU-95/A空対地パイロンを装着したビーストモードでの飛行試験で、GBU-12/B 500ポンド級ペイブウェイⅡ（イナート弾）を4発搭載していた（写真：US Navy）

2017年3月31日、ネバダ州クリーチ空軍基地でMQ-9Aリーパーを運用する432WGは、夜間訓練のため所属機にGBU-12/Bペイブウェイを4発搭載した（写真：DVIDS）

　自由落下爆弾に誘導システムを追加することで弾道を補正し、より命中精度を高めようという試みはベトナム戦争の前から続けられていた。誘導方式としての航法衛星打ち上げはまだずっと先のことで、低光量テレビなど電子光学技術を使うか、赤外線を使うか、あるいはレーザー光を使う方法があった。アメリカ軍は誘導爆弾に「GBU＝ガイデッド・ボム・ユニット」という名称を与えたが、その1番目、GBU-1/Bはレーザーを使ったペイブウェイⅠで、BOLT-117とも呼ばれた。BOLTは「ボム・レーザー・ターミナル誘導」の略で、117は弾頭として使われたM117 750lb爆弾を意味する。

　続くGBU-2/3/5/6/7はクラスター爆弾を信管として使っており、ペイブストームと呼ばれている。また、GBU-4/BはEO（電子光学）誘導で、EO誘導はGBU-8/BおよびGBU-9/B HOBOS（ホーミング・ボム・システム）として実用化している。GBU-8/BはMk84 2,000lb爆弾、GBU-9/BはM118 3,000lb爆弾にテレビカメラと誘導システムを取り付けたもので、最終的には滑空爆弾ともいえるGBU-15/Bとして量産化された。

　ベトナム戦争後期になると低抵抗のMk80シリーズを弾頭に使うペイブウェイⅡが登場、Mk84を使ったGBU-10/B、Mk82を使ったGBU-12/B、Mk83を使ったGBU-16/Bが誕生する。ちなみに、数字の後に付く「/B」は投下式のユニットであることを意味しており、パイロンやボムラックのような固定式ユニットは「/A」記号が付く。無改造のベースラインは無印の「/B」で、大きな改造があると「A」から始まる記号が「/（スラッシュ）」の前に付く。例えば最近のGBU-12/BにはGBU-12F/Bという発展型がある。

　Mk80系を弾頭に、信管用のネジ穴に付けられるのがCCG（コンピュータ制御グループ）、後方に付くのがエアフォイルグループで、投下されるとフィンが展張、CCGのレーザーシーカーが捉えた目標に向かって落下弾道を調整しつつ着弾する。その間、自機、あるいは僚機や地上の隊員などが目標に向けレーザー照射を続ける必要があるが、命中精度は自由落下に比べて格段に高く、それを証明したのがベトナム戦争中のタンホア鉄橋爆撃であった。レーザーおよびEOを使った精密誘導爆弾が、それまで自由落下爆弾では落とせなかった橋を破壊した逸話はあまりにも有名だ。

しかし、このタンホア鉄橋攻撃でも、ペイブウェイが悪天候で使えないことが多々あった。ペイブウェイが採用しているのはセミアクティブ・レーザーホーミングという方式で、反射してくるレーザー波をシーカーが捉えられなければ誘導できない。霧や雨、雲が天敵で、EO誘導も天候の影響を受けやすい。その点、後述するJDAMなどが採用するGPS/INS誘導は定められた座標に着弾するようプログラムされているため、天候の影響は受けないが命中精度は劣る。レーザーとGPS/INSのいいとこ取りをした誘導爆弾がデュアルモード方式で、CCGにGPS受信機が追加されている。ペイブウェイIIをデュアルモード化した

のがエンハンスド・ペイブウェイII（EP2）で、EGBU-10/12/16と呼ばれている。

EGBUはあくまでも計画名で、制式名称は2,000lb級のEGBU-10がGBU-51/B、1,000lb級のEGBU-16がGBU-48/B。EGBU-12は3種類あって、Mk82およびその貫通型BLU-111/Bを弾頭にしたGBU-49/B、コラテラルダメージリスクを抑えたBLU-126/B弾頭のGBU-51/BおよびGBU-52/Bがある。また、250lb級のデュアルモード・ペイブウェイIIとしてMk81を弾頭にしたGBU-58/BとGBU-59/Bがある。

湾岸戦争の頃、ペイブウェイIIに続いて開発されたのがペイブウェイIIILLLGB（低高度レーザー誘導爆弾）で、シーカーを大型化、エアフォイルグループの展張翼も増積、敵の防空レーダーの下をかいくぐって超低空で目標に接近、上方に投げ上げることで距離を稼ぐ。ペイブウェイIIIは500/1,000/2,000lb級が開発されたが、量産されたのは2,000lb級のGBU-24/Bで、派生型としてF-117Aナイトホークのウエポンベイに収容できるようエアフォイルを小型化したGBU-27/Bもある。また、5,000lb級のバンカ

「ディープスロート」とも呼ばれる5,000lb級貫通爆弾はペイブウェイシリーズでは最大で、初期には榴弾砲の砲身に炸薬を詰め弾頭として使っていた（写真：US Air Force）

GBU-28/Bは全長が5.8mもあるため運用できる機体が限られており、F-111が退役した後は、F-15Eストライクイーグルでのみ運用されている（写真：US Air Force）

ーバスター、GBU-28/Bもあって、後期型はEGBU化されている。ただし、GBU-24G/BとかGBU-28B/Bのように改造記号だけで「28」の名称は引き継いでいる。

このほかペイブウェイIVというデュアルモード・ペイブウェイがあるが、これはイギリス軍が運用しているCPU-123/B 1,000lb爆弾を弾頭に使ったもので、EP2と同じキットを組み込んだ精密誘導爆弾だ。

F-14ボムキャットに搭載されたGBU-16/B 1,000lb級ペイブウェイII。弾頭のMk83は海軍仕様のグレー塗装だが、キットはオリーブドラブのまま（写真：US Navy）

空軍仕様のGBU-16/B。後部に取り付けられるのがMXU-667/Bエアフォイルグループで、写真のように前縁部を支点に外側にフィンが跳ね上がる構造（写真：US Air Force）

F-16Cから投下されたGBU-24/BペイブウェイIII。2,000lb級ペイブウェイとしてはGBU-10/BペイブウェイIIがあるが、価格が高いため運用数は少ない（写真：US Air Force）

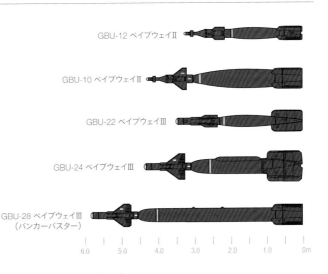
GBU-12 ペイブウェイII
GBU-10 ペイブウェイII
GBU-22 ペイブウェイIII
GBU-24 ペイブウェイIII
GBU-28 ペイブウェイIII（バンカーバスター）
6.0　5.0　4.0　3.0　2.0　1.0　0m

[GBU-12B/B・データ]
直径：27.3cm、全長：3.33m、フィン幅：134cm（展張時）、重量：275kg、誘導方式：セミアクティブ・レーザーホーミング、弾頭：Mk82

誘導爆弾　アメリカ　JDAM

500lb級JDAM 4発を搭載していた第8航空団第6飛行隊のF-2A。手前、右主翼下の2発がGBU-54/B レーザーJDAM、左主翼下がGBU-38/B JDAM。弾体は青く塗られており、炸薬の入っていないイナート弾だ（写真：竹村佑一）

エンハンスドペイブウェイとは逆に、GPS/INS誘導爆弾にレーザーシーカーを追加したデュアルモード誘導爆弾がレーザーJDAM（LJDAM）で、こちらはJDAMの欠点である命中精度を向上させている。JDAM（ジェイダム）は「統合直接攻撃ミュニッション」のことで、クラスター爆弾のように爆薬をばらまかず、直接目標に着弾することを直接攻撃（ダイレクトアタック）という。JDAMの開発が本格化したのは1994年頃からで、マクドネルダグラス・ミサイルシステムズとマーチンマリエッタ・エレクトロニクス・アンド・ミサイルズが技術製造開発契約を受注した。現在、前者はボーイング、後者はロッキードマーチン傘下に入っているが、最終的に受注したのはマクドネルダグラス（ボーイング）で、500/1,000/2,000lb級のJDAMキットが開発、製造されている。

ナブスター航法衛星の打ち上げは1970年代末から始まっているが、GPSを本格運用するためには多くの衛星が必要で、1993年には24基が打ち上げられ、地球上どこにいても自分の位置が高精度で分かる態勢が整った。JDAMの開

GBU-38/B JDAM。先端の白い部分はDSU-33/B近接センサーで、ここから出る電波により目標から指定された距離内に近づくと信管が機能して起爆する。貫通せず広範囲を制圧する用途に向いたセンサー信管だ（写真：伊藤久巳）

先端が黒い部分はGBU-54/Bレーザー JDAM用の近接センサーDSU-38/Bで、レーザー受光部を兼ねている。ここで受けた信号はテイルセクションに送られるが、その配線を保持するため金属バンドが巻かれている（写真：伊藤久巳）

発時期がGPS態勢の確立と重なるのは当然のことで、空軍の目指すグローバルストライク能力実現のためには、戦域によって命中精度にバラツキがあってはならないからだ。

JDAMはMk80系爆弾のコニカルフィンを外し、GPS/INS受信機を内蔵したテイルセクションを取り付けるもので、弾体中央部には姿勢制御のためのストレーキが取り付けられる。JDAMキットは基本的に3種類で、500lb用のKMU-572/B、1,000lb用のKMU-559/B、2,000lb用のKMU-556/B、KMU-557/B、KMU-558/Bがある。2,000lb用テイルセクションは同じものだが、貫通弾頭BLU-109/Bの形状がMk84とは異なるためストレー

キの形が異なっている。JDAMの弾頭となるのは500lb級のMk82と同じ形状のBLU-111/B、ロー・コラテラルダメージ型のBLU-126/Bで、1,000lb級のMk83とBLU-110/B、2,000lb級のMk84およびBLU-109/B。このほか、Mk84の弾体に低反応炸薬を詰めた貫通型BLU-117/B、BLU-117/Bも使われている。

このようにJDAMは弾頭の違いにより様々な種類があるが、さらに空軍と海軍で名前を変えることもあるので整理しておく必要があるだろう。まず500lb級のGBU-38/Bだが、空軍型はGBU-38（V）1/BとGBU-38（V）3/B、海軍はGBU-38（V）2/BとGBU-38（V）4/Bで、（V）1と（V）2はMk82あるいはBLU-111/B、（V）

2018年2月22日、アフガニスタンのカンダハル飛行場で、出撃準備中のMQ-9Aリーパー。主翼下にGBU-38/B 500ポンド級JDAMが4発搭載されている。先端部の黄帯は実弾であることを表している（写真：DVIDS）

中央がくびれた形なので、BLU-109/B貫通弾頭にJDAMキットを追加した空軍のGBU-31（V）3/Bだろう。1トン級の爆弾なので運搬、搭載にリフトトラックは不可欠だ。開いた前輪で踏ん張る形が面白い（写真：US Air Force）

3と（V）4はBLU-126/Bを弾頭として使っている。空軍型と海軍型の違いは弾頭の色で、海軍では艦内での誘爆を防ぐためグレーの耐熱塗料を塗っている。1,000lb級JDAMの場合、空軍はMk83弾頭のみで、名称はGBU-32（V）1/B。海軍はMk83およびBLU-110/B弾頭のGBU-32（V）2/B、BLU-110/B弾頭のみのGBU-35（V）1/Bの2種類がある。

2,000lb級はGBU-31/Bだが、GBU-38/B同様、空軍型は奇数、海軍型は偶数の（V）ナンバーが振られている。空軍型は3種類で、GBU-31（V）1/BはMk84、GBU-31（V）3/BはBLU-109/B、GBU-31（V）5/BはBLU-119/Bだ。BLU-109/BはMk84とは異なり中ほどがくびれた形状のため、ストレーキに台座が付いており、そこにボムラック吊り下げ用のサスペンションラグが装着できるようになっている。番号が似ていて混乱しそうだが、BLU-119/BはMk84の炸薬（高性能

爆薬）と一緒に白燐を詰めたキャニスターを3本内蔵しており、爆風破砕効果とともに白燐の焼夷効果で化学兵器の薬剤が飛散する前に無害化する、いわゆるクラッシュPAD兵器だ。PADとは「迅速薬剤無効化」のことだ。一方、海軍型としてはMk84およびその貫通型BLU-117/Bを弾頭にするGBU-31（V）2/Bと、BLU-109/B貫通弾頭のGBU-31（V）4/Bの2種類がある。

最後が航空自衛隊も購入したレーザJDAMで、GBU-38/Bのデュアルモー

ド型がGBU-54/Bで、同様にGBU-32/BがGBU-55/B、GBU-31/BがGBU-56/Bと呼ばれている。ただし、実際に使われているのはGBU-54/Bがほとんどで、1,000/2,000lb級レーザーJDAMをニュース映像などで見かけることはあまりない。前述したようにGBU-38/Bは空海軍、弾頭の違いなどで（V）1から（V）4まであるが、GBU-54/Bにも同様の（V）ナンバーが与えられている。GBU-38/Bではノーズ部に小さなストレーキが金属ベルトで止められているだけだったが、先端にレーザーシーカーが追加されるとそのデータをテイルセクションに送る必要がある。そのため、弾体下部にはシーカーから延びる配線が施されており、それを止めておく金属ベルトが3本巻かれているのでGBU-38/Bとの識別は難しくない。なお、5,000lb級貫通弾頭をJDAM化したGBU-72/Bも開発中だ。

米空軍の試験評価飛行隊422TESのF-15Eに搭載されたGBU-31/B 2,000ポンド級JDAM（写真：DVIDS）

韓国クンサン基地に所属する8FW/80FSのF-16Cから投下されるGBU-31/Bの訓練弾。誘導システムは生きているようで、GPS/INSで入力された座標に着弾するが、Mk84弾頭がイナートであるため、爆発しない代わりに白煙が上がる（写真：US Air Force）

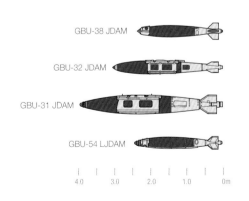

GBU-38 JDAM

GBU-32 JDAM

GBU-31 JDAM

GBU-54 LJDAM

```
|         |         |         |         |
4.0       3.0       2.0       1.0       0m
```

[GBU-38（V）1/B・データ]
直径：27.3cm、全長：2.35m、フィン幅：43.2cm、重量：275kg、弾頭：Mk82

誘導爆弾　アメリカ　**SDB**

A-10Cの主翼下Sta.4/8に
BRU-61/Aキャリッジシステム
を介して左右4発ずつ、計8発
搭載されたGBU-39/B SDB。
あまり揚力を生まなそうな小
さな展張翼だが、菱形に開く
ことで翼面積を大きくできる
（写真：DVIDS）

A-10C搭載のSDBだが、Sta.5/7にも搭載すれば
計16発となる。威力が限定的な精密誘導爆弾を運
用することで、市街戦でのコラテラルダメージ（民
間人への被害）や接近戦での友軍の損害を減らす
ことができる（写真：DVIDS）

F-15Eに装着されたBRU-61/AにGBU-39/B SDB
4発を搭載したところ。共用キャリッジというだけに
ボムラックをエジェクトランチャーに変更すれば
AIM-120 AMRAAMを2発並列に搭載することがで
きる（写真：US Air Force）

ヨーロッパの多国籍兵器企業、MDBAが開発した
結合翼方式ダイヤモンドバックを展張翼として採用
したGBU-39/B SDB。高高度から投下した場合、
最大で110km程度滑空、垂直に着弾する能力があ
る（写真：US Air Force）

　SDBは「Small Diameter Bomb」の略
で、「小径爆弾」あるいは「小直径爆弾」
などと訳している。F-22AやF-35などス
テルス機のウエポンベイに複数発搭載
できる精密誘導兵器というコンセプト
で開発されたもので、重量は250lb級。ア
メリカ空軍のみならず、将来的には同盟
国の多くに販路を広げられる次世代の
主力兵器だけに多くのメーカーが手を
挙げており、2001年にはボーイングとロ
ッキードマーチンが競争試作すること
になった。その結果、2003年に選ばれた
のがボーイングのGBU-39/Bであった。
GBU-39/BはヨーロッパのMDBAが開
発したダイヤモンドバックと呼ばれる
展張式結合翼を持ち、高高度から降下
されると長距離を飛行、最終的には上空
から垂直に近い角度で突っ込むため、軽
量でありながら貫通能力は高い。

　空軍は一度に多くを求めず、時間をか
け段階的に進化させていくスパイラル
方式を多用している。SDBについても同
様で、GBU-39/Bはまず最初の一歩、
SDBインクリメントⅠで、さらに進歩し
たSDBインクリメントⅡの開発を進め

た。第1段階で採用を競ったボーイング
とロッキードマーチンはチームを組んで
SDBインクリメントⅡ（SDBⅡ）、GBU-
40/Bを開発したが、これに立ちはだか
ったのがレイセオンのGBU-53/Bで、空
軍は2006年、両チームとリスク低減段階
の契約を結んだ。その結果、2010年に選
定されたのがレイセオン案だった。GBU-
53/Bについては次項で紹介するとして
GBU-39/Bについて話をすすめる。

　Mk.80系爆弾は流線形だが、GBU-39/
Bは円筒形で並べて搭載できる。そのた
めのキャリッジ（運搬機材）として開発
されたのがBRU-61/Aで、前後左右に4

発を搭載した状態でF-22AやF-35Aの
ウエポンベイに収容できる。F-15E/EX
でもCFT（コンフォーマル燃料タンク）
下面の前後パイロンにBRU-61/A 2基
並べて搭載できる。最近ではA-10が横
並びで2～4基搭載する例もある。

　GBU-39/Bは重量130kgほどだが、前
述したように貫通能力は高く、1.2mのコ
ンクリートを貫通して、遅延信管により
目標内部で爆発する。信管は目標に合
わせて、5秒、15秒、25秒、35秒、45秒、60
秒の5段階に設定できる。貫通弾頭に変
えて複合材製のFLM（集束致死性弾薬）
弾頭を搭載したGBU-39A/Bもある。

2.0　　1.0　　0m

【GBU-39/B・データ】
直径：19cm、全長：1.8m、フィン幅：1.38m（展張時）、
重量：129kg、弾頭：貫通/爆風破砕113kg

誘導爆弾　アメリカ　GBU-53/B SDBⅡ ストームブレーカー

左主翼下にGBU-53/B SDBⅡ4発を搭載して飛行試験を行うF-16D。BRU-61/A共用キャリッジアッセンブリーを介して4発搭載されているが、これはGBU-39/B SDBと同じく2発並列を前後に配置する搭載方法だ（写真：Raytheon）

レイセオン（現RTX）が採用を勝ち取ったSDBⅡは前端にシーカー窓を持ち、単純に前方へ開く展張翼を持っている。操縦用のX字形のテイルフィンもポップアップ式で、GBU-39/B同様、BRU-61/Aキャリッジに4発搭載できるサイズに収まっている。GBU-39/BはGPS/INSとデータリンク補正で目標まで誘導されたが、GBU-53/Bは3モード（ミリ波レーダー、画像赤外線、セミアクティブ・レーザーホーミング）のターミナルシーカーを取り付けており、移動目標の攻撃も可能になっている。

レイセオンではこの全天候攻撃能力をアピールするため、2018年に「ストームブレーカー」と命名している。GBU-53/BストームブレーカーはGBU-39/Bと同等、74kmの射程があるが、ターミナルシーカーがあるため最大9km程度のDA（直接攻撃）も可能になっている。

GBU-53/B先端部にシーカーがあるため貫通能力はないが、弾頭はプラスチック爆薬PBXとアルミ粉末を混合したPBXN-109炸薬を充填した複合効果（マルチエフェクト）弾頭で、爆風／破砕に加え、成形炸薬弾頭にもなっており、移動する装甲車両の破壊も可能だ。

SDBⅡの選定はボーイングGBU-40/BとレイセオンGBU-53/Bの間で行われ、2010年にレイセオンがEMD（技術製造開発）契約を勝ち取った。当初はF-15EにBRU-61/Aキャリッジシステムを装着、投下試験を実施しており、2015年にはLRIP（低率初期生産）契約が結ばれている。2019年にはGBU-39/Bを採用していないアメリカ海軍もF/A-18E/FスーパーホーネットにGBU-53/Bの導入を決定、2023年に飛行試験が始まっている。空軍がF-15EでのIOC（初期作戦能力）を獲得したのが2022年で、F-22AやF-35A/B/Cからの運用試験も始まっている。

レイセオンがGBU-53/Bにストームブレーカーという名称を付けたのには、「SDBⅡ」という名称が持つSDBの改良型というイメージを嫌ったものと思われるが、運用上も両者は別個のもので、優劣を付けるものではない。将来的には両者を混載して、攻撃目標に合わせて投下するミッションも考えられる。

GBU-53/B SDBⅡのコンセプトイラスト。GBU-39/B SDBのダイヤモンドバック翼と比べるとシンプルな展張翼で射程距離は短いが、ターミナルシーカーを有しているため命中精度は高く、移動目標の攻撃も可能だ（写真：Raytheon）

2023年1月、メリーランド州パタクセントリバー海軍基地で実施されたF-35C 2号機（CF-02）によるGBU-53/Bの環境荷重試験の模様。ウエポンベイに4発を収容、ドアにはAMRAAMも搭載されている（写真：DVIDS）

［GBU-53/B・データ］
直径：17.8cm、全長：1.77m、ウイング幅：1.71cm、重量：17.8kg、弾頭：複合効果（爆風破砕/成形）、射程：74km

誘導爆弾　アメリカ　ELGTR/スカルペル

F-16のTER-9A 3連装エジェクターラックに搭載されたELGTR。シミュレートするペイブウェイによって型式名が異なるが、この写真では銘板が読み取れない（写真：DVIDS）

LGTR（レーザー誘導訓練弾）はペイブウェイⅡレーザー誘導爆弾の投下訓練に使うため、細長い弾体にレーザーシーカーとテイルフィンを付けた訓練弾で、弾道特性の異なるBDU-57/B、BDU-58/B、BDU-59/B、BDU-60/Bなどが生産されている。言わば訓練誘導弾だが、命中精度の高さからメーカーのロッキードマーチンでは実戦での使用を提案している。シーカーとテイルフィンを支えるための細長い弾体に炸薬を詰めてもその威力はロケット弾程度。しかし、コラテラルダメージのリスクを減らすには精密誘導かつ低威力の兵器が求められており、ペイブウェイやJDAMでも500lb型が多用されているのはそのためだ。ロッキードマーチンではLGTRの命中精度を向上させたELGTR（発展型レーザー誘導訓練弾）を開発、その一環として炸薬を詰めて爆風破砕効果を狙った低威力誘導爆弾スカルペルを開発、アメリカ海軍が試験運用している。ロッキードマーチンではさらにGPS/INS誘導システムを追加、デュアルモード化したスカルペル・プラスを開発中だ。スカルペルとは外科用のメスのことで、敵のみを無力化できる兵器にぴったりの名前だ。

LGTRの命中精度を向上させたのがELG TRで、それに炸薬を詰めた実戦用の兵器がスカルペルだ。写真はモックアップで、上はスカルペル、下がELGTR（写真：石川潤一）

2.0　1.0　0m

[スカルペル・データ]
直径：10cm、全長：190cm、重量：45kg、誘導方式：セミアクティブ・レーザーホーミング、弾頭：運動エネルギー/爆風破砕

誘導爆弾　アメリカ　LGR（レーザー誘導ロケット）

アメリカ海軍が採用を決めたBAEシステムズのAPKWS。こちらは弾頭とロケットモーターの間に誘導部を挟み込む方式で、弾頭/信管の選択肢が多い（写真：BAE SYSTEMS）

ロー・コラテラルダメージリスクの精密誘導兵器として、現在各社が開発を進めているのがハイドラ70 FFAR（フィン折りたたみ式航空ロケット）の発展型で、ロケット弾にレーザーシーカーと展張式フィンを内蔵するガイダンスセクションを取り付けて誘導兵器に変身させたものだ。アメリカ海軍はBAEシステムズのAPKWS（新型精密破壊兵器システム）を採用したが、これは信管/弾頭とロケットモーターの間に組み込んだもので、4枚ある展張フィンの前縁部に4基のレーザーシーカーがあり、目標に当たったレーザー反射光を捉える。一方、レイセオンとロッキードマーチンはそれぞれ、タロンとDAGR（直接攻撃誘導ロケット）というLGRシステムを開発しており、こちらはロケット弾の先端に取り付ける方式で、単一の大きなレーザーシーカーを取り付けている。タロンとDAGRはよく似た形状だが、フィンが3枚と4枚と違っており、シーカーの形もやや異なる。

APKWSの利点は先端部に信管と弾頭を取り付けられるため用途に合わせていろいろな組み合わせができる点で、信管/弾頭を内蔵するタロン、DAGRは柔軟性に欠ける難点がある。

オーストラリア航空宇宙ショーに展示されたロッキードマーチンのDAGRモックアップ。ハイドラ70の弾頭部分に誘導システムと弾頭を取り付ける方式だ（写真：石川潤一）

2.0　1.0　0m

[APKWS・データ]
直径：70mm、全長：187cm、フィン幅：24.3cm（展張時）、重量：15kg、誘導方式：セミアクティブ・レーザーホーミング、弾頭：ハイドラ70のもの

誘導爆弾　アメリカ GBU-15/B

ベトナム戦争初期に開発された誘導爆弾はセミアクティブ・レーザーホーミングとEO(電子光学)誘導の2方式で、後者の代表格がHOBOS(ホーミング・ボム・システム)で、2,000lb級のGBU-8/Bと3,000lb級のGBU-9/Bがあった。しかし、GBU-9/Bは弾頭となるM118退役とともに消えていった。GBU-8/Bはストリーキとウイング、そして後縁の操縦翼で、先端のテレビカメラが捉えた映像で落下弾道を補正する方式だ。

その後継がGBU-15/Bで、大きなカナードを持ち滑空することができたため、AGM-112という空対地ミサイルに分類された時期もある。シーカーはEO(テレ

ビ)とAGM-65マベリックから流用した画像赤外線(IIR)で、後端に発射母機とデータリンクするためのアンテナを備えていた。弾頭はMk84とBLU-109/Bの2種類で、三角翼のカナードを持つ初期型はGBU-15(V)1/BがEO誘導、GBU-15(V)2/BがIIR誘導で、弾頭はMk84。

ショートコード型GBU-15で、センサーがテレビカメラのようには見えないので、IIR誘導のGBU-15 (V) 22/Bと思われる。F-111戦闘攻撃機が退役した現在、アメリカ空軍でGBU-15/Bを運用できる機体はF-15Eのみ(写真:US Air Force)

ショートコード型の一部はGPS/INSを追加搭載、非公式にEGBU-15と呼ばれている(イラストがEGBUかどうかは不明)(画像:US Air Force)

GBU-15(V)21/BとGBU-15(V)22/Bはカナードを小さくした「ショートコード」型で、弾頭はMk84。BLU-109/B弾頭のバージョンがGBU-15(V)31/BとGBU-15(V)32/Bだ。(V)ナンバーの末尾「1」がEO誘導、「2」がIIR誘導。

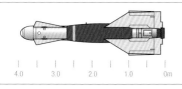

[GBU-15(V)1/B・データ]
直径:46cm、全長:3.92m、フィン幅:150cm(展張時)、重量:1,100kg、誘導方式:EO/データリンク、弾頭:Mk84

4.0	3.0	2.0	1.0	0m

誘導爆弾　アメリカ GBU-44/Bバイパーストライク

GBU-44/BはMQ-1プレデター/グレイイーグル、MQ-5ハンター、MQ-8ファイアスカウトなどの無人機やAC-27J、AC-130Jなど特殊作戦部隊のガンシップ、海兵隊のKC-130Jハーベストホークなどに搭載される小型誘導爆弾だ。元々は陸軍のMGM-137B TSSAM(三軍共用スタンドオフ攻撃ミサイル)やMGM-140 ATACMS(陸軍戦術ミサイルシステム)の弾頭、BAT(ブリリアント対戦車)サブミュニッションとして開発された。

無人機などではパイロンにGBU-44/Bを搭載するが、C-130のような大型機ではパイロン方式では搭載数が限定されてしまうため無駄が多く、また飛行中の

再装填もできない。そこでカーゴランプに収まる10連装のランチャーを搭載、ここから後ろ向きに射出、展張翼を広げて目標を攻撃する方式を採る。誘導はミッドコースがGPS/INSで、ターミナルは発射母機が照射するレーザーの反射波を追うセミアクティブ・レーザーホーミングだ。

BATを開発したのはノースロップグラマンで、GBU-44/Bも同社が手がけたが、2011年にヨーロッパの多国籍企業、MBDAが製造権を獲得している。

写真では大きなミサイルに見えるが、全長、全幅とも1mに満たない小型ミサイルで、輸送機のカーゴランプから専用のランチャーで連続投下可能。このランチャーは再装填可能で、長時間滞空するガンシップ向きの兵器だ(写真:MDBA)

[GBU-44/B・データ]
直径:14cm、全長:90cm、フィン幅:90cm(展張時)、重量:19kg、誘導方式:セミアクティブ・レーザーホーミング+GPS/INS、弾頭:成形炸薬

1.0	0m

誘導爆弾　アメリカ　GBU-43/B MOAB

GBU-43/Bはアメリカ空軍が2003年に初めて投下試験を行った、重量22,200lb（10,300kg）という当時世界一大きな航空爆弾で、MOABは「Massive Ordnance Air Blast＝エアブラスト式巨大兵器」の略だが、「Mother of All Bombs」（すべての爆弾の母）」という非公式の呼び名もある。弾頭はRDX（トリメチレントリニトロアミン）を主剤にTNTやアルミニウム粉末を混ぜたH-6コンポジション爆薬18,700lb（8,500kg）で、空中で爆発してその爆風で塹壕などを吹き飛ばす。投下機はMC-130特殊作戦輸送機で、そのことからも爆撃の効果よりも兵士に与える

め、誘導はGPS/INSのみでターミナルシーカーは付いていない。輸送機のカーゴランプからパレットごと投下され、空中でパレットを切り離した後は尾部のグリッドフィンにより弾道を補正する。2003年からのイラク戦争でGBU-43/Bが前線配備されたが、使用されなかった。しかし、2017年4月にアフガニスタンで、洞窟内のIS-K（イスラム国ホラサーン）司令部を攻撃している。

MOABは10トンを超える大型爆弾なので、輸送も通常のMHU（ミュニッション・ハンドリングトレーラー）では難しい。40ft（12.2m）級のMHUに載せられており、中国や北朝鮮の軍事パレードに参加した弾道ミサイルのよう（写真：US Air Force）

心理的効果を狙っていることが分かる。

高い命中精度は必要としていないた

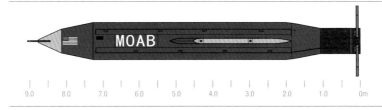

[GBU-43/B・データ]
直径：103cm、全長：9.1m、フィン幅：2.74m（展張時）、重量：9,840kg、誘導方式：GPS/INS、弾頭：H6 8,500kg

誘導爆弾　アメリカ　GBU-57/B MOP

MOABは当時世界最大級と書いたが、2007年にはさらに大きい30,000lb級の超大型貫通爆弾、MOP（Massive Ordnance Penetrator）の投下試験がB-2A爆撃機から実施された。

貫通誘導爆弾といえばペイブウェイ系のGBU-28/Bがあるが、その弾頭は4,450lb（2,019kg）のBLU-122/Bで、ペイブウェイキットを含めても5,000lb程度なのでGBU-57/Bはその6倍の大きさだ。GBU-28/BですらF-15Eストライクイーグル以外に運用できる機体がない現状で、敵地上空までGBU-57/Bを抱え、投下できるのはB-52HやB-2Aくらいで、将

来的にはB-21Aレイダー爆撃機での運用も可能になるだろう。

MOPは貫通弾頭だけでも5,300lb（2,404kg）あり、高高度から投下された場合、圧縮硬度5,000psiのコンクリートでは18m、中程度の硬さの岩盤なら12m、10,000psiの高強度コンクリートでも2.5mの貫通能力がある。例えば地下10数mにある地下司令部などを爆撃する場合、表土や岩石、何層かのコンクリートや岩盤を突き抜けて、目的の施設内で爆発するよう信管を調節することができる。

2009年、ニューメキシコ州ホワイトサンズ・ミサイル試験場の上空でGBU-57/B MOPの実弾（黄帯）を投下する、米空軍飛行試験飛行隊419FLTSのB-52H（写真：DoD）

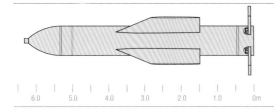

[GBU-57/B・データ]
直径：80cm、全長：6.2m、重量：13,608kg、誘導方式：GPS、弾頭：貫通/爆風破砕 2,404kg

誘導爆弾　ヨーロッパ　AASM

　NATO加盟国やアメリカの同盟国の多くがペイブウェイやJDAMを採用している中、フランスは独自路線を進み、AASM（モジュラー空対地兵器）といういかにもフランス製らしいダブルカナードの誘導爆弾を開発した。また、尾端にロケットモーターを搭載して射程を延ばしているのも特徴で、ミサイルに分類する資料もある。

　開発したのはフランスの電機メーカーSAGEMだが、弾頭は国際標準になっているMk80系で、250lb（約125kg）級Mk81ベースのAASM125と、500lb（約250kg）級のMk82とその貫通型BLU-111/Bを使用したAASM250がある。さらにAASM500/1000も開発された。

ラファールの主翼外舷に2発ずつ、計4発搭載された250kg級のAASM250。ダモクラス・ターゲティングポッドを併載しているので、搭載されているのはレーザー誘導式のSBU-54だろう。ミーティア搭載にも注目（写真：Dassault Aviation）

左から、125kg級のAASM125、250kg級のAASM250、500kg級のAASM500、1,000kg級のAASM1000（写真：Killersurprise64）

　主に使用されているのはAASM250の方で、誘導方式によりGPS/INS誘導がSBU-38、レーザー誘導がSBU-54、GPS/INS誘導に赤外線ターミナル誘導を加えたSBU-64の3種類。AASMには「ハマー」というニックネームが付けられているが、これはHAMMER（Highly Agile Modular Munition Extended Range）のこと。

　フランス空海軍では、ラファール用にAASMを採用しており、アフガニスタンやリビアで使用された。

[SBU-54・データ]
直径：58cm、全長：3.1m、重量：340kg、射程：15～55km、推進方式：固体ロケット、誘導方式：レーザー誘導、弾頭：250kg

誘導爆弾　トルコ　MAM

　トルコのバイラクタルTB2無人機や双発化して搭載能力を強化したアキンチ無人機は、ロケットサン社の小型滑空誘導爆弾、MAM（スマート・マイクロ・ミュニション）ファミリーを運用している。ファミリーと紹介したのは形の異なるMAMが3種類あるためで、対戦車攻撃用のMAM-L、L-UMTASと同様に弾頭の切り替えができる多用途型MAM-C、そしてアキンチのような大型無人機や軽攻撃機から運用される、ひとまわり大きいMAM-Tがある。

　誘導方式は3タイプともセミアクティブ・レーザーホーミングで、先端部にレーザーシーカーを装備している。射程距離は滑空式なので弾体や翼の形状、重

MAMシリーズで一番細く重量も軽いのがMAM-Cで、TB2のような小型無人機からの運用もでき汎用性が高い（写真：ROKETSAN）

MAM-Cの弾体を太くして弾頭重量を増し、威力を高めたのがMAM-Lで、双発の無人機アキンチに搭載されたところ（写真：ROKETSAN）

アキンチ無人機に搭載されたMAM-T。太い弾頭部の上に展張翼があって、30km以上の射程距離を持つ（写真：ROKETSAN）

量、投下高度などにより違ってくるが、MAM-Lは15km、MAM-Cは8km、MAM-Tは30km以上。MAM-LとMAM-Cは弾体の太さや長さが違うだけで、中央部の安定翼と尾部の操舵翼はX字の直線翼だ。一方MAM-Tは操舵翼は変わら

ないが、安定翼は展張式になっており、投下後に前方へ開く。太くなった部分には爆風破砕弾頭が収容されており、射程が延びた分、INS/GPSによるミッドコース誘導が追加されている。

MAM-L　MAM-C　MAM-T

[MAM・データ]
直径：16cm（MAM-L）/7cm（MAM-C）/23cm（MAM-T）、全長：1m（L）/97cm（C）/1.4m（T）、重量：22kg（L）/6.5kg（C）/95kg（T）、弾頭：爆風破砕サーモバリックなど（LおよびC）、爆風破砕（T）、射程：15km（L）/8km（C）/30km以上（T）

誘導爆弾　ロシア　KABシリーズ

ロシアの誘導爆弾にはKAB（Korrek teeruyemaya Aviabomba＝精密誘導航空爆弾）の名称が与えられており、その後ろに重量を表す数字、そして誘導方式を意味するアルファベットが付く。例えば250kg級の衛星誘導爆弾ならKAB-250S-E、500kg級のテレビ誘導爆弾ならKAB-500KR、1,500kg級のレーザー誘導爆弾ならKAB-1500Lという具合で、テレビ誘導ではKAB-500TやKAB-1500TK、レーザー誘導ではKAB-500LGのような別名称もある。大幅改良があった場合に付ける名称のようで、500LがペイブウェイIIのようなジャイロ式レーザーシーカーなのに対し、500LGはペイブウェイIIIのような窓の大きい固定式で、内部

2015年に実用化した、ロシア軍では最新の誘導爆弾がKAB-250だ。レーザー誘導のKAB-250LG-Eと赤外線誘導のKAB-250S-Eの2種類がある（写真：Piotr Butowski）

1,500kg級の大型誘導爆弾、KAB-1500L。全長4.6m、直径58cmの大型爆弾で、フィン幅は1.3mもあるため、85cmまで折りたたむことができる（写真：Katsuhiro Fujita）

でシーカーが首を振るタイプに変更されている。

KAB記号では重量、誘導方式に続いて、弾頭の種類を記入することもある。「F-E」が「爆風破砕弾頭」、「OD-E」が「燃料気化弾頭」、「Pr-E」が「貫通弾頭」

で、誘導方式の後にハイフンを付けて続ける。つまり、500kg級のレーザー誘導爆弾で弾頭が貫通型の場合は、KAB-500L-Pr-EあるいはKAB-500LG-Pr-Eとなる。なお、ロシア軍はウクライナにおいてKAB-250/500を多用している。

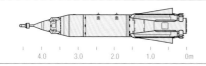

[KAB-1500L-F・データ]
直径：58cm、全長：4.6m、フィン幅：130cm（展張時）、重量：1,560kg、炸薬：爆風破砕式

4.0　3.0　2.0　1.0　0m

誘導爆弾　中国　FT/LSシリーズ

中国はロシアのKAB-500Lに似た誘導爆弾をLT（雷霆）シリーズとして実用化しているが、これに続くFT（飛騰）シリーズは衛星誘導爆弾で、アメリカが軍用GPSの使用を認めていないためカーナビなどで使う民生用GPSで誘導を行っている。慣性航法装置により補正しているものの、命中精度はかなり劣ると見られる。

中国航空航天科技公司が開発したFTシリーズにはJDAMそっくりの500kg級誘導爆弾FT-1とウイング／フィンが大きい250kg級のFT-3、JSOW風の250kg滑空爆弾FT-2などがある。また、レーザーおよび赤外線のターミナルシーカーを追加して命中精度を高めた55〜75kg級のFT-5という小型誘導爆弾も開発途上にあり、多用途無人機CH（彩虹）-3での運用を想定しているようだ。このほか、500kg爆弾に展張翼とGPS/INS

中国の武器見本市では戦闘機、爆撃機の前に各種爆弾がずらりと並べて展示される。手前からFT-12、FT-3、LS-6、LS-6、FT-3A…といった具合で、非常に種類が多い（写真：鈴崎利治）

誘導システムを追加した滑空爆弾、LS（雷石）-6も開発され、飛行試験が行われている。

中国版GPSは北斗システムといい、2023年までに測位衛星58基を打ち上げ、地球規模での運用を行っている。滑空爆弾の精度も大きく向上しているはずだ。

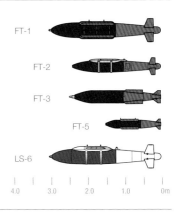

FT-1

FT-2

FT-3

FT-5

LS-6

4.0　3.0　2.0　1.0　0m

[LS-6・データ]
直径：37.7cm、全長：3m、重量：500kg、射程：60km、誘導方式：INS/GPS、弾頭：500kg

自由落下爆弾　アメリカ　Mk80系爆弾

現在は解散している354
FW/355FSのA-10Aから
投下されるMk82 500lb
LDGP（低抵抗汎用）爆
弾。第二次大戦から朝鮮
戦争頃の爆弾と比べて
細身で空気抵抗が小さ
いが、それでいて充分な
威力を持っている
（写真：US Air Force）

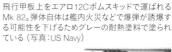

飛行甲板上をエアロ12Cボムスキッドで運ばれる
Mk 82。弾体自体は艦内火災などで爆弾が誘爆す
る可能性を下げるためグレーの耐熱塗料で塗られ
ている（写真：US Navy）

空軍は弾体をオリーブ
ドラブに塗るのが一般
的だが、黄色の識別帯
は同じ。軽い方のMk
82でも200kg以上ある
ため、搭載にはリフトト
ラックが役に立つ
（写真：US Air Force）

黄色帯3本は貫通爆弾を意味しており、このJDAM
はBLU-109/Bが弾頭として使われていると分かる。
BLU-109/Bは中央がくびれていて識別が簡単だ
（写真：US Navy）

　アメリカ軍の爆弾というと第二次大戦から朝鮮戦争、ベトナム戦争の初期まで、寸胴形で尾部に安定フィンを付けたMシリーズが中心だった。ベトナム戦争頃まで残っていたのはM117 750lb（340kg）やM118 3,000lb（1,361kg）で、それ以前の爆弾と比べればだいぶ流線形にはなっていたものの、超音速機に搭載するにはまだ抵抗が大きすぎた。海軍では1940年代末、ダグラス社でジェット戦闘機の設計を行っていたエド・ハイネマンに新しい爆弾のケーシング（ケース）設計を依頼、完成したのがエアロ（Aero）1Aという設計案で、スマートで空気抵抗が小さいにもかかわらず、充分な炸薬量を確保できた。

　このエアロ1Aデザインを元に作られたのが250lb（113kg）級のMk81、500lb（227kg）級のMk82、1,000lb（454kg）級のMk83、2,000lb（907kg）級のMk84の4種類だ。これらはLDGP（ロードラッグ・ジェネラルパーパス＝低抵抗汎用）爆弾と呼ばれるが、自衛隊では「ジェネラルパ

ーパス」を「普通」と訳している。「普通爆弾」というのは訳語として間違いではないが、ニュアンスが伝わってこないので専門誌では「汎用爆弾」とか「通常爆弾」と訳すことが多い。どれが正しいというものではないので、ここでは「汎用」にした。

　余談になってしまったが、M117やMk80系爆弾は炸薬が詰まったケーシングの部分と後部のフィンアッセンブリーが分離でき、通常付いているコニカル（円錐）フィンの替わりに、リターデッドデバイスを取り付けることが可能。これは投下時にフィンが開いたりバリュート（バルーンパラシュート）が展張したりして抵抗を増して爆弾が機体より遅い前進速度で弾道を描くようにするデバイスで、機体の真下で爆発しないようにする低高度爆撃用の仕組みだ。また、誘導爆弾用のユニットを前後部に取り付けることでMk80系爆弾は誘導爆弾の弾頭として使える。ただし、低威力のMk81は誘導爆弾の弾頭としては不向きで、後述するSDBのように250lb級でも貫通能力の大きい誘導爆弾が開発されている。

　ケーシングの前後にはネジが切ってあり、信管を取り付けてその起爆により充填された炸薬が爆発、ケーシングも粉々になって吹き飛び爆風破砕効果を生む。炸薬の感度を下げ、着弾から爆発までにタイムラグを設けることで貫通効果を高めることもある。

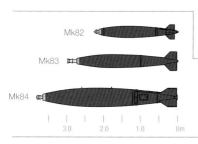

Mk82
Mk83
Mk84

3.0　2.0　1.0　0m

[Mk80系爆弾・データ]（　）内はMk
直 径：22.9cm（81）/27.4cm（82）/35.7cm（83）/45.8cm（84）、全 長：129cm（81）/227cm（82）/300cm（83）/328cm（84）、フィン幅：32cm（81）/38.3cm（82）/49cm（83）/64cm（84）、重量：113kg（81）/227kg（82）/460kg（83）/925kg（84）、炸薬量：44kg（81）/87kg（82）/202kg（83）/429kg（84）

自由落下爆弾

自由落下爆弾　アメリカ　BDU-33/Mk76訓練弾

　Mk80系爆弾には実弾と同じ重量になるよう砂などを詰めた訓練弾があるが、1回投下するごとに基地に戻って別の訓練弾を搭載、再離陸していたのでは効率が悪い。Mk80系爆弾と同じ弾道特性があり、サイズが小さく数多く搭載できる訓練弾があれば1回のフライトで何回も爆撃訓練ができる。そこで開発されたのが、最も多く使われるMk82の弾道をシミュレートできる25lb級訓練弾（プラクティスボム）だ。空軍ではBUD-33/B、海軍ではMk76というのが制式名称だが、形が野菜のなすに似ていて、炸薬が入っていないことを表す青に塗られていることから「青なすび」とマニアの間では呼ばれている。

　「青なすび」とは別に「ビア（ビール）缶」と呼ばれる10lb級の訓練弾BDU-48/Bがあり、抵抗の大きいフィンを付けており、Mk82のリターデッド型の弾道をシミュレートできる。

　どちらも小さく、着弾しても遠くからでは命中したかどうかも分からないため、先端部のシグナルチャージという少量の火薬を詰めたカートリッジとファイアピングピン（撃針）を取り付けており、白煙が出て着弾位置が分かるようにしている。

F-16CM-50の訓練ディスペンサーから投下されるBDU-33/B 25lb訓練弾。この大きさなので複数発が搭載可能で、一回のフライトで何回も投下訓練ができる
（写真：US Air Force）

海軍は同じ25lb訓練弾をMk76と呼んでいる。フィンの形状が何種類かあるため、弾体には写真のMk 76 Mod.5のように改良番号も記入されている
（写真：DoD）

[Mk76 Mod.5・データ]
直径：10.2cm、全長：62.6cm、重量：11.3kg

自由落下爆弾　アメリカ　CBU-87/97クラスター爆弾

　アメリカはCBU-87/B CEM（複合効果ミュニション）というクラスター爆弾を運用していたが、禁止条約により運用を中止、最後に残ったのがCBU-97/B SFW（センサー信管兵器）だった。CBU-97/Bは不発弾化しにくいため民間人に被害が出る可能性が低いが、メーカーのテクストロン社は追加注文がないとして生産を終了している。アメリカ軍からもクラスター爆弾は姿を消すのだろう。

　最後まで残ったSFWは対戦車用の兵器で、スキートという子爆弾が戦車や装甲車の上空で起爆、その爆発力によって厚い金属製の底板、ライナーが自己鍛造で砲弾状になり、装甲の薄い上部を貫通する。スキートには赤外線とレーザーの

F-16Cに搭載されたCBU-87/Bクラスター爆弾。200発以上の子爆弾を空中でばらまくため広域制圧には有利だが、不発弾による民間人被害も出やすい
（写真：US Air Force）

センサーが付いており、目標を探して起爆する仕組みだ。そのスキートを4個収容、回転により空中で四方へ飛ばすのがBLU-108/Bサブミュニッションで、CBU-97/Bはそれを10本収容、空中で散布する。

　現在ではより精度を増すため、風などで狂う落下弾道をGPSで補正できる

CBU-87/Bは航空自衛隊も保有していたが、アメリカ空軍同様現在は使われていない。最後に残ったのはSFW兵器であるCBU-97/Bだが、これも姿を消しそうだ
（写真：US Air Force）

WCMD（風偏差修正ミュニション・ディスペンサー）に変更されている。WCMD化されたCBU-97/BはCBU-105/Bと呼ばれている。

[CBU-97/B・データ]
直径：39.6cm、全長：2.34m、重量：431kg、弾頭：スキート対戦車子爆弾40発、誘導方式：レーザー/赤外線

自由落下爆弾　アメリカ　**B61/83核爆弾**

1970年代に実用化したB61核爆弾はアメリカ空軍、海軍、海兵隊の爆撃機、戦闘攻撃機の多くが運用できる低抵抗の核爆弾で、戦術、戦略任務に使える（写真：DoD）

航空ショーなどで航空機搭載用核爆弾（もちろん訓練弾）を目にすることはほとんどないと思うが、冷戦時代にはグアムのアンダーセン空軍基地でも普通にB61の訓練弾が展示され、B-52G爆撃機に積み込むデモンストレーションまで行われていた。さすがに現在は行われてはいないと思うが、現在2種類ある航空機搭載用核爆弾のうち、戦術任務にも使えるB61の方なら海外の航空ショーで見かける機会があるかもしれない。

B61にはJDAMのようなストレーキと誘導キットを付けたMod.12（B61-12）という最新バージョンがあり、テイルフィンが可動式になったため、それまでの菱形翼からクリップドデルタのような形状

に変更、面積も大きくなっている。この形状変更によりB61-12はF-35Aのウエポンベイから運用できるようになった。B61の訓練弾はBDU-38/Bが現用最新型で、形状がまったく異なるB61-11/12以外の、B61-3/4/7/10の訓練に使われている。

80年代に実用化したメガトン級水爆がB83で、尾部にパラシュートが収容されており、アメリカ空軍および海軍の爆撃機や戦闘攻撃機から投下される（写真：DoD）

```
4.0    3.0    2.0    1.0    0m
```

［B61 Mod.7/10・データ］
直径：33.8cm、全長：3.7m、フィン幅：57cm、重量：347kg、最大威力：340キロトン（B61-7）/80キロトン（B61-10）

自由落下爆弾　ロシア　**FABシリーズ**

旧ソ連の汎用爆弾はFABシリーズで、「Fugasnaya Aviatsionnaya Bomba」、つまり「破砕式航空爆弾」を意味している。Mk80系と同じようにケーシングが爆風とともに吹き飛び威力を増す爆弾で、小は重量50kgのFAB-50から大は9,000kgのFAB-9000まで様々なタイプがある。Mk80系と同じように戦闘機などが外部搭載しているのは250kg級のFAB-250や500kg級のFAB-500で、このほかソフトターゲット用にケーシングを薄くして破砕効果を弱め、炸薬量を増やしたOFABシリーズがある。この場合の「O」は「Oskolochno」で、高性能爆薬を意味している。

OFABシリーズはOFAB-100/250/500があり、例えば同じFAB-250でも形状や

500kg級のFAB-500M-54破砕式航空爆弾。全長1.5m、直径45cmで、段差のある先端部とフィン/環状翼は1954年制式化のM-54シリーズの特徴だ（写真：DoD）

100kg級のFAB-100シリーズはMBD3-U6- 68多連装エジェクターラックを使って最大6発まで搭載できる。4発搭載のMBD3-U4-68ラックもある（写真：藤田勝啓）

炸薬量などによってOFAB-250-270/M/T/ShN/ShLなど様々な種類がある。中でもOFAB-250-270はシリアにおいて、Tu-22Mバックファイアが「じゅうたん爆撃」して話題になった爆弾で、重量が約270kgある。このほかロシアの自由落下爆弾としては、BrAB（徹甲弾）、DAB（発煙弾）、RBK（クラスター爆弾）、ZAB（焼夷弾）などがある。

空気抵抗の小さいスマートな形状から、1962年に制式化した250kg爆弾、FAB-250M-62系列と思われるが、環状翼がなくフィンだけになっている（写真：藤田勝啓）

```
1.0    0m
```

［OFAB-250-270・データ］
直径：32.5cm、全長：1.46m、フィン幅：50cm、重量：275kg、炸薬：高性能爆薬94kg

水雷兵器　アメリカ　Mk54魚雷

アメリカ海軍では航空機搭載用の短魚雷としてMk46をヘリコプターに、Mk50をP-3Cなど哨戒機にと使い分けていたが、Mk46は旧式化により探知能力がやや劣り、Mk50は深深度推進能力に長けた分だけ高価だった。そこで、Mk50の探知能力と安価なMk46の推進システムを組み合わせたMk54が開発されたもので、LHT（軽量ハイブリッド魚雷）と呼ばれている。サイズもMk46とMk50の間くらいで、MH-60RからP-8Aポセイドンまで、搭載プラットフォームを選ばないことも利点のひとつだ。

海軍ではこのMk54をベースにHAAWC/ALA（高高度対潜戦兵器能力／空中発射アクセサリー）を取り付け、高高

度から投下、滑空しながら潜水艦が潜航している付近に着水、ALAを切り離して身軽になったMk54が魚雷として機能する運用法を計画している。メーカーはボーイングで、アメリカ海軍に加え、P-8ポセイドンの導入を決めているインドとオーストラリアも導入する。同じくP-8Aを導入するイギリス空軍が、国産のスティングレイ魚雷とMk54のどちらを選ぶのかも注目点だ。

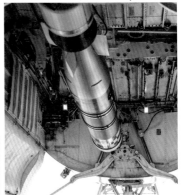

アメリカ海軍のP-3Cに搭載されたMk54短魚雷。REXTORP（回収可能訓練魚雷）と呼ばれる訓練弾で、赤白の市松模様は訓練後に発見されやすくするためのもの。実弾（ウォーショット）はオリーブドラブで弾頭部に黄帯（写真：US Navy）

HAAWC/ALA（高高度対潜戦兵器能力／空中発射アクセサリー）を付けたMk54魚雷のコンセプトイラスト。超低空飛行のできないP-8Aの奥の手だ（画像：US Navy）

[Mk54・データ]
直径：32.4cm、全長：2.72m、重量：276kg、誘導方式：アクティブ音響ホーミング、弾頭：PBNX-103 43.9kg、速度：74km/h

水雷兵器　アメリカ　クイックストライク機雷

アメリカ海軍はMk52/55/56など本格的な航空機散布型感応型沈底機雷を保有していたが、現在ではほとんど見かけることはなくなり、Mk60クイックストライク・シリーズばかりになった。クイックストライクはその名の通り、既存のMk82/83爆弾を弾頭に使い、空中散布できる簡易型機雷で、Mk82 500lb爆弾に減速用のリターデッドデバイス、Mk15スネークアイあるいはBSU-86/Bを取り付け、フィンを開く方式のMk62がある。同様にMk83、Mk84のクイックストライク型がMk63、Mk64で、Mk63はフィン開傘式とバリュート（バルーンパラシュート）式、Mk64はバリュート式のみ。

このようにクイックストライクは簡単

に機雷化できるため旧式機雷に取って代わったものの、あくまでも元が航空爆弾であるため重量の割に炸薬量が少なく、威力が足りないという問題がある。そこで、新設計のボディを採用、より多くの炸薬を詰められるようにしたMk65

P-3Cに搭載されるMk 62クイックストライク機雷。Mk82 500lb爆弾をベースにしたもので、発見しやすいよう白地にオレンジ帯の訓練弾だ（写真：US Navy）

Mk83 1,000lb爆弾を機雷化したMk 63。機雷や魚雷にブロンズ（銅）色に塗ったものがあるが、これは投下せずハンドリング訓練に使うダミー弾だ（写真：US Navy）

Mk84ベースのMk 64では威力が小さいため、弾体を新設計したのがMk65 2,000lb級クイックストライク機雷で、白地にオレンジ帯の訓練弾だ（写真：US Navy）

2,000lb級機雷が製造されている。Mk62/64にJDAM-ER誘導キットを装着、艦対空ミサイルの射程外から機雷散布できるGBU-62/B、GBU-64/Bクイックストライク ERも実用化している。

[Mk65・データ]
直径：52.8cm、全長：3.25m、フィン幅：73.4cm、重量：1,086kg、弾頭：HBX爆薬

Chapter 3

吊るしもの講座〈実装編〉

File 1
新型国産ミサイルで
スクランブル発進
するF-15J

（写真：細渕達也）

空自空対空ミサイルの
世代交代

　〈実装編〉の最初は「スクランブル発進」時の航空自衛隊F-15が装備する吊るしものについて見ていこう。写真は、2018年に沖縄県の那覇基地からホットスクランブルを実施した第204飛行隊のF-15J（02-8922）だ。搭載する空対空ミサイルは主翼下内舷のステーション（Sta.）2/8の外側にあたるSta.2L/8RにAAM-5、胴体下左側のSta.3/4にAAM-4を各1発、実弾を搭載している。2010年代前半はAAM-3とAIM-7Fスパローを搭載してスクランブルを実施していたが、2010年代に入って尖閣諸島を巡る中国との対立が先鋭化、東シナ海を飛行する中国機に対するスクランブル回数も一気に増加している。

　これにともない那覇に配備されるF-15JはJ-MSIP機の近代化改修型が中心になり、2014年にはAAM-5、2015年にはAAM-4のスクランブルでの運用が始まっている。

落下増槽を付けていたら
ピボットにも注目

　写真のF-15JはSta.2/8に610ガロン燃料タンクを搭載している。610ガロン燃料タンクは胴体センターステーションにも搭載可能で、最大3本がフル搭載となるが、東シナ海を担当している沖縄県那覇基地の第9航空団ではよく見られるものの、多くの飛行隊は身軽な1本タンクでアラートに就くことが多く、ある程度の滞空時間が必要なときは2本で行うことが多い。

　F-15Jには主翼下のSta.2/8にSUU-59/Aインボード・エアクラフトパイロン（ウイングパイロン）、胴体下にSUU-60/Aセンターラインパイロンが常に取り付けられており、パイロンの前部にはMAU-12/Aボムラックが装着されている。MAU-12/Aには、吊るしものをリリース（投

棄）／エジェクト（射出）する機構と機械系統、電気系統、そして燃料系統のインターフェイスが組み込まれている。F-15の落下増槽は容量610米ガロン（2,309リットル）で、満載時の重量は3,950ポンド（1,792kg）±265ポンド（120kg）だ。

　MAU-12/Aボムラックは増槽の投棄が可能で、増槽のサスペンションラグを引っかけているフックをひっこめると分離状態になる。しかし、それだけでは増槽は機体から離れないため、高圧の燃焼ガスによりピストンを駆動、先端のエジェクターフットで増槽を下向きに突き出す。

　しかし、そのまま自由落下させると増槽が機体尾部や水平尾翼にぶつかる危険性があるため、増槽後端上部にピボットというねじ状のものが付いている。このピボットはパイロン後端部に止められており、エジェクターフットで突かれた増槽はこのピボットを支点に下向きになり、一定の角度になるとピボットが外れて、機体にぶつからないような形で落下していく。増槽付きのF-15を近くで見る機会があったら、パイロンとピボットの取り付け具合をご覧いただきたい。

ウイングパイロン左右の
空対空ミサイル

　主翼下のSUU-59/Aウイングパイロンには左右側面にADU-407/Aアダプターを介してLAU-114/Aミサイルランチャーが取り付け可能で、AAM-3（90式空対空誘導弾）やAAM-5（04式空対空誘導弾）などが搭載できる。AAM-3はカナードコントロール、AAM-5はテイルコントロールで、細長いストレーキで安定性を確保している。

　AAM-3/5は実弾を表すクリームイエロー（色番号FS33538）やアース（茶色、同FS30118）の帯は巻かれておらず、ターゲットディテクターの部分に金属製のバンドが巻かれているのが訓練弾との識別点だ。また、弾頭部に

写真のF-15Jの装備

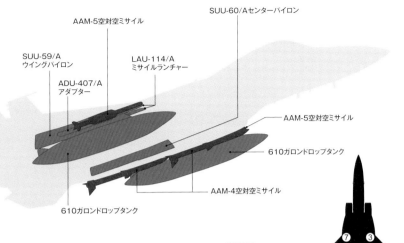

- SUU-59/A ウイングパイロン
- ADU-407/A アダプター
- AAM-5空対空ミサイル
- LAU-114/A ミサイルランチャー
- SUU-60/Aセンターパイロン
- AAM-5空対空ミサイル
- 610ガロンドロップタンク
- AAM-4空対空ミサイル
- 610ガロンドロップタンク

横から見たF-15のSUU-59/A ウイングパイロン。MAU-12/A ボムラックは、パイロン前方の 四角く囲った部分に組み込ま れている。4本のアームは爆弾 や増槽が左右に揺れないよう に支えるためのもの （写真：白石 嶺）

下から見たF-15Jの ステーション番号

F-15のセンターラインパイロンと増槽の後端取り付 け部。610ガロン増槽の後部上面には三角の突起が あり、上部の●の金具がピボット。ピボットとパイロン 後端は短いアームでつながれる（写真：編集部）

下から見上げたF-15のウイングパイロン。①SUU-59/ Aパイロンの両脇に、②ADU-407/Aアダプターを介し て、③LAU-114/Aミサイルランチャーが取り付けられ ている（写真：中井俊治）

F-15左前方のLAU-106/Aエジェクトランチャー。① はAIM-7のアンビリカルコネクター、②はミサイルモー ターファイアコネクター。AAM-4のアンビリカルコネク ターは③の位置に追加されるがこの機体にはない （写真：白石 嶺）

はアーミング（安全解除）用ノブのマーキングが見える。

　一方、胴体の下側面、Sta.3/4に搭載されているのは AAM-4（99式空対空誘導弾）の実弾で、フィンの前には弾 頭部に高性能爆薬が詰まっていることを意味するクリーム イエローの帯が、また後部のロケットモーター部には低威 力の火薬充填を意味するアースの帯が見える。なお、前部 の固定翼（ウイング）と後部の操縦翼（フィン）は黒に塗ら れている。

胴体エジェクトランチャーの コネクターは1個か2個か

　F-15の胴体にはSta.3/7の後ろにSta.4/6があって、合 わせて4発のAAM-4が搭載可能だ。この4つのステーショ ンにはLAU-106/Aエジェクトランチャーが埋め込まれて おり、ミサイルのフィンの間にある前部ハンガーと、弾頭

とロケットモーターの境目付近にある後部ハンガーをフッ クで引っかけて搭載する。また、ランチャーの前後には弓 形のエジェクターフットがあり、ランチャー後部に装填さ れた2基のカートリッジの爆発によりピストンを駆動、スパ ローを斜め下方に押し出す。

　ランチャー後部にはまた、ミサイルとランチャーを結ぶア ンビリカルコネクターとミサイルモーターファイアコネクタ ーがあり、アンビリカルコネクターは接点を保護するためシ ミュレータプラグというキャップ状のものがはめられている ことが多い。アンビリカルコネクターはミサイルによって接 点の数などが異なるため、同じ中射程の空対空ミサイルでも AIM-7FスパローとAAM- 4とでは異なる。AAM-4のコネ クターはAIM-120 AMRAAMと兼用できる2個穴で、スパ ロー用の1個穴とのものと見分けるのは容易だ。

File 2
SLAM-ER 訓練弾を 吊るしたスパホ

(写真:北村拓也)

▌空母艦載機の吊るしものは フライインとフライオフで狙え!

横須賀を母港とする空母の艦載機は2017年に厚木基地から岩国基地に移ったが、増槽以外の吊るしものを見る機会は厚木でも岩国でも多くない。そして、吊るしもの付きのCVW-5(第5空母航空団)所属機を撮影できる数少ないチャンスが、「フライイン」と「フライオフ」であることも覚えているだろう。「フライイン」とは空母搭載機が帰港する空母から離艦して基地へ戻ってくることで、「フライオフ」は逆に出航した空母へ向けて離陸していくこと。その際に、訓練弾を搭載した状態で「空輸」してくれば、その分だけ横須賀～岩国間を陸上輸送する手間が省ける。

このため、CVW-5がどのような兵器を現用しているのか知るチャンスにもなるのがフライイン／フライオフだ。厚木や岩国ではオープンハウスでCVW-5所属機を一般公開しているが、機体に触れられるような展示方法のため増槽以外の吊るしものを搭載する例は少ない。今回例として取り上げるのは、2011年8月24日午後のフライインで、厚木にアプローチするVAF-102(第102戦闘攻撃飛行隊)"ダイヤモンドバックス"のF/A-18Fスーパーホーネット(NF112/166890)とその吊るしものだ。

▌左主翼下に吊るした 対地攻撃ミサイルの訓練弾

やはり目立つのが左主翼下、ミッドボードステーション(Sta.3)に搭載されている大きなミサイルで、AGM-84K SLAM-ERスタンドオフ対地攻撃ミサイルのキャプティブ訓練弾、CATM-84Kだ。この写真では無理だったが、別の角度からの写真では、ミサイル弾体に記入されている文字から正確な型式名を読み取ることができた。最近のデジ

タル一眼は画素数も増えており、このような写真を撮影できたら、拡大して文字もチェックしておこう。

というのも、SLAM-ERの場合、AGM-84Hと改良型AGM-84Kがあり、実弾の方はほとんどがK型へ改造されている。しかし、訓練弾の方はCATM-84HからCATM-84Kへの改造がどのくらい進んでいるかは不明で、Hのままという可能性も捨てきれないからだ。

CATM-84Kは、元々はハープーン対艦ミサイル(AGM-84)から派生したもので、レールランチャーを必要としないエジェクト発射方式を採用しており、サスペンションラグと呼ばれるリングを、SUU-79/Aパイロンに内蔵されたBRU-32/Aエジェクターラックのフックに吊り下げて搭載する。スーパーホーネットのパイロンはインボード(Sta.4/8)とミッドボード(Sta.3/9)がSUU-79/A、アウトボード(Sta.2/10)がSUU-80/A、そして胴体下のセンターライン(Sta.6)がSUU-78/Aで、エジェクターラックは各パイロンともBRU-32/Aだ。

スーパーホーネットのウイングパイロンは吊るしもののセパレーション(分離)がしやすいように逆ハの字形に4度外側を向いている。マニアの間では「ガニ股パイロン」などと揶揄されるが、セパレーション特性はたとえそれが空気抵抗増大を招く結果となったとしても優先されることの証だ。なお、アウトボードのSUU-80/Aは空気抵抗の小さいロードラッグ・ウイングパイロンになっている。

SUU-80/AにはBRU-32/Aの替わりにADU-773/Aアダプターユニットを取り付けることが可能で、アダプターを介してLAU-127/Aミサイルランチャーを取り付けられる。LAU-127/AはAIM-9サイドワインダーあるいはAIM-120 AMRAAM空対空ミサイルを搭載するためのレールランチャーだ。

写真のF/A-18Fスーパーホーネットの装備

写真のF/A-18Fスーパーホーネットの装備

- SUU-78/A センターラインパイロン
- SUU-79/A ウイングパイロン
- SUU-79/A ウイングパイロン
- SUU-80/A 低抵抗ウイングパイロン
- LAU-127/A ミサイルランチャー
- SUU-80/A 低抵抗ウイングパイロン
- CATM-9X 空対空ミサイル訓練弾（AIM-9Xのキャプティブ訓練弾）
- SUU-79/A ウイングパイロン
- SUU-79/A ウイングパイロン
- 480ガロン ドロップタンク
- ASQ-228 ATFLIRポッド
- CATM-84K 空対地ミサイル訓練弾（AGM-84Kのキャプティブ訓練弾）
- LAU-127/A ミサイルランチャー
- CATM-9X 空対空ミサイル訓練弾（AIM-9Xのキャプティブ訓練弾）

左はメインカットの機体を別の角度から撮影したもの。右主翼の搭載状況は見えないが、SLAM-ER（スラム・イー・アール）の側面に型式を示す「CATM-84K」の文字が確認できた。上は、ボーイングによる、飛翔するSLAM-ERのイラスト（写真：佐藤喜久雄）

下から見たF/A-18Fのステーション番号

主翼下のSUU-79/Aウイングパイロン。各種吊るしものを搭載するためのBRU-32/Aエジェクターラックは、パイロンの下面（↑）に組み込まれている（写真：編集部）

翼端のLAU-127/Aレールランチャー。AIM-9サイドワインダーまたはAIM-120 AMRAAM（アムラーム）空対空ミサイルを搭載することができる。このランチャーはSUU-80/Aパイロンに取り付けることもできる（写真：編集部）

胴体下のASQ-228 ATFLIR（エー・ティー・フリア）ポッド。赤外線を使用したセンサーポッドで照準も可能。基部の◢部が、内蔵されているAAR-55 NAVFLIR（ナヴ・フリア）のセンサー窓（写真：白石 嶺）

翼端の空対空ミサイル訓練弾
胴体下のポッドと480ガロン増槽

　写真で主翼端のSta.1/11に装着されているのがLAU-127/Aで、AIM-9Xのキャプティブ訓練弾CATM-9Xを搭載している。LAU-127/Aにはサイドワインダーのシーカー冷却のため液体窒素のボトルが内蔵されているが、後期型ではHiPPAG（高圧空気発生器）も併載している。HiPPAG搭載型はLAU-127C/Aと-127F/Aで、主にAIM-9X用。LAU-127A/A、B/A、D/A、E/Aはボトルのみだ。

　胴体の斜め下にあるフューズラージ（胴体）ステーション（Sta. 5/7）はAIM-7スパローあるいはAIM-120搭載用だが、左側のSta.5には通常、ASQ-228 ATFLIRポッドが搭載されている。写真のNF112もATFLIR（新型ターゲティング／前方監視赤外線）搭載で、基部にはAAR-55 NAV

FLIR（航法用FLIR）が内蔵されており、黒い丸窓が見えている。

　センターラインには480ガロン増槽が搭載されているが、これは旧式のFPU-11A/Aか新型のFPU-12/Aで、増槽尾部上面にあるピボットの形状で識別できる。三角形の基部がFPU-11A/A、台形の後端をカットしたような四角形がFPU-12/Aだが、センターラインに搭載されてしまうと空気取り入れ口の陰になってピボットは見えない。FPU-12/Aは現在も生産中なので、比較的きれいな増槽はFPU-12/Aと見て間違いないだろう。

　空虚重量381ポンドの480ガロン増槽だが、搭載量は主翼に搭載する場合とセンターラインに搭載する場合で少し異なる。主翼では3,264ポンド、センターラインでは3,216ポンドで、もちろんドラッグインデックス（空気抵抗値）も搭載位置によって異なる。一番抵抗が小さいのはセンターラインで、ミッドボード、インボードの順で大きくなる。

File 3
ステルス戦闘機
F-22の
ドロップタンク

(写真：久場 悟)

ラプター唯一の
吊るしものは増槽

　吊るしものが最も似合わない戦闘機、F-22Aラプターの搭載例は2013年10月、嘉手納基地を離陸する27EFS（第27遠征戦闘飛行隊）のF-22A-35-LM（シリアルナンバー08-4169）で、帰国のため600ガロン増槽2本を主翼下に取り付けている。

　ステルス戦闘機、とりわけエアドミナンス（航空支配）を主任務とするF-22Aは吊るしものゼロの、外見上はクリーンな状態でミッションを行うのが基本で、爆弾や空対空ミサイルはすべて胴体下および胴体下側面のウエポンベイに収容する。つまり、増槽が唯一の吊るしものとなるわけだが、訓練の際、胴体の下に小さな円筒形のものを吊るすこともある。RCS（レーダー反射断面積）エンハンサーと呼ばれるもので、ボルトで止められているため空中での投棄はできない。

　RCSとはステルス性を表す目安だが、それをエンハンス（増大）させるのがRCSエンハンサーの役割で、円筒形の前部と後部には電磁波を入力方向へ反射できるルーネベルグレンズがはめ込まれている。訓練飛行などでレーダーがF-22Aを捉えられなくては管制できないため、わざわざRCSを増大させるためのものだ。また、F-22Aがレーダーにどう映るかという情報を与えないためにも、RCSエンハンサーは重要だ。ボルト止めされているので吊るしものに当たるかどうかは微妙だが、簡単に着脱できるので紹介した。

ステルス性確保のため
パイロンごと増槽を投棄

　F-22Aはこれまで複数回にわたって嘉手納基地に展開、また親善祭のため横田基地に飛来したこともあるが、増槽とRCSエンハンサー以外を外部搭載する姿は目撃されていない。その増槽だが、主翼下には左右2ヶ所ずつのハードポイントがあり、最大4本が搭載可能なよう設計されているが、飛行試験においても4本タンクはほとんど見ない。増槽を搭載するためにはパイロンにBRU-47/Aボムラックを取り付け、それに吊るす形になるが、投棄の方法が変わっている。

　増槽といえども安くはなく、トラブルや敵と遭遇するなど不測の事態でもない限り投棄することはないが、もし交戦あるいは空域離脱が必要になった場合、パイロンがあってはステルス性を充分に発揮できない。このため、パイロンごと投棄できるようになっており、増槽およびパイロンは後端に支点となるピボットがあって、それを軸に前部が垂れ下がり、機体に損傷を与えない形で投棄する方式になっている。

　パイロンを投棄した場合、主翼下面にはパイロン架や燃料パイプ、ピボットを引っかける部分などの穴が残る。このような小さな穴でもステルス性に影響を与えるため、投棄するとすぐに穴はアクチュエーテッド Jシール・パネルという蓋で塞がれる構造になっている。パネルは左右主翼インボード、アウトボード、合わせて4ヶ所あるハードポイントに、それぞれ4個ずつ。

　主翼下のパイロンにはBRU-47/Aのほか、BRU-46/Aというボムラックも装着可能で、JDAMなどの爆弾搭載も可能だが、現在のところF-22Aは外部に爆装してミッションを行う計画はない。また、パイロンの前部側面にレールランチャーを取り付け、AIM-9サイドワインダーやAIM-120 AMRAAMなどの空対空ミサイルを搭載することも可能だが、これも今のところは計画のみだ。運用試験中に、アウトボードパイロンにAIM-120Cを搭載した写真が確認されている。

写真のF-22Aラプターの装備

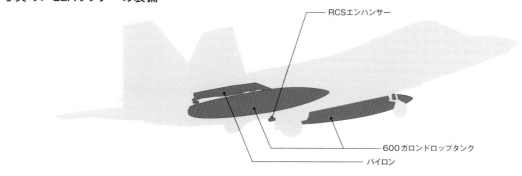

RCSエンハンサー

600ガロンドロップタンク

パイロン

F-22Aの増槽とパイロン。交戦などになった場合、パイロンごと増槽を投棄することになる

パイロンごと増槽を切り離したF-22A。パイロン後部のピボットと呼ばれる部分が最後まで機体と接続されているため、増槽は先端を下に向けた状態で切り離される
（写真：Lockheed Martin）

F-22Aの兵装搭載バリエーション

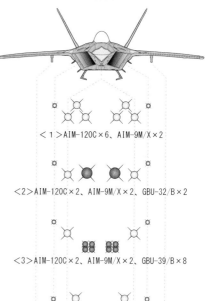

＜1＞AIM-120C×6、AIM-9M/X×2

＜2＞AIM-120C×2、AIM-9M/X×2、GBU-32/B×2

＜3＞AIM-120C×2、AIM-9M/X×2、GBU-39/B×8

＜4＞AIM-120C×6、AIM-9M/X×2、600gal tank×2

F-22AのRCS（レーダー反射断面積）エンハンサー。電波を来た方向に反射させることにより、ラプターをレーダーに映すための装備

全てのウエポンベイを開いた状態のF-22A。胴体下にミサイルや爆弾を搭載できるセンターベイが、両側面にAIM-9Mサイドワインダー空対空ミサイル1発を搭載できるサイドベイがある

■ ミサイルや爆弾はウエポンベイの中に搭載

F-22Aは2015年、対IS（イスラム国）、"インヘレント・リゾルブ"作戦で初陣を飾ったが、その際の任務はGBU-32/B 1,000ポンド級JDAM（統合直接攻撃弾薬）による対地攻撃だった。F-22Aは胴体下にあるウエポンベイにJDAMを2発搭載できる。ウエポンベイのハードポイントが6ヶ所で、AIM-120ならLAU-142/A AVEL（AMRAAM垂直射出ランチャー）を介して各1発、計6発、JDAMを搭載する場合はAMRAAM、JDAM 2発ずつという組み合わせになる。また、GBU-39/B 250ポンドSDB（小直径爆弾）もBRU-61/Aボムラックを介して4発ずつ8発の搭

載が可能になる。GBU-39/Bはボーイング製だが、レイセオンもGBU-53/B SDB Ⅱストームブレーカーを実用化しており、F-22Aでも運用されることになろう。

SDB搭載の場合も併載できるAMRAAMは2発のみで、このほか胴体左右下側面のウエポンベイにAIM-9M/Xサイドワインダーを各1発搭載できる。発射にレールランチャーが必要なサイドワインダーでは、ウエポンベイからミサイルをせり出してやる必要がある。またステルス性を阻害しないよう素早くドアの開閉と発射を行う必要があるため、トラピーズ（ぶらんこ）式のLAU-141/A CRL（コンフィギュラブル・レールランチャー）が設置されている。なお、ウエポンベイのドアも、ステルス性を考慮したJシール・パネルになっている。

File 4
F-2の
対艦兵装

(写真:築場博貴)

ほぼフル装備の
対艦ミッション形態

次は航空自衛隊のF-2対艦兵装について見ていきたい。例に挙げるのは2013年4月に青森県の三沢基地で撮影された第3航空団第8飛行隊*のF-2A(43-8526)で、ASM-2(93式空対艦誘導弾)を4発搭載した対艦訓練ミッション形態だ。加えて、600ガロン増槽とAAM-3空対空ミサイルの訓練弾を搭載した、ほぼフル装備に近い状態といえよう。

F-2A/BはベースとなったF-16と比べて主翼が大型化しており、主翼下面に左右4ヶ所ずつのハードポイントを持つ。ステーションナンバー(Sta.)は左主翼端がSta.1で、左主翼下が外側からSta.2/3/4/5、胴体下のセンターラインがSta.6で、右主翼下は内側からSta.7/8/9/10の順。そして右主翼端がSta.11で、全部で11ヶ所あるわけだが、そのすべてに搭載することは試験やデモンストレーションでもまずない。

写真の例ではセンターラインのSta.6と主翼下外舷のSta.2/10が使われていないが、通常Sta.6には300ガロン増槽、Sta.2/10にはAAM-3あるいはAIM-9Lサイドワインダーが搭載される。Sta.6には600ガロン増槽も搭載可能だが、300ガロン増槽と600ガロン増槽の混載、あるいは600ガロン増槽3本という形態はフェリー時でもあまり例がない。一方、Sta.2/10への空対空ミサイル搭載も、ASM-2搭載時にはその大きな翼と干渉するためかまず見ない。そして、Sta.2/6/10のパイロンやランチャーも、対艦形態では空気抵抗を減らすため外されていることが多い。

積んでいるASM-2は
PTM弾1発とダミー弾3発

本題のASM-2について紹介するが、Sta.3に搭載されているのが弾体をグレーと赤、黄色で塗ったPTM(パイロッ

ト訓練ミサイル)と呼ばれる訓練弾で、先端のシーカー部が生きている。これとは別に、シーカー付きのキャプティブ訓練弾もあるが、どう使い分けているのかははっきりしなかった。残りの3発はシーカーのないダミー訓練弾で、重量配分は実弾と同じになっている。

うまくスクランブルやアラート交替とぶつかれば見られる空対空ミサイルと違って、実弾のASM-2を見る機会はかなり少ないが、先端部はPTMやキャプティブ訓練弾と同じようなシーカー窓になっている。半球形のシーカー窓は茶色っぽい半透明素材でできているが、PTMやキャプティブ弾が地上展示される際にはカバーがされていることが多く、このような飛行中でないとシーカー窓を見ることは難しい。なお、写真のダミー訓練弾は、カバーをしたような形状になっている。カバーをしたまま飛行することはあり得ないので、最初からこの形で製造されているのだろう。

ASM-2はAGM-84ハープーン空対艦ミサイルと同じように、弾体の上部にサスペンションラグがあり、エジェクターラックのフックで引っかけて吊り下げている。発射時にはフックをアンロックして、エジェクターピストンで下方に突き出し、機体から離れたところでターボジェットエンジンに点火する。F-2のパイロンに装着されているエジェクターラックはF-22AラプターやF-15Eストライクイーグルと同じBRU-47/Aで、最大5,000ポンドまでの搭載能力がある。ただし、これはエジェクターラックの能力であって、ステーションごとの搭載能力はそれぞれ異なっている。

BRU-47/Aのエジェクトメカニズムは電気着火によりカートリッジを起爆、そのガス圧によりフックを解除、ピストンでミサイルを突き出す構造だ。ミサイルの揺れを抑えるスウェイブレース・アームの形状が、F-15やF-16などのMAU-12/Aエジェクターラックとは異なるので識別は難しくない。フックは14インチ(35.6㎝)用と30インチ

*第8飛行隊は2016年7月に築城基地に移動となり、現在は第8航空団所属となっている。

写真のF-2Aの装備

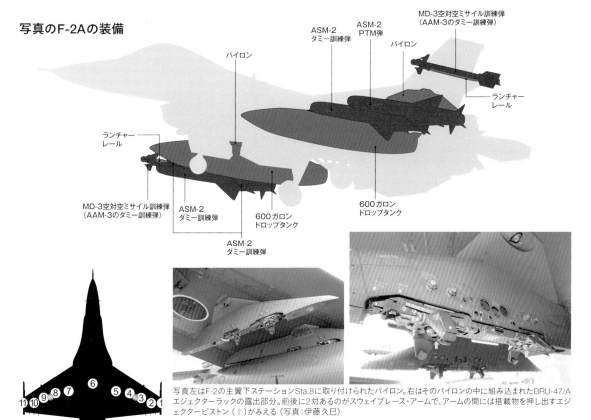

MD-3空対空ミサイル訓練弾
（AAM-3のダミー訓練弾）

ASM-2
ダミー訓練弾

ASM-2
PTM弾

パイロン

パイロン

ランチャー
レール

ランチャー
レール

MD-3空対空ミサイル訓練弾
（AAM-3のダミー訓練弾）

ASM-2
ダミー訓練弾

600ガロン
ドロップタンク

600ガロン
ドロップタンク

ASM-2
ダミー訓練弾

**下から見たF-2の
ステーション番号**

写真左はF-2の主翼下ステーションSta.8に取り付けられたパイロン。右はそのパイロンの中に組み込まれたBRU-47/A エジェクターラックの露出部分。前後に2対あるのがスウェイブレース・アームで、アームの間には搭載物を押し出すエジェクターピストン（↑）がみえる（写真：伊藤久巳）

ASM-2のキャプティブ訓練弾。弾体はライトブルー
で翼はグレー（写真：編集部）

ASM-2の試験弾。
赤と黄の市松模様
で、弾体の黄のマ
スの一部が緑に塗
られている
（写真：酒井清隆）

（76.2cm）用が前後に計4ヶ所あり、ASM-2の場合はサスペンションラグが30インチなので、最前部と最後部のフックで前後のラグを挟み込むように固定される。600ガロン増槽の搭載も同様で、サスペンションラグは30インチだ。

塗装パターンで見分ける ASM-2の種類

F-2の空対空形態については次項で紹介するので簡単に触れるだけにするが、写真では主翼端のSta.1/11にAAM-3空対空ミサイルのダミー訓練弾、MD-3を搭載している。写真では分かりづらいと思うが、カナードのすぐ後ろの弾体に白で「MD-3」の文字が記入されている。レールランチャーはAIM-9との兼用で、先端部が矢尻のような形をしているなど、F-16用の16 S210ランチャーとよく似ているが、AAM-3を搭載することも考えて細部は異なっている模様。

増槽とミサイルの塗色だが、MD-3は訓練弾を表すライトブルーに塗られているが、増槽とASM-2は機体下面の色と同じオーシャンブルー。ASM-2には前述したPTM弾のほか、飛行開発実験団で見られる赤/黄/緑3色のカラフルな市松模様の試験弾などを含め、いくつかの塗装パターンがある。例外もあるが、参考までに列記しておこう。

● 実弾

弾体：オーシャンブルーまたはグレー　翼：グレー

● キャプティブ訓練弾

弾体：ライトブルー　翼：グレー

● PTM弾

弾体：グレー/赤/黄　翼：グレー

● ダミー訓練弾

弾体、翼とも：オーシャンブルー

● 試験弾

弾体：赤/黄/緑　翼：赤/黄

F-2の対艦兵装　83

File 5

F-2の
空対空兵装

（写真：勝野真史）

■ F-2に吊るされることのある AIM-7FとAAM-4

　前項で対艦兵装のF-2Aについて紹介したので、ここでは空対空戦闘の形態について見ていきたい。写真は飛行開発実験団のF-2A 1号機（63-8501）がAIM-7FスパローとAAM-3を組み合わせて搭載している空対空戦闘形態だ。

　飛行開発実験団の任務は最新兵器の開発、試験、評価だけではなく、すでに実用化した兵器の改良や維持管理も重要な役割だ。日本が開発したAAM-4（99式空対空誘導弾）は、スパローとほぼ同じサイズの弾体を採用、中身をすっかり入れ替えたアクティブレーダーホーミング式の中射程空対空ミサイルだ。セミアクティブ式のスパローとは異なり、最後までレーダーを照射しておく必要のないファイア・アンド・フォーゲット（撃ち放し）が可能になっている。しかし、長射程で攻撃を行うと目標が妨害をかけてくることもあるため、AAM-4では発射機が探知されにくい変調波を使った指令送信装置を使って中間誘導を行っている。

　このため、指令送信装置を搭載していない初期のF-2A/BはAAM-4運用能力がなかったが、平成22年度以降、「空対空戦闘能力の向上」という計画が開始され、F-2のレーダーはJ/APG-1から指令送信機能を持つJ/APG-2に換装されている。部隊運用されているF-2A/BでAAM-4を搭載する例はまだ少ないが、飛行開発実験団ではしばしば目にできる。

　スパローとAAM-4の弾体規模はほぼ同じと書いたが、大きな違いは前部の可動式ウイングと尾部の固定式フィンの大きさで、スパローの場合はウイングの翼幅が101.6cm、フィンはやや小さく78.7cmある。AAM-4では三角翼のウイングの翼端を80cmほどまでカット、フィンも付け根前縁部をカットした四角形になっている。写真では主翼下に左右2ヶ所ずつある中舷パイロン（左翼下がSta.3/4、右翼下がSta.8/9）のボムラックにエジェクターランチャーを介して搭載されている。

　また、内舷パイロン（Sta. 5/7）が外されており、理論上はここにエジェクターランチャーを搭載すればスパローやAAM-4の搭載も可能なはずだが、排気熱の問題があるのか試験などでも搭載例はない。内舷パイロンは基本的には600ガロン増槽専用で、胴体下のSta.6に300ガロン増槽を搭載しているときはパイロンごと外されていることも多い。内舷パイロンは前縁フラップの垂れ下がりを考慮してフラップ切れ目のやや後方に取り付けられる。外されている状態でも構造的に強化されたハードポイントには取り付け穴が見えるが、燃料配管はカバーされている。

■ F-2の空対空形態は 短射程4発＋中射程4発

　外舷パイロン（Sta.2/10）と翼端（Sta.1/11）は短射程空対空ミサイル専用で、写真では4ヶ所すべてにレールランチャーを取り付け、翼端にのみAAM-3を搭載している。レールランチャーはF-16用の16S210ランチャーによく似た先端が矢尻のような形をしているが、AAM-5用はよりスマートな形状になっている。

　F-2の空対空戦闘形態はスパロー／AAM-3の時代からAAM-4／AAM-5の時代に移っても、最大4発＋4発の8発であることは変わらない。軽量でレールランチャーの使えるAIM-120 AMRAAMなら外舷、翼端への搭載も可能だが、AAM-4では無理。

　F-35搭載用にヨーロッパのMBDAが開発中のミーティアに日本の技術を融合した新型中射程空対空ミサイルの開発計画も取りざたされている。F-35のためだけに使うのでは割高になるため、F-2やF-15への搭載も考慮して量産されるかもしれない。もちろん、まだ先の話で、中射程4発、短射程4発の組み合わせは当分は変わらないだろう。

写真のF-2Aの装備

AAM-3空対空ミサイル
レールランチャー
中舷パイロン
エジェクターランチャー
中舷パイロン
エジェクターランチャー
外舷パイロン
レールランチャー
AIM-7F空対空ミサイル
AIM-7F空対空ミサイル

センターラインパイロン
中舷パイロン
エジェクターランチャー
AIM-7F空対空ミサイル
中舷パイロン
AIM-7F空対空ミサイル
レールランチャー
レールランチャー
エジェクターランチャー
300ガロンドロップタンク
AAM-3空対空ミサイル

AAM-5搭載F-2Aの部分写真。AAM-5は両翼端に搭載している（写真：吉原信幸）

下から見たF-2の
ステーション（Sta.）番号

米空軍F-16Cの左主翼。翼端に搭載されているのがAIM-120 AMRAAM空対空ミサイル。外舷にはAIM-9M空対空ミサイル、中舷にはAGM-88 HARM対レーダーミサイル、内舷には600ガロンドロップタンクを搭載（写真：白石 嶺）

F-2A初号機の左主翼。内側から順に、600galドロップタンク、AAM-4中射程空対空ミサイル（ダミー弾）、GBU-38 JDAM GPS誘導爆弾（試験弾）、外舷ステーションはパイロン無し。翼端には先端が矢尻形のレールランチャーを装着している（写真：井上寛章）

翼端に空対空ミサイルを搭載するのは、空気抵抗が最も小さいためで、F-2で領空侵犯対処を行うときは600ガロン増槽2本とAAM-3 2発という最小限の吊るしもので行うことが多い。

なお、基地祭などではブルーあるいはライトブルーに塗られているダミー訓練弾が展示されることの多い空対空ミサイルだが、飛行開発実験団では弾頭やロケットモーターは「イナート」（不活性）でもシーカーや誘導システムが生きているキャプティブ弾が搭載されていることが多い。写真のスパローも、白に近いライトグレー塗装の弾体に、ウイ

ング／フィンは黒に近いグレーで、通常のミサイルに描かれる青／茶／黄色の識別帯は見当たらない。AAM-3の方は全面グレーで、冒頭で書いたAAM-5も同じく全面グレーであった。こちらも識別帯は未記入。

300ガロン増槽には前後に黒（またはダークグレー）の帯が巻かれているが、これは積載時のホイストポイントを表している。写真では見づらいが、増槽の後尾端にはピボットがあって胴体に引っかけられており、投棄時にはピボットを中心にぶら下がるようになって、機体に損傷を与えない工夫がされている。

File 6
てんこもりの F-16

(写真：築場博貴)

吊るしものの多彩さと言えば やはりF-16CM-50

日本国内では航空自衛隊のほか、アメリカ空軍、海軍、海兵隊の戦闘機、戦闘攻撃機を見ることができる。機種を列記することはしないが、その中で吊るしものについて最もバラエティに富んだ機体は何だろうと考えると、やはりF-16CM-50という機種名が頭に浮かぶ。元々はF-16CJ-50と呼ばれていたSEAD（Suppression of Enemy Air Defenses＝敵防空網制圧）を主任務とする機体であったが、CCIP（Common Configuration Implementation Program＝共通仕様実施計画）改修により夜間対地攻撃能力を強化したのがF-16CG-40ナイトファルコンとの共通性を高めたのがF-16CM-50で、F-16CG-40も逆にSEAD能力を追加、F-16CM-40と呼ばれている。

SEADはAGM-88 HARM対レーダーミサイルを使って敵のレーダーサイトを攻撃するものだが、弾頭は20kgほどでサイトそのものを破壊する威力はなく、レーダーの機能を停止させる程度だ。現在ではより強力な兵器を使って、レーダーサイトそのものを破壊するDEAD（Destruction of Enemy Air Defenses＝敵防空網破壊）が主流になっており、F-16CMとその複座型F-16DMの搭載兵器もその分だけバリエーションが増えた。

主翼には空対空ミサイル2種、 訓練ポッド、爆弾、370ガロン増槽

紹介するのは2013年4月に青森県の三沢基地で撮影された第35戦闘航空団第14戦闘飛行隊のF-16CM-50（90-0822）で、近隣の天ヶ森射爆撃レンジ（ドローンレンジ）でのミッションを終えての帰投と思われる。F-16CMには9ヶ所の兵装ステーションのほか、空気取り入れ口の左右、いわゆるチャイン（顎）部にはSta.5L/5Rがあるが、写真の機体はそのすべてに吊るしものをぶら下げたフルロード状態だ。

ステーションナンバー別に見ていくと、主翼端のSta.1/9はAIM-120C AMRAAM空対空ミサイルのキャプティブ訓練弾CATM-120C（発射はできないが実弾と同じ誘導センサーを搭載する）で、LAU-129/Aレールランチャーを介して搭載されている。

主翼下のアウトボードステーション（Sta.2/8）に取り付けられているのもLAU-129/A、Sta.2に搭載されているのはAIM-9M空対空ミサイルのキャプティブ訓練弾CATM-9Mで、Sta.8に搭載されているのは訓練中の飛行データなどを地上施設に送信するASQ-T503 MOKKITS（ミサワ/オサン/クンサン/カデナ暫定訓練システム）ポッドだ。

ミッドボードステーション（Sta.3/7）には、パイロンに埋め込んだMAU-12/Aボムラックを介してMk82 500ポンド爆弾のイナート弾（訓練用で炸薬を持たない弾）が1発ずつ搭載されているが、フィンアッセンブリーとしてバリュート式のBSU-49/Bを装着したMk82AIRだ。低高度で低抵抗爆弾を投下すると、着弾までの時間が短く、投下機のすぐ下で爆発するため、爆風や破片に被弾することがある。バリュート（バルーンパラシュート）と呼ばれる抵抗傘を開くことにより弾道特性が変わり、投下機よりもかなり後方で爆発するため被害を受けにくい。

インボードステーション（Sta.4/6）に搭載されているのは370ガロン増槽で、このほかセンターラインステーション（Sta.5）に300ガロン増槽を搭載することもある。F-16の370ガロン増槽は後端がカットされた形状だが、この部分に空気の乱れが生じるため、投棄する場合にパイロンから分離しやすい。その分、空気抵抗も大きいが、それでもマッハ1.6の速度まで運用が可能だ。なお、タンク下部の2ヶ所には、着脱時にリフトトラックなどで持ち上げる際の目印となる黒線が引かれている。

写真のF-16の装備

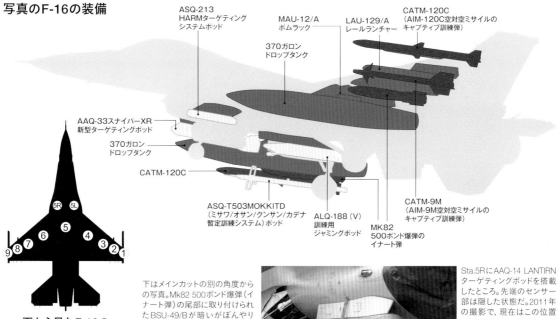

ASQ-213
HARMターゲティング
システムポッド

MAU-12/A
ボムラック

LAU-129/A
レールランチャー

CATM-120C
（AIM-120C空対空ミサイルの
キャプティブ訓練弾）

370ガロン
ドロップタンク

AAQ-33スナイパーXR
新型ターゲティングポッド

370ガロン
ドロップタンク

CATM-120C

ASQ-T503MOKKITD
（ミサワ/オサン/クンサン/カデナ
暫定訓練システム）ポッド

ALQ-188（V）
訓練用
ジャミングポッド

MK82
500ポンド爆弾の
イナート弾

CATM-9M
（AIM-9M空対空ミサイルの
キャプティブ訓練弾）

下から見たF-16の
ステーション番号

下はメインカットの別の角度からの写真。Mk82 500ポンド爆弾（イナート弾）の尾部に取り付けられたBSU-49/Bが暗いがぼんやり見え、ALQ-188（V）訓練用ジャミングポッドの4本脚がはっきり見える（写真：薬場博貴）

Sta.5RにAAQ-14 LANTIRN ターゲティングポッドを搭載したところ。先端のセンサー部は隠した状態だ。2011年の撮影で、現在はこの位置にはAAQ-33スナイパーXPが装着されることが多い（写真：編集部）

ASQ-T503 MOKKITS 空戦訓練システム（ACTS）ポッド。訓練空域における飛び方や戦闘訓練の様子をモニターにリアルタイム表示するための、データ送信ポッドだ（写真：中井俊治）

■ 胴体下にはジャミングポッド、ターゲティングポッド、航法ポッド

　Sta.5は300ガロン増槽を搭載するか、何も搭載しないクリーン状態が多いが、各種ジャミングポッドや、手荷物を収容するMXU-648/Aバゲージポッドなどを搭載することもある。また、国内ではまず見る機会はないが、B61などの核爆弾やその訓練弾もSta.5に搭載される。写真の機体が搭載しているのは訓練用のジャミングポッドALQ-188（V）だが、通常はALQ-184（V）を搭載することが多い。ALQ-188（V）は電子戦アグレッサー用のポッドで、ロシアなどのジャミングシステムをシミュレートできる。

　そして、空気取り入れ口の左右にあるのがポッド用のチャインステーション（Sta.5L/5R）で、写真の場合はSta.5Lに、AGM-88HARM対レーダーミサイルを制御する

ASQ-213 HTS（HARMターゲティングシステム）ポッド、Sta.5RにAAQ-33スナイパーXR ATP（新型ターゲティングポッド）を搭載している。CCIP改修以前のF-16CJ-50はASQ-213のみをSta.5Rに搭載、Sta.5Lはなかった。一方、F-16CG-40はSta.5LにAAQ-13 LANTIRN（低高度赤外線航法目標指示）航法ポッド、Sta.5RにAAQ-14 LANTIRNターゲティングポッドを搭載していた。

　CCIP改修によりF-16CM-50はAAQ-14やAAQ-33、あるいはAAQ-28LITENINGなど各種ポッドの搭載が可能になり、ASQ-213は左舷のSta.5Lに移設されている。ターゲティングポッドを右側に搭載するのは、Sta.5Lのすぐ上にM61A 20mm機関砲の砲口があるためマズルフラッシュ（射撃時に発生する砲口付近の閃光）や発射煙の影響を避けるためと思われ、CCIP前のF-16CJ-50もASQ-213を右側に搭載していた。

（写真：薬場博貴）

File 7
サイドワインダーモードのF-35A

ビーストモードと呼ぶには心許ない

F-35ライトニングIIには主翼下、胴体下が完全にクリーンな「ステルスモード」と、主翼下6ヶ所のステーション（Sta.1/2/3/9/10/11）にパイロンを装着、爆弾、ミサイルなどを外部搭載した状態の「ビーストモード」がある。これはロッキード・マーチンが公式に使っている用語で、「ビースト」とは「野獣」のこと。レーダーに探知されることなどお構いなしに、搭載能力をフルに活かして敵を叩くモードで、2,000ポンド級のMk.84爆弾やGBU-31/B JDAMなら主翼下Sta.2/3/9/10に4発、ウエポンベイ内の2発を含めて6発が搭載可能だ。

ウエポンベイ内のSta.4/5/7/8にはLAU-147/Aミサイルランチャーを介してAIM-120C/D AMRAAMが各1発搭載できるが、このうちSta.4/8にLAU-147/Aを2基装着できるように改良して、ステルスモードでのAMRAAM搭載数を6発にする「サイドキック」改修が数年中に実現する。しかし、ウエポンベイ内には赤外線誘導のAIM-9Xサイドワインダーは搭載できないため、ステルスモードでサイドワインダーが必要なミッションでは、主翼下アウトボードのSta.1/11にレールランチャーを取り付け搭載するしかない。

この「ステルスモード」ではなく、「ビーストモード」と呼ぶには心許ない状態を、ロッキード・マーチン公式ではないが「サイドワインダーモード」と称する資料があり、ぴったりの呼び名なので筆者も日頃から使わせてもらっている。もちろん、これも「ビーストモード」の一種と言うのなら、あえて否定するつもりはない。

ステルシーなパイロンとランチャー

話は逸れたが、主翼下にパイロンとミサイルランチャーを取り付けてたのでは、せっかくのステルス性が宝の持ち腐れになってしまうのは確かだ。RCS（レーダー反射断面積）増大を少しでも減らすため、「サイドワインダーモード」ではより「ステルシー」なパイロンとレールランチャーを搭載している。これらを開発、製造しているのはカリフォルニア州イングルウッドにあるMEC（マービンエンジニアリング社）で、写真で紹介した航空自衛隊のF-35A（79-8704）は主翼下に低RCSのLAU-151/Aレールランチャーを装着している。

MECはF-35用パイロンの製造も行っており、主翼下アウトボード（外舷）のSta.1/11にはSUU-96/A空対空パイロンを取り付けている。空対空パイロンは底部が「V」字断面になっており、斜め外側に向いた面にLAU-151/Aランチャーを取り付ける。パイロン底部はランチャー取り付け部を覆うような形になっており、ぴったりはまって隙間ができず、一体化したような形状になる。段差がないため、RCSを最小限に抑えられるはずだ。

なお、主翼下Sta.2/3/9/10と胴体下センターラインのSta.5にはやはりMEC製のSUU-95/A空対地パイロンを装着するが、これについては次のFile.8「ビーストモードのF-35B」のところで紹介したい。

MEC製のステルスランチャーには2種類あって、LAU-151/AはAIM-9X、AIM-120兼用で、LAU-152/Aはその改良型と思われるが詳細は不明だ。どちらも先端部と後端部が尖った形で、下から見ると細長いダイヤモンド形になっているので識別は難しくない。MECはF/A-18E/F用のLAU-127/A、F-15用のLAU-128/A、F-16用のLAU-129/Aを製造しており、新しいF-35用レールランチャーを開発することなど造作ないことだ。しかし、パイロンと一体化してステルス性を持たせるとなると新たな技術開発が必要で、それまではLAU-127/128/ 129シリーズの延長線上にあるAIM-9X専用LAU-148/AとAIM-9/120兼用のLAU-149/Aを生産していた。

LAU-148/AとLAU-151/AはAIM-9X専用のミサイルランチャーと書いたが、AIM-9L/Mサイドワインダー搭載は想定しておらず、試験段階を除けば搭載例はないはずだ。その代わり、同じくテイルコントロール式のAIM-132

写真のF-35Aの装備

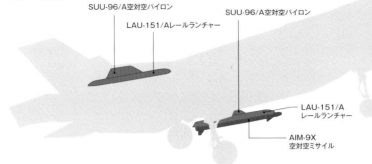

SUU-96/A空対空パイロン
LAU-151/Aレールランチャー
SUU-96/A空対空パイロン
LAU-151/A
レールランチャー
AIM-9X
空対空ミサイル

三沢基地航空祭で
展示された、F-35A
用の外舷パイロンと
ランチャー（写真：
田中克宗）。右写真
はAIM-9X搭載状態
（写真：USAF）

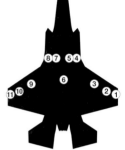

下から見たF-35Aの
ステーション番号

ウエポンベイに搭載されたAIM-120×2発。
サイドキック改修では胴体側のランチャー
に2発搭載可能となり、この空間に3発収まる
（写真：RTX）

ウエポンベイを開いたアメリカ
空軍F-35A。胴体内のステーショ
ンがSta.4/8（左/右）で、内側
ドアのステーションがSta.5/7
（同）（写真：USAF）

ASRAAMを搭載することができる。ASRAAMはイギリス空海軍のF-35Bに制式採用されており、ウエポンベイドアのSta.5/7にも搭載可能で、ステルスモードで使える唯一の短射程空対空ミサイルとなっている。

ウェポンベイ内にも MEC製品

ウエポンベイ内部についても少し書いておこう。MECはF-35A/CのSta.4/8にBRU-68/Aボムラック、容積の小さいF-35BにBRU-67/Aボムラックを取り付けるためのアダプターも製造している。アダプターは搭載ウエポンのエジェクト（射出）が容易なよう、そのサイズによってボムラック取り付ける位置が異なっており、LIB（ロー・イン・ベイ）アダプターとHIB（ハイ・イン・ベイ）アダプターの2種類がある。

このアダプターに装着するのがBRU-68/AとBRU-67/Aで、胴体主要部の中に取り付けるため既存のボムラックのような火薬でピストンを突出させ、その力で兵装類を機

外に射出する方式は採られなかった。その代わり圧縮空気で射出するニューマチック式を採用している。ステルス機であっても爆弾などの上部に2ヶ所ある吊り金具、サスペンションラグをボムラックのフックが引っかけ、投下時にはフックが外れてピストンで突き出すという方法に代わりはない。そのラグの間隔は爆弾、ミサイルのサイズによって30インチ（76.2㎝）と14インチ（35.6㎝）の2種類あって、BRU-68/Aは14/30インチ両用、BRU-67/Aは14インチのみで、後者は2,000ポンド級爆弾は搭載できない。

このほか、兵装によっては異なるアダプターが必要な場合もある。MECが製造しているのはGBU-39/B SDB用、GBU-53/B SDBⅡストームブレーカー用、ペイブウェイⅣ用、GBU-12/Bペイブウェイ用、GBU-32/B 1,000ポンドJDAM用、AGM-184 JSM用、ミーティア空対空ミサイル用などのアダプターがある。今後、ブロック改修が進んでF-35に新しいウエポンを搭載する場合は、新規にアダプターを開発する必要がある。

File 8
ビーストモードの F-35B

(写真：Lockheed Martin)

開戦2日目以降のビーストモード

最近はあまり聞かなくなったが、1991年の湾岸戦争以降、もてはやされた言葉に「ファーストデー・ステルス」というものがある。開戦初日にステルス機で敵の司令部や防空システムを叩き、2日目以降、脅威の減った敵を爆弾、ミサイルを満載した非ステルス機がとどめを刺すという戦い方だ。状況によって「ステルスモード」と「ビーストモード」を使い分けることができるF-35は、1機で初日と2日目の戦いを実現できる機体で、先輩格のステルス機、F-117AナイトホークやF-22Aラプターでは実現できなかった最大の特長といえるだろう。

写真はステルス性を気にせず、主翼下、胴体下のハードポイントをフルに使った「ビーストモード」のF-35Bで、センターラインのステーション（Sta.）6にはGAU-22/Aガンポッドも搭載している。主翼下4ヶ所に装着しているのはMEC（マービンエンジニアリング社）製のSUU-95/A空対地パイロンで、パートナーであるデンマークのテルマ社やノルウェーのコングスベルク社が製造を分担している。

どんどん拡大する翼下の搭載能力

搭載例のF-35BはGBU-12/BペイブウェイⅡ誘導爆弾4発を搭載しているが、ウエポンベイと主翼下インボード、ミッドボードのパイロンでのGBU-12/B、あるいはGBU-32/B 1,000ポンド級JDAMの運用はF-35Bの初期型ブロック2Bで承認されていた。

続くブロック3FではアウトボードにSUU-96/A空対空パイロンとミサイルランチャーを装着、AIM-9Xサイドワインダーの運用を可能にしている。また、ウエポンベイにGBU-39/B SDBやGBU-49/B エンハンスド・ペイブウェイⅡの運用能力を得たのもブロック3Fからで、現在ではAIM-9XブロックやGBU-58/B SDBⅡ、GBU-54/B

レーザーJDAMの運用も始まっている。

さらにブロック4ではSta.3/9に大型ミサイルを搭載する計画で、AGM-88G AARGM-ER対レーダーミサイルやAGM-158B JASSM-ER空対地ミサイル、F-35CではAGM-154C-1 JSOW-C1を運用することになる。

F-35Bの主翼下面搭載能力は、アウトボードステーションのSta.1/11は300ポンド、インボードステーションのSta.3/9は5,000ポンド、センターラインステーションSta.6は1,000ポンドと各型共通だが、ミッドボードステーション Sta.2/10についてはF-35A/Cが2,500ポンドあるのに対してF-35Bは1,500ポンドしかなく、同じビーストモードでも2,000ポンド爆弾を主翼下に並べて搭載することはできない。

インボードのSta.3/9とミッドボードのSta.2/10はハードポイントの強度から搭載量が異なるが、パイロンは同じSUU-95/Aで、ニューマチック（空圧）式のBRU-68/Aボムラックを介して爆弾、ミサイルを搭載する。Sta.3/9は搭載量が大きいため、BRU-61/Aキャリッジアッセンブリを搭載、GBU-39/B SDBおよびGBU-58/B SDBⅡを左右、前後に4発搭載することができる。F-35A/CならミッドボードにF-16用に開発されたBRU-57/Aスマートボムラックを介して、500ポンド級のペイブウェイ/エンハンスドペイブウェイ、JDAM、レーザーJDAMを並列搭載できる。

BRU-57/AはMIL-STD-1760デジタルインターフェイスが配線されており、飛行中に新しい目標データを入力することが可能だが、F-16用に開発されたため、ニューマチック式ではなく、火工品を爆発させてピストンを動かす旧式なタイプだ。しかし、ウエポンベイ内で使うわけではないので、運用上問題はない。

F-35はAIM-120C/Dのビーストモードも可能で、SUU-95/A空対地パイロンにデュアルランチャー・アダプターを介してLAU-149/AまたはLAU-152/Aレールランチャーを装着すればSta.2/3/9/10に各2発、8発の搭

写真のF-35Bの装備

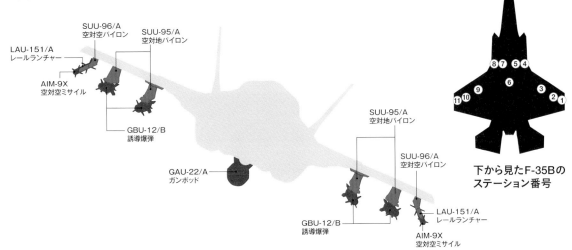

LAU-151/A
レールランチャー

SUU-96/A
空対空パイロン

SUU-95/A
空対地パイロン

AIM-9X
空対空ミサイル

GBU-12/B
誘導爆弾

GAU-22/A
ガンポッド

SUU-95/A
空対地パイロン

SUU-96/A
空対空パイロン

GBU-12/B
誘導爆弾

LAU-151/A
レールランチャー

AIM-9X
空対空ミサイル

下から見たF-35Bの
ステーション番号

内舷に2000ポンドのGBU-31、中舷に1000ポンドの
GBU-32、2種類のJDAM試験弾を搭載したF-35Bのシス
テム開発実証機（写真：Lockheed Martin）

センターライン下に搭載したGAU-22ガンポッドの
試射をおこなうF-35C。ガンポッドはF-35BとCの両
方で使用できる（写真：US Navy）

F-35B翼下Sta.10へのペイブウェイ搭載作業。
作業が終わると、パイロン各所のカバーを閉じる
（写真：USMC）

載が可能。これにSta.1/11のSUU-96/A空対空パイロン
に各1発搭載すれば10発になる。さらにウエポンベイに4
発、サイドキック改修により6発に増えるので、合計14発
あるいは16発となる。しかし、ビーストモードではWVR
（目視距離内）での戦闘になる可能性が高いため、通常、
Sta.1/11にはAIM-9Xを搭載する。

F-35Bはコクピット後方にリフトファンがあり、エンジ
ンからローリングを抑えるロールポストのパイプが延びて
いるのでウエポンベイの長さはF-35A/Cより短い。この
ため、2,000ポンド級兵装の搭載は困難で、JDAMは
1,000ポンド級のGBU-32/Bが搭載できる。ボムラック
もニューマチック式だがフックは14インチのみで、長さも
7.9cm短かいBRU-67/Aを搭載する。

■ GAU-22/A機関砲を
内蔵したガンポッドの搭載

F-35AとF-35B/Cの大きな違いとして、ジェネラル・
ダイナミックGAU-22/A 25mm機関砲の有無がある。機

関砲を内蔵しないF-35B/CはセンターラインのSta.6に
GAU-22/Aを内蔵したガンポッドを搭載、ビーストモード
で使用する。ポッドはステルス形状に仕上げられているが、
それでもクリーン状態と比較すればRCS増大は避けられな
い。

ポッドは翼下空対地パイロンの製造を分担しているデン
マークのテルマが設計、開発したもので、胴体下にぴった
り密着してステルス性を阻害する隙間はまったくない。機
関砲を発射するとその冷却が重要だが、ポッド上部には電
波反射の考慮したエアスクープが設けられており、その下
に発射口がある。どちらも発射時のみ開く構造だ。発射速
度は毎分3,000発で、携行弾数は181発なので、連射すれ
ば4秒足らずで撃ち尽くしてしまう。

ポッドを開発したテルマ社では、ガンポッドだけではな
く、マルチミッション・ポッドとして応用することを計画し
ており、ペイロードを入れ替えることで電子戦ポッドや偵
察ポッドとしても使える。将来的には指向性エネルギー兵
器の収容も考えているようだ。

File 9

翼下にズラリと兵装が並ぶA-10

(写真：石川良介)

見られるうちに見ておきたいレッドデータ攻撃機A-10

A-10サンダーボルトⅡ攻撃機は在韓アメリカ空軍に1個飛行隊が所属していることもあって、日本国内ではおなじみの機体だ。横田基地などの友好祭に飛来した機体や、レッドフラッグアラスカなどの演習参加のため三沢や嘉手納に立ち寄った機体をご覧になった方もいらっしゃると思う。機体の老朽化に伴い、もう何度か退役勧告を受けている機種だから、見られるうちに見ておきたい。

そのA-10だが、主翼／胴体下にずらりと11個並んだパイロンに吊るしものを満載するような光景は、アメリカへ行かないとなかなか見ることができない。ここではA-10のホームベース、アリゾナ州デビスモンサン空軍基地に隣接するピマ・エアミュージアムから撮影された第355航空団第354戦闘飛行隊（355WG/354FS）"Bulldogs"のA-10C（81-0945）を紹介してみたい。

主翼と胴体の下にずらりと並ぶ11個の兵装ステーション

A-10のパイロンは11個あると書いたが、そのステーション（Sta.）は、翼端から主脚収容部までの外翼に左右3ヶ所ずつ6ヶ所（Sta.1/2/3/9/10/11）、内翼部に左右1ヶ所ずつ（Sta.4/8）、そして胴体下には3ヶ所（Sta.5/6/7）で、Sta.6がいわゆるセンターラインステーションだ。

パイロンはステーションごとに微妙にサイズや形状が異なっており、ボムラックもMAU-40/AとMAU-50/Aの2種類がある。MAU-40/Aは5,000ポンド（2,268kg）、MAU-50/Aは2,000ポンド（907kg）までの搭載能力があり、サスペンションラグは40/Aは14インチ（35.6cm）と30インチ（76.2cm）、50/Aは14インチのみ。このため、50/Aは外翼のSta.1/2/10/11用パイロン専用で、増槽

などの大型兵装の搭載や爆弾等の多連装もできない。各パイロンは形状や寸法がそれぞれ異なるので、表にまとめておく。

Sta.1/11用パイロン	長さ	46.7in（118.6cm）
	高さ	16.4in（41.7cm）
	幅	4.4in（11.2cm）
	重量	96.5lb（43.8kg）
Sta.2/10用パイロン	長さ	60.5in（153.7cm）
	高さ	11.5in（29.2cm）
	幅	4.4in（11.2cm）
	重量	96.9lb（44kg）
Sta.3/9用パイロン	長さ	73.7in（187.2cm）
	高さ	12in（30.5cm）
	幅	4.5in（11.4cm）
	重量	129.2lb（58.6kg）
Sta.4/8用パイロン	長さ	81.2in（206.3cm）
	高さ	12in（30.5cm）
	幅	4.5in（11.4cm）
	重量	133.8lb（60.7kg）
Sta.5/9用パイロン	長さ	90.2in（229.1cm）
	高さ	10in（25.4cm）
	幅	4.5in（11.4cm）
	重量	131.4lb（59.6kg）
Sta.6用パイロン	長さ	90.2in（229.1cm）
	高さ	7.8in（19.8cm）
	幅	4.5in（11.4cm）
	重量	136.1lb（61.7kg）

思わず数えてみたくなる豊富な兵装＆ポッド

写真の搭載例について見ていくと、空身なのは胴体下のSta.5/6/7と右主翼端のSta.11のみで、他のパイロンには吊るしものがある。

左主翼端のSta.1から見ていくと、LAU-114/A DRA（デュアル・レール・アダプター）を介して左右にLAU-105/Aレールランチャーを装着、2発のCATM-9Mサイドワインダー・キャプティブ訓練弾を搭載している。隣のSta.2は、2.75インチ（70㎜）ロケット弾7発装填のロケットランチャーで、LAU-68/Aあるいはその改良型LAU-131/

写真のA-10の装備

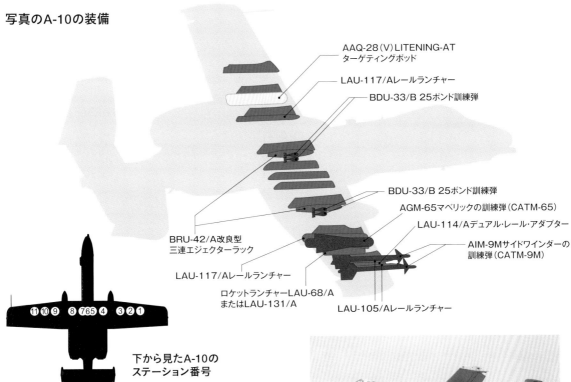

AAQ-28（V）LITENING-AT
ターゲティングポッド

LAU-117/Aレールランチャー

BDU-33/B 25ポンド訓練弾

BDU-33/B 25ポンド訓練弾

AGM-65マベリックの訓練弾（CATM-65）

LAU-114/Aデュアル・レール・アダプター

AIM-9Mサイドワインダーの
訓練弾（CATM-9M）

BRU-42/A改良型
三連エジェクターラック

LAU-117/Aレールランチャー

ロケットランチャーLAU-68/A
またはLAU-131/A

LAU-105/Aレールランチャー

下から見たA-10の
ステーション番号

A-10の翼下パイロン

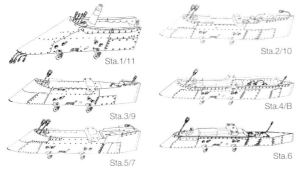

Sta.1/11

Sta.2/10

Sta.3/9

Sta.4/B

Sta.5/7

Sta.6

ステーション Sta.4/8 に
TK600 600ガロン増槽を
搭載した、在韓アメリカ軍
第52戦闘飛行隊のA-10C
（写真：築場博貴）

2012年の横田基地友好祭
で展示されたA-10に搭載さ
れていた、MXU-648/A汎用
カーゴポッド（写真：白石 嶺）

Aだ。Sta.3にはLAU-117/Aレールランチャーを介して
CATM-65マベリック訓練弾が搭載されており、対称位置
にあるSta.9にはミサイルを搭載していない状態のLAU-
117/Aレールランチャーが見える。

内翼のSat.4/8には、写真では見づらいがBDU-33/B
25ポンド訓練弾が3発ずつ搭載されている。MAU-40/A
ボムラックにそのまま3発の搭載はできないが、BRU-42/
A ITER（改良型三連エジェクターラック）の「小」の字形に
配置されたエジェクターラックにそれぞれ1発ずつ搭載でき
る。なお、TERからの投下は真ん中、右、左の順で行われる。

最後に紹介するのがSta.10に搭載されているポッドで、
イスラエルが原型を開発、ノースロップグラマンがライセ

ンス生産したAAQ-28（V）LITENING-AT ターゲティン
グポッドだ。最近、LITENING-ATではなく新型のAAQ-
33スナイパーXR ATP（新型ターゲティングポッド）を搭
載したA-10Cも多く見かけるようになったが、搭載位置は
やはりSta.10や反対側のSta.2であることが多い。このほ
か、ALQ-184ジャミングポッドをSta.1/11に搭載して
いることもあり、サイドワインダーの代わりにASQ-T系の
空戦訓練ポッドを搭載することもよくある。

なお、日本でよく見られるA-10Cは訓練地へのフェリー
途中に立ち寄ることが多く、Sta.4/8にTK600 600ガロ
ン増槽、Sta.5/7にMXU-648/A汎用カーゴポッド（バゲ
ージポッド）を搭載することが多い。

File 10

HARMを
搭載した
グラウラー

■ 珍しくないグラウラーの 珍しいHARM搭載例

　2012年3月、厚木基地の空母航空団CVW-5にVAQ-141のEA-18Gグラウラーが配備されたが、いまは岩国基地に展開している。三沢基地にもVAQ-132やVAQ-138のEA-18Gがローテーションで配備されるなど、もう珍しい部類の機体ではなくなった。空母航空団からは前任者EA-6Bプラウラーがすべて退役しており、空母に搭載されている電子攻撃機はすべてEA-18Gだ。

　EA-18GはF/A-18Fスーパーホーネットを改造した機体で、APG-79レーダーやALQ-99 TJP（戦術妨害ポッド）でEA（電子攻撃）を行うほか、翼端などに装備されたALQ-218レーダー波受信システムによるES（電子支援）能力を持つ。また、必要ならAGM-88HARM対レーダーミサイルを搭載して、SEAD（敵防空網制圧）ミッションに当たることもできる。

　このように用途が限られた機体だけに、吊るしものの種類は限られており、通常はALQ-99 TJP3基とFPU-12/A 480ガロン増槽2本の組み合わせが多い。そこで、ここではHARMを積んだ搭載例として（2014年5月26日、空母「ジョージ・ワシントン」に向け厚木基地を離陸する）VAQ-141のNF504（166932）の写真を紹介しよう。

　センターラインパイロン（Sta.6）にALQ-99、インボードパイロン（Sta.4/8）にFPU-12/A、アウトボードパイロン（Sta.2/10）にHARMのキャプティブ訓練弾CATM-88を搭載しており、ミッドボードパイロン（Sta.3/9）は空身のままだ。実ミッションとなればミッドボードにALQ-99をさらに2基搭載、フル装備もあり得るが、この時は空母に向かうフライオフ。つまり、ポッドや訓練弾などを各機が分担して空母に持ち帰るための搭載で、無理して着艦重量ギリギリまで積み込む必要はない。

　ALQ-99には何種類かあり、現在使われているのはバンド1〜3をカバーするLBT（ローバンド・トランスミッター）とバンド9/10トランスミッターだ。外見から判別は難しいが、ポッドには使用バンドが記されている。なお、次世代ジャマーALQ-249の運用も始まっており、遠からずCVW-5にも配備されるだろう。

■ 問題はミサイルの吊るし方 パイロンとランチャーの間を見よ！

　HARMの搭載例はあまり多くないが、HARM用のランチャー、LAU-118/Aは三沢のF-16CM/DMや厚木のF/A-18E/Fも時々装着していることがある。

　LAU-118/AはEA-18GやF/A-18E/FのSUU-80/Aアウトボードパイロンに装着するが、このときBRU-32/Aエジェクターラックをわざわざ外し、代わりにADU-773/Aアダプターユニットを間に介している。

　ADU-773/AはAIM-120やAIM-9サイドワインダーなどを運用する際に使うLAU-127/Aレールランチャー用のアダプターで、サスペンションラグを持つLAU-118/AはアダプターなしでBRU-32/Aに装着可能だが、なぜかADU-773/Aアダプターを使っている。

　だからといって常時アダプターを付けているかというとそうでもなく、2014年5月に開催された厚木基地の日米親善春まつりに展示された2機のEA-18Gは異なっていた。地元のVAQ-141はアダプター付き、当時三沢基地に展開していたVAQ-132のNL542（169643）はBRU-32/Aをパイロンに装着していた。その理由は不明だが、空母搭載用と空軍と共同運用する遠征飛行隊用の任務の違いとも考えられる。今まで搭載例は見たことがないが、VAQ-141の方は自衛用の空対空ミサイル搭載を考えてアダプターを常設しているとも考えられる。

　さてそのLAU-118/Aだが、下面にランチングトラック

写真のEA-18Gグラウラーの装備

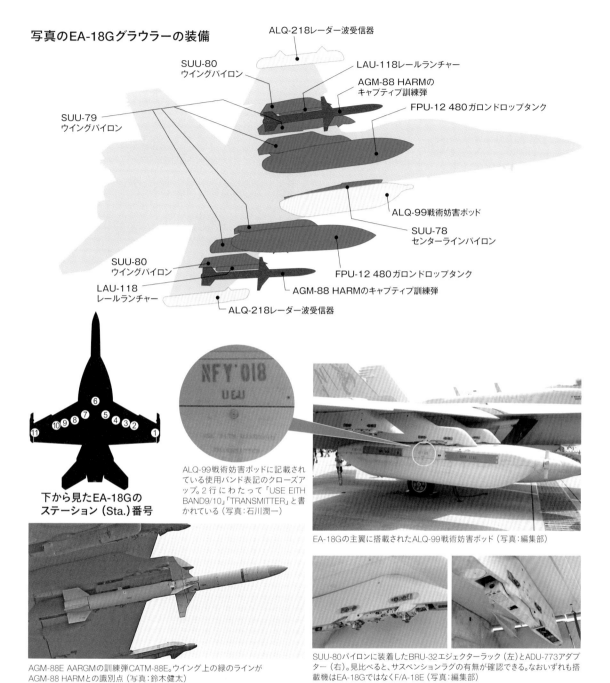

ALQ-218レーダー波受信器

SUU-80
ウイングパイロン

LAU-118レールランチャー

AGM-88 HARMの
キャプティブ訓練弾

FPU-12 480ガロンドロップタンク

SUU-79
ウイングパイロン

ALQ-99戦術妨害ポッド

SUU-78
センターラインパイロン

SUU-80
ウイングパイロン

FPU-12 480ガロンドロップタンク

LAU-118
レールランチャー

AGM-88 HARMのキャプティブ訓練弾

ALQ-218レーダー波受信器

下から見たEA-18Gの
ステーション（Sta.）番号

ALQ-99戦術妨害ポッドに記載され
ている使用バンド表記のクローズア
ップ。2行にわたって「USE EITH
BAND9/10」「TRANSMITTER」と書
かれている（写真：石川潤一）

EA-18Gの主翼に搭載されたALQ-99戦術妨害ポッド（写真：編集部）

AGM-88E AARGMの訓練弾CATM-88E。ウイング上の緑のラインが
AGM-88 HARMとの識別点（写真：鈴木健太）

SUU-80パイロンに装着したBRU-32エジェクターラック（左）とADU-773アダプ
ター（右）。見比べると、サスペンションラグの有無が確認できる。なおいずれも搭
載機はEA-18GではなくF/A-18E（写真：編集部）

というレールのあるランチャーで、HARMの弾体後部にあ
るランチラグと呼ばれる金具を引っかけて固定される。発
射はこのレールを滑って前方に発射されるレールランチ方
式だ。なお、カタカナ表記の難しいところで、「ランチ」「ラ
ンチャー」を「ローンチ」「ローンチャー」と呼び替えてもい
っこうに差し支えない。

AGM-88 HARMの現行バージョンはブロックⅥとも呼
ばれるAGM-88Dで、初期型のAGM-88B/Cも同じ仕様

に改造されている。さらに、終末誘導用にミリ波レーダー
シーカーを追加して命中精度を高めたAGM-88E AARGM
（新型対レーダー誘導ミサイル）も生産が始まっており、EA-
18Gを使った発射試験が続いている。

厚木基地でも2016年2月頃からキャプティブ訓練弾
CATM-88Eが確認されているが、ウイング上に緑色のラ
インが引かれており、HARMとの識別点になっている。

File 11
スティンガーを
搭載できる
陸自AH-64D

（写真：鈴崎利治）

翼端にランチャーを持つ
陸自アパッチ

　現行の攻撃ヘリコプターといえば、やはり陸上自衛隊も保有しているAH-64Dアパッチロングボウが代表格だろう。AH-64アパッチには胴体中央にテーパー形のウイングがあり、その下面には4ヶ所の兵装ステーションがある。左側から左アウトボード（ステーション＝Sta.1）、左インボード（Sta.2）、右インボード（Sta.3）、右アウトボード（Sta.4）で、パイロンには14インチ間隔ラグの吊るしものを搭載できるエジェクターラックが内蔵されている。

　アメリカ陸軍のAH-64はこの4ヶ所のステーションが基本で、陸上自衛隊などはさらに翼端部に空対空スティンガー（ATAS）用のランチャー・ストラクチャー（発射器構造体）を取り付けることが可能だ。ATASはFIM-92スティンガー歩兵携帯防空ミサイル（MANPADS）を空対空用に使用するためのシステムで、ランチャー・ストラクチャーには2本のチューブ・ランチャーが固定できる。ランチャー・ストラクチャーは翼端部のブラケットと呼ばれる金具にランチャー・アダプターを介して取り付けられるが、基本的には常時その状態のため、ブラケットを目にする機会はまずない。また、ATAS運用能力を持たないアメリカ陸軍のAH-64A/Dは翼端部分は平らに成形されているため、ブラケットは付いていない。

　アメリカ陸軍がATASを運用しないかというと必ずしもそうではなく、ランチャー・ストラクチャーをアウトボードステーション（Sta.1/4）に搭載する試験も行っている。このほか、AIM-9サイドワインダーを翼端に搭載する試験も行っているが、実用化にはいたっていない。なお、ATAS運用能力を持つ陸上自衛隊向けAH-64Dはボーイングの社内呼称では「AH-64JP」と呼ばれている。

ロケット、ヘルファイア、
増槽の組み合わせ

　上で紹介している写真ではATASランチャー・ストラクチャーのほか、両翼のアウトボードにM261 2.75インチFFAR（フィン折りたたみ航空ロケット）19チューブ軽量ランチャー、インボードにはAGM-114ヘルファイア対戦車ミサイルを4発搭載できるM299ミサイルランチャーが搭載されている。AH-64の翼下ステーション4ヶ所には標準的な組み合わせとしてM261とM299が搭載されることが多いが、外側にM299、内側にM261という逆の組み合わせもあり、また4ヶ所すべてにM261あるいはM299を搭載することも可能だ。また、第3の吊るしものとして230ガロン増槽があり、これも外側2本、内側2本、あるいは内外フル搭載で4本という組み合わせが可能だ。ただし、増槽がヘルファイアミサイルの噴射炎で炙られるのは禁物のようで、組み合わせは基本的にM261のみで、実弾を積んだM299と混載されることはない。

　M261に19発収容される2.75インチFFARももちろん噴射炎は出るが、代表的なMk66ロケットモーターでも推進剤は3kgほどで、しかもチューブからの発射なので増槽への影響は小さい。陸上自衛隊のAH-64Dの場合、翼端にATASが搭載できるので、その噴射炎への配慮か、増槽はインボードステーション（Sta. 2/3）へ搭載されることが多い。

　M261の同系に7チューブのM260というロケットランチャーもあるが、ヘリコプターの場合はジェット戦闘機などと比べて空気抵抗をあまり考えなくてもいいため、搭載弾数の少ないM260をあえて搭載する必要がない。そのため、AH-64への搭載例はほとんどない。また、Mk71 5インチズーニはアメリカ海軍、海兵隊向けのロケット弾のため、AH-64がその4チューブ・ランチャーLAU-10/Aを搭

写真のAH-64Dの装備

ATASランチャー・ストラクチャー

アウトボード・パイロン

M261ロケットランチャー

インボード・パイロン

M299ヘルファイア・ミサイルランチャー

アウトボード・パイロン

M261ロケットランチャー

ATASランチャー・ストラクチャー

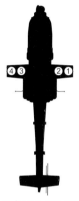

④③　②①

下から見たAH-64D
のステーション番号

左写真の状態に
ヘルファイアとス
ティンガーを全搭
載したウイングの
クローズアップ。
19連装のM261
ランチャーは空
（写真：伊藤久巳）

M299ミサイルランチャー、M261ロケットランチャー、
ATASランチャー・ストラクチャーを全装着した状態の
ウイングのクローズアップ（写真：石川潤一）

230ガロン増槽とM261ロ
ケットランチャーを混載し、
ロングボウレーダーを未
装着のアパッチロングボウ
（写真：中井俊治）

アパッチロングボウ（標準型）
の兵装搭載バリエーション
の一例を示した図

載することもない。

第3のランチャーがM299で、14インチラグでエジェク
ターラックに吊り下げられる。ランチャーレールは前から
見ると「H」を横にしたような配置で4本取り付けられる。サ
スペンションラグのある基部はLEA（ランチャー・エレクト
ロニクス・アッセンブリー）と呼ばれ、MIL-STD-1760イ
ンターフェイスのアンビリカルコネクタを通して機体と結
ばれ、発射指令などをミサイルに伝える。また、ミサイル
への電力供給もLEAの役目だ。ヘルファイアには種類も多
いが、M299はほとんどのバージョンが搭載可能で、AH-
64Dはレーザー誘導のAGM-114Kのほか、Kaバンド・ミ

リ波レーダー誘導のAGM-114Lロングボウヘルファイア
も運用できる。

トップの写真のようにインボードステーション（Sta.2/3）
にM299を取り付け、ヘルファイアを8発搭載した場合、左
翼下（Sta.2）のM299の左下レールに搭載されたヘルファ
イアが最初に発射される。2発目は対称位置のSta.3右下
で、続いてSta.2の右下、Sta.3の左下が発射される。5発
目は上の段に移ってSta.2の左上で、同様にSta.3右上、
Sta.2の右上、Sta.3の左上という順だ。全ステーションに
M299/ヘルファイア16発を搭載した場合はSta.1/4を前
述の順番で発射した後、Sta.2/3の8発を同様に発射する。

スティンガーを搭載できる陸自AH-64D　97

File 12
火力は
アパッチ並み
AH-1Zバイパー

(写真：久場 悟)

■ 最大16本を搭載
AGM-114ヘルファイア

初版ではここで「AH-1Wの吊るしもの」について紹介したが、その後、アメリカ海兵隊の攻撃ヘリはAH-1WからAH-1Zに切り替わっており、改訂版でも「AH-1Zの吊るしもの」に切り替えることにした。

AH-1Zは元々「AH-1（4B）W」と呼ばれたAH-1Wの「4B（＝4枚ブレード）」型で、性能向上にともないペイロード重量も増え、スタブウイングを拡張、AGM-114ヘルファイア用の誘導ミサイルランチャーを4ヶ所あるハードポイントすべてに搭載できるようになった。AH-1Wでヘルファイアを搭載できるのはステーション（Sta.）1/4の左右1基ずつで、内舷のSta.2/3はロケットランチャーを搭載していた。

海軍、海兵隊が運用しているヘルファイア・ランチャーは3種類で、2レールのM279と4レールのM272/299がある。M299はMIL-STD-1760デジタルインターフェイスを配線したスマートラックで、飛行中にミサイルへ新しい目標データを送り込むことができる。そのため、サスペンションラグがある、ランチャーレールの基部となる部分の形状が異なっている。

M272/279の先端部は電子指揮信号プログラムアッセンブリと呼ばれ、やや大型で先が細い形状で、SAS（安全/安全解除スイッチ）が大きい。一方、M299の先端部は小ぶりで、ランチャー電子アッセンブリと呼ばれる。ヘルファイアミサイル自体のデジタル化が進んだため、AH-1Zが搭載しているランチャーはほぼM299と見て間違いないだろう。AH-1Zのスタブウイングに4ヶ所あるハードポイントにはBRU-59/Aボムラックが装着可能で、ミサイル4発を搭載して540ポンド（245kg）になるM299を4基搭載できる。

現行のヘルファイアはセミアクティブ・レーザー誘導の

AGM-114Rに統一されてきているが、もうひとつ、AH-64D/Eアパッチのみ運用できるミリ波レーダー（MMR）誘導のAGM-114L ロングボウ・ヘルファイアがある。AH-1ZでAGM-114Lは運用できないが、ロングボウ・レーダーの開発元であるロングボウ社はAH-1Zで運用できるミリ波レーダーとして、スタブウイング上部に搭載できるCRS（コブラ・レーダーシステム）を開発、飛行試験を実施している。ヘルファイアは遠くない将来、AGM-179 JAGM（統合空対地ミサイル）に代替されるが、JAGMはデュアルモードのレーザーシーカーとミリ波レーダーシーカーを搭載、どんな発射機にも対応できるトライモードシーカー・ミサイルで、AH-1Zでこれを運用する場合、CRSがあれば運用の幅は広がるだろう。

■ 不要な被害を避けるための
APKWS Ⅱ 精密弾

AH-1Zの主兵装はヘルファイアとその後継JAGMだが、ソフトターゲット（非軍事施設の目標）にはオーバーキルになり、費用対効果も悪いため、もっと簡便な対地攻撃兵器として運用が始まっているのがBAEシステムズ製のAPKWS（新型精密破壊兵器システム）Ⅱだ。2.75インチFFAR（フィン折りたたみ式航空ロケット）の弾頭部とロケットモーターの間にWGU-59/B誘導ユニットを取り付けたものである。発射後に展張する4枚の操縦翼前縁にはそれぞれ小型のLSA（レーザースイッチアッセンブリ）が組み込まれており、たたんだ状態でも4つの眼は前を向き28°の視野がある。さらに、展張すると40°に広がり、レーザー反射を探知すると翼後縁のフラッペロンが動き、弾道を補正する構造になっている。

APKWS Ⅱは長さ47cm、重さ15kgほどで、Mk66系ロケットモーターにねじ込み式に取り付けられる。弾頭部は任務に合わせて高性能爆薬や照明弾、赤外線照明弾、白燐発煙弾、訓練弾などと組み合わせ可能。海軍、海兵隊は19

写真のAH-1Zの装備

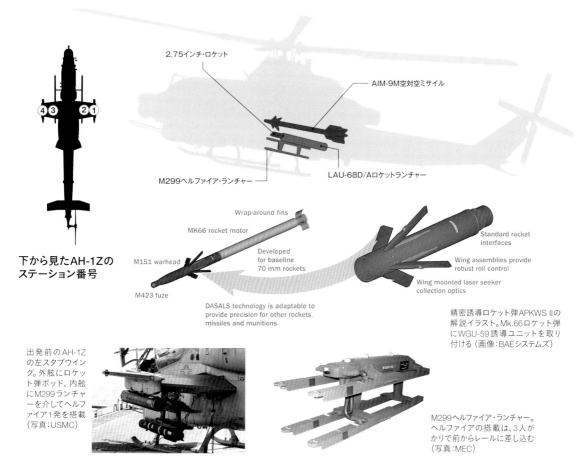

下から見たAH-1Zの
ステーション番号

2.75インチ・ロケット

AIM-9M空対空ミサイル

M299ヘルファイア・ランチャー

LAU-68D/Aロケットランチャー

Wrap-around fins

MK66 rocket motor

M151 warhead

M423 fuze

Developed
for baseline
70 mm rockets.

DASALS technology is adaptable to
provide precision for other rockets.
missiles and munitions

Standard rocket
interfaces

Wing assemblies provide
robust roll control

Wing mounted laser seeker
collection optics

精密誘導ロケット弾APKWSⅡの
解説イラスト。Mk.66ロケット弾
にWGU-59誘導ユニットを取り
付ける（画像：BAEシステムズ）

出発前のAH-1Z
の左スタブウイン
グ。外舷にロケッ
ト弾ポッド、内舷
にM299ランチャ
ーを介してヘルフ
ァイア1発を搭載
（写真：USMC）

M299ヘルファイア・ランチャー。
ヘルファイアの搭載は、3人が
かりで前からレールに差し込む
（写真：MEC）

チューブのLAU-61C/Aと7チューブのLAU-68D/Aと
ELL（延長ランチャー）型LAU-68F/Aを運用しているが、
APKWSⅡを運用する場合は約24cm長さを延長したLAU-
68F/Aを使用する。

　スタブウイング端にはAH-1Wの頃からAIM-9L/Mサイ
ドワインダー搭載用のレールランチャー、LAU-7C/Aが装
着できる。LAU-7C/AはF/A-18用のLAU-7B/Aと同じ
AIM-9Xには使えない初期型で、シーカーの冷却用に、ラ
ンチャー内にPAGS（純空気発生装置）を内蔵している。ち
なみに、後期型LAU-7/AではPAGSの代わりに液体窒素
ボトルが内蔵される。なお、ヘリコプター搭載用なので長
さは戦闘機用の半分程度、約1.2mと短い。

■ AH-1Wから受け継いだもの
受け継がなかったもの

　AH-1Zの吊るしものとしては、このほか77ガロン増槽
を主にインボードパイロンに搭載することがある。

　AH-1ZとAH-1Wを識別する上で、一番分りやすいのが

機首の形状で、ロッキード・マーチン製AAQ-30ホークア
イ TSS（目標照準システム）の球形ターレットが目を引く。
その下にはA/A49E-7（V）4ガンターレットがあり、M197
20mm 3砲身ガトリング砲（携行弾数750発）が装備され
ている。M197は「FIXED」「HMSD」「TSS/GUN」の3モ
ードで使用する。「FIXED」は砲身を機軸に対して0°位置
で固定して発射するモードで、「HMSD」はヘルメット搭載
照準ディスプレイに連動して砲身も動くモード。「TSS/
GUN」はTSSが照準した目標を射撃するモードだ。前席の
コパイロット兼ガナーと後席のパイロットともHMSDモー
ドで射撃を分担できる。

　なお、AH-1WではASE（航空機サバイバビリティ装置）
としてAPR-39（V）レーダー警報受信機、AAR-47ミサイ
ル警報装置、ALE-47フレア・ディスペンサーを搭載して
いるが、AH-1ZではAAQ-45 DAIRCM（分散開口赤外線
対策）システムが追加されている。また、ALQ-211A（V）
AIDEWS（機上統合防御電子戦装置）の搭載も計画されて
いる。

File 13
翼端ステーションが使えるF-15EX

（写真：US Air Force）

フライバイワイヤが Sta.1/9を使えるようにした

アメリカ空軍がF-15Cの後継機として導入するのがF-15EXイーグルⅡで、その名の通りF-15Eストライクイーグルをベースにした戦闘機だ。F-15Eもレーダーや電子戦機器、ミッションコンピュータをEXと同じ仕様に近代化改修される。しかし、F-15E改修型がF-15EXと決定的に違う点は、操縦システムがFBW（フライバイワイヤ）か否かで、これにより主翼外舷のステーション（Sta.）1/9がミサイル搭載用に使えるかどうかが決まってくる。

Sta.1/9のハードポイントはF-15A/Bの頃からあって、ジャミングポッドの搭載用に計画されたが、F-15は内蔵式電子戦システムを搭載したため使われることはなかった。その後、F-15のMSIP（多段階改良計画）においてレーダーのAESA（アクティブ電子スキャンドアレイ）化などとともに、Sta.1/9をミサイル搭載用に活用するウエポンステーション・マキシマイズ計画が考案され、最大8発だったAIM-120の搭載数を12発まで増やすことにした。しかし、F-15CのSta.1/9に兵装パイロンを装着、AIM-120を搭載する風洞試験を実施した結果、制御不能な振動が発生し、実用化は難しいことが分った。

当時、ボーイングはサウジアラビアから受注したF-15SAアドバンスドイーグルを開発中で、これは操縦システムをFBWに変更した機体だった。FBWならSta.1/9使用が原因の振動もコンピュータを使って制御できることが分っており、無理してF-15Cを改造するより、FBW操縦の新型F-15を製造した方が機体寿命を考えて有利と考えた。F-15SAはカタール向けのF-15QAへと発展したが、F-15EXは搭載機器などを除けばQAと同じ機体だ。EXの1、2号機がF-15QAの製造ラインから抜き出されたことはよく知られている。

コンフォーマル燃料タンクは 空対地と空対空の2種類

トップの写真では外されているが、F-15Eがベースなので胴体側面にはCFT（コンフォーマル燃料タンク）が装着できる。CFTを取り付けると胴体下の角にある空対空ミサイル用のステーション、Sta.3（左前）、Sta.4（左後）、Sta.6（右後）、Sta.7（右前）が塞がれて使えなくなってしまう。そのため、CTFは空対空用と空対地用の2種類が用意されていて、任務に合わせて交換できる。空対空用のCTFはAIM-7スパローまたはAIM-120 AMRAAMを半埋め込み式に搭載できる溝があって、Sta.3/4/6/7と同じ位置にSta.3C/4C/6C/7Cがある。

ここに装着されるエジェクト式ミサイルランチャーはLAU-106/Aシリーズで、現行バージョンはLAU-106A/Aなので、F-15EXも同じで、AIM-120をここに4発搭載できる。一方、主翼下インボードSta.2/8のSUU-59/Aパイロンの左右側面にADU-552/Aアダプターとミサイルランチャーはレールーを装着、最大4発の空対空ミサイルを搭載できるようになった。ミサイルランチャーはレール式のLAU-128/Aで、左側がSta.2A/8A、右側がSta.2B/8Bとなる。

AMRAAMの搭載数は おどろきの最大18発？

F-15EのインボードパイロンはSUU-59C/Aで、BRU-46/Aボムラックが内蔵されており、610ガロン増槽を搭載する。ウエポンステーション・マキシマイズ計画の中で、このSta.2/8に二股のアダプターを取り付け、LAU-128/Aを左右に配置、合わせて4発を搭載する「クアッド（4）パック」が考案された。F-15EXの飛行試験においてもこの形態は確認できていないので、キャンセルになったか開発途上なのかもしれない。Sta.1/9に空対空ミサイルを2発

写真のF-15EXの装備

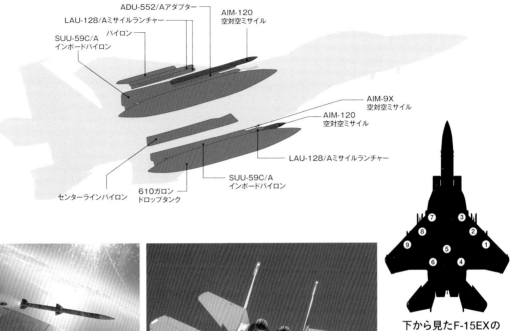

ADU-552/Aアダプター
AIM-120 空対空ミサイル
LAU-128/Aミサイルランチャー
パイロン
SUU-59C/A インボードパイロン
AIM-9X 空対空ミサイル
AIM-120 空対空ミサイル
LAU-128/Aミサイルランチャー
SUU-59C/A インボードパイロン
センターラインパイロン
610ガロン ドロップタンク

2023年1月、F-15EXの外舷ランチャーからのAIM-120
発射試験（写真：US Air Force）

翼下にクアッドパック、空対空型CFTの4箇所にMER
を取り付けて、空対空ミサイル16発を搭載したイメージ画（画像：Boeing）

LC-4
LC-1
LC-5
LC-2
LC-6
LC-3
RC-4
RC-1
RC-5
RC-2
RC-6
RC-3

後ろから見上げたF-15E。空対地型コンフォーマル燃料タンクのステーション番号はこちらのとおり（写真：US Air Force）

下から見たF-15EXの
ステーション番号

ずつ4発搭載することで合計12発になり、戦闘機としては充分な搭載量となった。

　搭載量を競うのなら、もうひとつの方法としてMER（マルチエジェクションラック）がある。SDBを4発搭載できるBRU-61/AキャリッジアッセンブリにLAU-106A/Aを並列に取り付けることで、AMRAAM 2発が搭載可能で、CFTにこれを4基取り付ければ8発、センターラインまで使えば10発になる。これに主翼下の8発を加えて18発になるわけだが、ここまで多く空対空ミサイルを必要とするシチュエーションがあるかとなると疑問だ。

　しかし、どんな状況にも対応できるように備えておくことは運用柔軟性の面で重要で、クアッドパックよりMERの方が実現の可能性は高そうだ。嘉手納基地にF-15EXの配備が本格化すれば、戦闘機、戦闘攻撃機としてイーグルIIが発展していく過程を間近で見られるわけで、吊るしもの

ファンとしては貴重な機会となるだろう。

　なお、MERでAMRAAMを運用する場合、空対地用CFTが必要になる。空対地用CFTには下向きの「インボード・ストアステーション」が左右3ヶ所、斜め外側を向いた「アウトボード・ストアステーション」も3ヶ所ずつあって、インボードは前からLC/RC-3、LC/RC-2、LC/RC-1、アウトボードはLC/RC-6、LC/RC-5、LC/RC-4と番号が振られている。LC/RCは左CFT、右CFTを表している。MERを装着するのはLC/RC-3とLC/RC-1の4ヶ所で、BRU-46/AボムラックがBRU-61/Aのサスペンションラグを引っかける形になる。

　F-15EXの搭載兵装はF-15シリーズとあまり変わりはないが、Sta.5の搭載能力が7,000ポンド（3,175kg）まで強化されているようで、HACM（極超音速空中発射巡航ミサイル）の運用が想定されているともいわれる。

File 14

盛り盛り
エアショー仕様
のSu-30MKI

(写真：柿谷哲也)

来日したSu-30MKIは
吊るしものなし

2023年1月、茨城県の百里基地は未見の戦闘機を目当てにした多くの人々で連日賑わった。初めての来日を果たしたのはインド空軍のスホーイ Su-30MKI フランカーHで、日印戦闘機共同訓練「ヴィーア・ガーディアン23」のために3機が飛来した。フランカーは元々機外に増槽を付けない設計なので、吊るしものがない残念な形態だったが、インディアン・フランカーの来日はこれが最後ではなく、今後も期待できる。

インドは日本、アメリカ、オーストラリアとともに4ヶ国戦略対話（クワッド）のメンバーで、インド太平洋地域へ進出を進める中国に対抗してマラバール演習などを実施している。というわけで、Su-30MKIが再来日する可能性は充分あり、目玉であるブラモス空対艦ミサイルなど吊るしものの付きも期待できる。

写真はイェラハンカ基地で展示された No. 20 Sqn の Su-30MKI-3（SB129）で、ロシア製の空対空ミサイルのほか、ブラモス空対艦ミサイルや AAQ-28 LITENING（ライトニング）ターゲティングポッドが搭載されている。Su-30MKI は Su-27UB フランカーC複座練習機をベースにしたマルチロール型で、Su-27初期型では10ヶ所だったハードポイントが2ヶ所増えて12ヶ所になっている。Su-30MKIの場合、トータルでの搭載量は8,000kgになっている。

ステーション番号は
設計局の独自ルール

アメリカ式なら左から順番にステーション1からステーション12まで番号が付けられるが、ロシアでは統一した規則性はないようで、設計局ごとに違っている。例えばMiG-

29フルクラムはアメリカと同じ左から右への順番だが、フランカーシリーズは少し変わっている。胴体下のセンターラインステーションには前後2ヶ所にハードポイントがあって、前が1番、後ろが2番。そして主翼下内側から翼端に向けて左右交互に番号を振っていく。フランカーは空気取り入れ口の下にもハードポイントがあって、ここには翼端ステーションに続く番号が振られた。また、Su-27初期型は主翼下インボードにハードポイントがなく10ヶ所だったが、後期型やSu-30シリーズ、Su-35などにはインボードにも増設されて12ヶ所になったため、11番と12番となっている。

つまり、アメリカ式なら左ウイングチップが1番で、右ウイングチップが12番になるところが、左からステーション7/5/3/11/9/1/2/10/12/4/6/8という、部隊でのハンドリングにおいても支障の出そうなナンバリングとなってしまった。さすがにこれでは不便と考えたのか、Su-30MKIを製造したロシアのIAPO（イルクーツク航空工業連合）ではセンターライン、インテイク下、主翼下インボード、ミッドボード、アウトボード、ウイングチップの順に、左、右と番号を振っていく方式に変更している。これなら、左側が奇数番号、右側が偶数番号になっているので分りやすい。詳しくは次ページの「下から見たステーション番号」という図を参照していただきたい。

胴体下の大型ミサイル
ブラモス

ステーション番号が分りやすくなったところで、写真のSu-30MKIの搭載例について見ていこう。航空ショーの展示機なので、やや盛りすぎのところもあるが、百里基地飛来機がクリーンすぎたのでちょうどいいだろう。ちなみに、スホーイ設計局では機体を大型化、機内搭載燃料を増やすことで増槽なしでもF-15が増槽2本搭載した程度の航続距

写真のSu-30MKIの装備

APU-470
レールランチャー

AKU-470
エジェクトランチャー

AKU-170
エジェクトランチャー

レールランチャー

R-73
空対空ミサイル

ブラモス空対艦ミサイル

R-77
空対空ミサイル

R-27R
空対空ミサイル

AAQ-28 LITENING
ターゲティングポッド

R-27R
空対空ミサイル

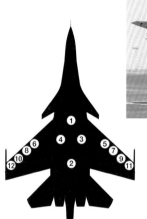

下から見たSu-30MKIの
ステーション番号

2023年1月に来日したSu-30MKI。ステーションにパイロンだけを装着したほぼクリーン形態。機外増槽もいらない航続性能はすごい（写真：鈴﨑利治）

左ページ写真の拡大。翼端にR-73を下から付け、中舷・内舷のR-27Rはそれぞれランチャーが異なるなど、搭載方法はかなり独特である（写真：柿谷哲也）

センターライン下に搭載されたブラモス
空対艦ミサイル（写真：Piotr Butowski）

離を持つよう設計している。

まずは胴体下のステーション1だが、ブラモスは全長8m以上ある大型ミサイルなので、センターライン後方のステーション2は使えない。ブラモスやKAB-1500KR 1,500kg級誘導爆弾は1発しか搭載できないが、500kg級爆弾やR-27（AA-10アラモ）、R-77（AA-12アダー）などの中射程空対空ミサイルを前後2発搭載することは可能。隣はインテイク下のステーション3/4で、写真ではR-27Rレーダー誘導空対空ミサイルとAAQ-28（V）ライトニングG4ターゲティングポッドを搭載している。ここにはレーダー誘導のR-27RやR-77、赤外線誘導のR-27Tなどの空対空ミサイル、Kh-31（AS-17クリプトン）空対地ミサイルのほか、100kg爆弾6発や250kg爆弾3発などが搭載できる。

写真で見える右側だけを紹介すると、ステーション6/8にはR-27R、ステーション10にはR-77が1発、そして翼端のステーション12にはR-73（AA-11アーチャー）が搭

載されている。R-27RとR-73には黒帯が数本巻かれているが、これはダミー弾を表しており、形状や重量は同じだが電子機器やロケットモーターなどは入っていない。ランチャーはR-27用がAKU-470エジェクトランチャーとAPU-470レールランチャー、R-77用がAKU-170とAPU-170で、R-73は翼端のレールランチャーに搭載されているが、パイロン搭載の場合はAPU-73ランチャーを取り付ける。このほか、R-60（AA-8エイフィッド）用のAPU-60-2レールランチャーもある。

Su-30MKIにはKh-29T/L（AS-14ケッジ）空対地ミサイル、Kh-59ME（AS-18カズー）空対地ミサイル、Kh-31A空対艦ミサイル、Kh-31P対レーダーミサイル、Kh-35（AS-20カヤック）空対地ミサイル、Kh-59MK（AS-18カズー）空対地ミサイルなどを運用できる。また、インド国産のNGARM（次世代対レーダーミサイル）、ルドラムも開発中だ。

File 15

ヨーロッパ3羽ガラス ユーロファイター、 ラファール、グリペン

ユーロファイター（写真：小久保陽一）

ラファールB（写真：鈴崎利治）

JAS39グリペン（写真：小山信夫）

防衛環境の変化で ヨーロッパ機が来日し始めた

　中国の海洋進出や勢力拡大に対する懸念はクワッド（日本、アメリカ、オーストラリア、インド4ヶ国戦略対話）だけではなく、ヨーロッパのG7（先進7ヶ国）加盟国にもあり、2016年9月にイギリスのユーロファイター・タイフーン4機が三沢基地に、コロナ禍を挟んで2022年9月にドイツのユーロファイターEF2000 6機が百里基地に展開した。2023年7月にはフランスのダッソー・ラファールB 2機、8月には石川県の小松基地にイタリアのロッキード・マーチンF-35AライトニングⅡ 4機が支援機とともに飛来、航空自衛隊と訓練を実施した。ヨーロッパの第一線戦闘機の来日など、この本の初版が出る段階ではおよそ考えられなかったことで、改訂に当たってユーロファイター2000（タイフーン）とラファール、そしてスウェーデンのサーブJAS39グリペン、いわゆるヨーロッパの「カナードデルタ3羽ガラス」の吊るしものについて追加することにした。

開発4ヶ国で武装が異なる ユーロファイター

　まずはドイツのユーロファイターだが、初来日時の吊るしものという点ではインドのSu-30MKIやフランスのラファールBより興味深かった。主翼下インボードに1,000リットル（264ガロン）容量の増槽、いわゆるSFT（超音速燃料タンク）を2本搭載、アウトボードにはMFRL（多機能レ

ールランチャー）が装着されており、左側にはIRIS-T短射程空対空ミサイルのダミー弾が搭載されていた。MFRLはユーロファイター用に開発されたACIS（武装運搬装着システム）のひとつで、SFTはやはりACISのひとつ、パイロンに内蔵されたTEU（タンク射出ユニット）に取り付けられていた。射出は火工品の爆発により生じたガスを利用するパイロテクニクスという旧来の方式を使用している。

　MFRLはアウトボードとアウターインターミディエイトの4ヶ所に装着可能で、他のハードポイントはエジェクト式になっている。ユーロファイターのハードポイントは13ヶ所で、ステーションナンバーはアメリカ式と同じ左から右に番号を振る方式で、胴体下の前後左右4ヶ所あるステーションもF-15と同様、左前、左後ろ、右後ろ、右前という順番になる。

　「下から見たステーション番号」の図を参照していただきたいが、センターラインはステーション7、フュースラージは5/6/8/9、インボードは4/10、インナーインテーミディエイトが3/11、アウターインテーミディエイトが2/12、アウトボードが1/13。ウイングチップは左がジャミングポッド、右が曳航デコイ収容部になっており、ハードポイントにはなっていない。

　EF2000はドイツのほか、イギリス、イタリア、スペインが国際共同開発しているため、搭載兵装も多少異なる。イギリスでは短射程空対空ミサイルはAIM-132 ASRAAMを使うが、他の3ヶ国はIRIS-Tを運用する。中射程空対空ミサイルはAIM-120 AMRAAMからミーティアへ移行す

写真のユーロファイターの装備

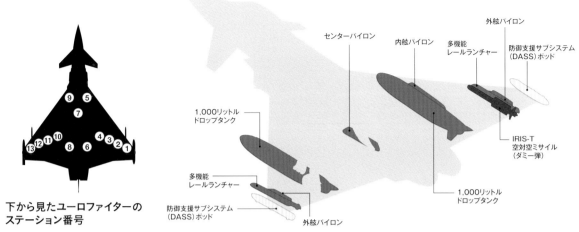

**下から見たユーロファイターの
ステーション番号**

センターパイロン
内舷パイロン
多機能
レールランチャー
外舷パイロン
防御支援サブシステム
（DASS）ポッド
1,000リットル
ドロップタンク
多機能
レールランチャー
防御支援サブシステム
（DASS）ポッド
外舷パイロン
IRIS-T
空対空ミサイル
（ダミー弾）
1,000リットル
ドロップタンク

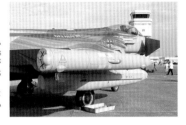

両主翼端のポッドには、防御支援サブシステム（DASS：Defensive Aids Sub System）の構成品が収められている。右DASSポッドを後ろから見ると、曳航式デコイ（TRD）の×マークが2つ確認できる（写真：編集部）

左主翼に搭載された、翼端のDASSポッド（上）とIRIS-T短射程空対空ミサイル（下）。左翼端のDASSポッドには、ECM（電子妨害）/ESM（電子支援）装置やレーザー、レーダーの警戒受信機などが収められている（写真：鈴崎利治）

る道筋は4ヶ国共通。スタンドオフ兵器は2分されており、ドイツとスペインはタウルスKEPD350、イギリスとイタリアはMDBAストームシャドーを採用しており、ステーション3/11から運用される。

▌機外増槽にも見所あり？
ダッソー・ラファール

　新田原基地に展開したフランス航空宇宙軍のラファールBの吊るしものは、2,000リットル（528ガロン）増槽3本のみだった。フランスはグアム島のアンダーセン米空軍基地にラファールB/C 10機を展開、「ピッチブラック22」演

習に参加し、このうちの2機、複座のラファールBが来日した。航空自衛隊員の試乗などに複座型の方が便利だったというのが理由なのだろうが、ラファールBはCFAS（戦略航空コマンド）に所属、ASMP-A核ミサイル運用任務に充てられていることから、北朝鮮や中国に対する示威行動ではないかといううがった見方もされた。

　ASMP-Aは全長5.39mの大きなミサイルで、ミラージュ2000Nに搭載されていたが、機体老朽化にともないラファールBが核攻撃任務を引き継いだ。センターラインステーションに1発搭載する運用法は変わらない。

　ラファールのハードポイントは最大14ヶ所で、面白いこ

写真のラファールの装備

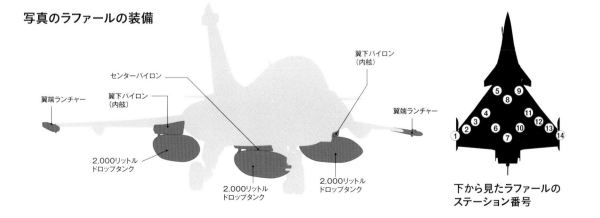

翼端ランチャー
センターパイロン
翼下パイロン
（内舷）
翼下パイロン
（内舷）
翼端ランチャー
2,000リットル
ドロップタンク
2,000リットル
ドロップタンク
2,000リットル
ドロップタンク

**下から見たラファールの
ステーション番号**

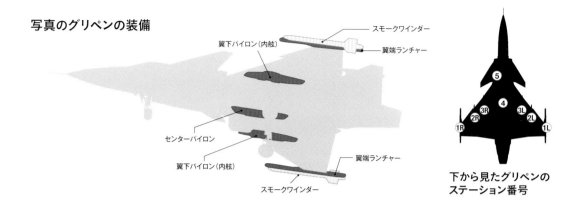

写真のグリペンの装備

スモークワインダー
翼下パイロン（内舷）
翼端ランチャー
センターパイロン
翼下パイロン（内舷）
翼端ランチャー
スモークワインダー

**下から見たグリペンの
ステーション番号**

とに右から左に番号が振られている。各ステーションには
アルファベットの略号が付けられており、翼端のSta.1/14
は「TIP-R/L」、センターラインのSta.7/8は「FUS CENT」、
空気取り入れ口下部のセンサー用ステーション Sta.5/9は
「FWD-R/L」、胴体後部のミサイルステーション Sta.6/10
は「AFT-R/L」、主翼下内舷のSta.4/11は「INT-R/L」、
主翼下中舷のSta.3/12は「MED-R/L」、主翼下外舷の
Sta.2/13は「EXT-R/L」。「R/L」は右と左を意味する。

新田原に飛来したラファールBは燃料タンク用パイロン
に2,000リットルのウイング燃料タンクを搭載していたが、
胴体燃料タンクは3,000リットル容量の大型タンクもあり、
逆に1,250リットルの空戦用タンクを搭載することもある。
ラファールは空対空ミサイルとしてMICAとミーティアを
搭載するが、それぞれのミサイルに合わせたエジェクト式
とレールランチャー付きのパイロンが用意されている。

また、空対地兵装用のパイロンとしては、PU708パイロ
ンと三叉式のPT780パイロンがある。ここには250kg級
のAASM（モジュラー空対地兵器）3発が搭載可能。AASM
はフランス版のレーザー誘導爆弾で、1,000kg級もある。
空気取り入れ口の下にはダモクルやTALIOS ターゲティン
グポッドを搭載できるが、RECO NG偵察ポッドを搭載す
ることもできる。

■ タイで見られる3羽目のカラス
■ JAS39グリペン

スウェーデンはNATO加盟により西側陣営に加わるわけ
だが、だからといってサーブ・グリペンがユーロファイター
やラファールのように来日するとはとても思えない。しか
し、タイの航空ショーに行かれる方が同国空軍のグリペン
を目にする可能性はあるので、簡単に触れておこう。

スウェーデンの兵装ステーションの名付け方はアメリカ
式ともロシア式とも違って独自のもの。単発の小型戦闘機
だけに主翼下のハードポイントは左右2ヶ所ずつで、翼端か

らセンターラインの順に1L/1R、2L/2R、3L/3R、4で、
前胴部左側にBK-27 30mm機関砲を搭載しているため、
右側にターゲティングポッドや偵察ポッドを搭載するため
のSta.5が設けられている。

ユーロファイターやラファールでは主翼下に3ヶ所以上ハー
ドポイントがあるのに、グリペンは2ヶ所で、明らかに搭
載量不足だ。しかし、機体サイズからこれ以上、主翼下に
兵装ステーションは増やせないため、サーブは主脚の引き
込み方式を変更、主脚ドアのあった胴体下左右に新しい胴
体ステーションを設けた。さらにグリペンNG、JAS39E/F
では、胴体を延長したことで機内燃料搭載量が増え、1,100
リットル増槽なしに同等の航続距離を確保できた。つまり、
9ヶ所に増えた兵装ステーションをすべてミサイル搭載に充
てることができ、空対空戦闘ならミーティア7発とIRIS-T
2発の搭載が可能となった。

現行のJAS39C/Dでも主翼インボードのステーション
は対地攻撃用の兵装にも充てられている。例えばKEPD
350スタンドオフ兵器やブリムストーン対戦車ミサイル3連
装、GBU-32/B 1,000ポンド級JDAMなどで、RbS-
15F対艦ミサイルの搭載も可能。500ポンド級のGBU-
12/Bペイブウェイ II ならアウトボードにも搭載可能で、合
計4発。スウェーデン空軍はGBU-39/B SCDBやGBU-
53/B ストームブレーカー SDB II の導入を検討しており、
4発搭載可能なBRU-61/Aキャリッジアッセンブリを使え
ば8発の精密誘導兵器を搭載できる。

ペイブウェイ II やブリムストーンを運用するためには、
Sta.5へのターゲティングポッド搭載が不可欠で、AAQ-
28 (V) LITENING III やAAQ-33スナイパーXRの搭載が
可能。ここにはSPK39偵察ポッドも搭載でき、JAS39E/
Fではハードポイントが増えたことで、より広範な任務に当
たることができ、電子戦ポッドを搭載してエスコートジャ
マーとしての運用も可能になった。

Chapter 4

吊るしもの講座〈知識編〉

「どうやって吊るすのか」

翼の下、胴体の下、場合によっては胴体の中にもウエポンが

（写真：US Air Force）

"ハードポイント" の "パイロン" を介して "ランチャー" や "ボムラック" に吊るす

さまざまなウエポンはどうやって機体に取り付けられているのか。

戦闘機などの場合、胴体や主翼に「ハードポイント（Hard point）」という構造を強化した部分があって、ここに「パイロン（Pylon）」という支柱のようなものを取り付けることができる。パイロン底部には「ボムラック（Bomb-rack）」が取り付けられるようになっており、爆弾などを直接搭載できるほか、「ミサイルランチャー（Missile launcher）」を介してミサイルを搭載する。

基地祭などで機体から外された状態で吊るしものが展示されることがあるが、上面に逆U字形の金具が前後に2個付けられているのをご覧になったことがあると思う。これが「サスペンションラグ（Suspension lug）」で、ボムラックについているフックに引っかけて吊るすための金具だ。つまり吊るしものにとってもっとも重要な部分がこのサスペンションラグなので、近くで見る機会があったらどう吊るされているのか見て欲しい。このサスペンションラグの取

主翼と胴体下に空対空ミサイル、誘導爆弾、増槽、ポッドなどびっしり搭載されたF-16。ウエポン類が装着されている場所はすべてハードポイントと呼ばれる場所だ（写真：US Air Force）

■ウエポン搭載とステーション（ユーロファイター・タイフーン）

（イラスト：田村紀雄）

①〜⑫がウエポンを搭載するためのステーション。それぞれ搭載するウエポンの種類や重さが決まっている

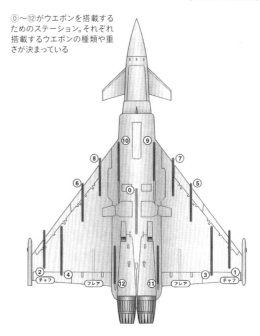

り付け間隔は一定で、大型のものは30in（76.2cm）、小型のものは14in（35.6cm）になっている。

爆弾などを搭載するボムラックには吊るしものを投射するためのエジェクターラック（Ejector-rack）ユニットがあり、火薬カートリッジに点火して、その爆圧でピストンを動かして吊るしものを機体から分離する。ボムラックがエジェクターラックとも呼ばれるのはこのためで、1ヶ所のパイロンに複数の爆弾などを搭載するため、デュアル（2発）、トリプル（3発）、マルチプル（6発）などの変形エジェクターラックを搭載することもある。

一方、ミサイルランチャーにはミサイルをレールに沿って滑らせて発射するレールランチャーと、機体から離すよ

長い主翼下と胴体下に計11ヶ所のステーションがあり、ズラリと並んだパイロンが特徴的な攻撃機A-10サンダーボルトⅡ（写真：US Air Force）

Mk82の上に2箇所取り付けられたボムラックに引っかけるためのサスペンションラグ（写真：US Air Force）

米空軍F-16の翼端のミサイルランチャーに搭載されたAIM-120 AMRAAMとAIM-9サイドワインダー（写真：US Air Force）

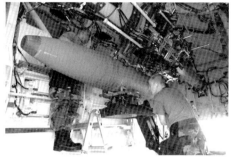

B-2A爆撃機のウエポンベイとロータリーランチャー
（写真：US Air Force）

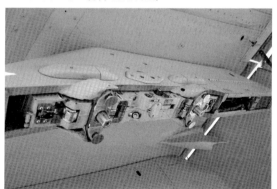

F/A-18Eスーパーホーネットの主翼下に取り付けられたSUU-80A/AパイロンとBRU-32B/Aボムラック。2011年秋の厚木基地公開で撮影した（写真：石川潤一）

B-2の下側。パイロットの奥に見えるメッシュの板が「エアフローバックル」で、ボムベイ内部の気流を乱して吊るしものを落下しやすくする（写真：US Air Force）

うに下側に投射するエジェクトランチャーがある。また、機体によってはボムフックとミサイルランチャーを繋ぐためのアダプターが必要な場合もある。一方、ステルス機や爆撃機では機外に吊るさずウエポンベイ（兵器倉）やボムベイ（爆弾倉）に爆弾やミサイルを搭載するが、これらも機内に設置されたボムラックや「ロータリーランチャー（Rotary launcher）」のエジェクターラックやミサイルランチャーに搭載しているわけで、吊るしものであることに違いはない。ベイ（Bay）というのは元々は地形の「湾」のことで、船や航空機の区切られた一画、貨物室などの意味に転じて使わ

れている。ウエポンベイやボムベイは兵器搭載のため機体の一部に設けられた空間のことで、空気抵抗やRCS（Radar Cross Section ＝レーダー反射断面積）を減らすためには重要な特徴になっている。

しかし、機内搭載の場合はエジェクターだけでは吊るしものが充分機体から離れないこともあるため、ベイ内部の気流を乱して落下しやすくする穴の開いた板、「エアフローバッフル（Airflow baffle）」を立てることがある。B-2A爆撃機などに見られるが、海上自衛隊のP-1哨戒機にも装備されている。また、F-22ラプターではトラピーズ（Trapeze

=ブランコ) ランチャーという、ミサイルランチャーをウエポンベイの外へ付き出す仕掛けも考えられた。

このように、吊るしものは機体の下面やボムベイ/ウエポンベイ内部に重力を利用する形で投下、発射、投棄できるよう取り付けるのが一般的だが、主翼端のミサイルランチャーのような搭載方法も珍しくない。逆に珍しいものといえば、イギリスの戦闘機にあった主翼上面への空対空ミサイルや増槽の搭載だが、さすがに最近は見かけない。また、変わったところでは、ボーイングがスーパーホーネット用に提案したEWP (Enclosed Weapons Pod＝封入型ウエポンポッド) がある。吊るしものを吊るしたポッドをさらに吊るすという、次世代の吊るしものとして注目される。

また、吊るしものの話をする際、「Sta.」という略語を見かけないだろうか。これはストアステーション (Store station) のことで、通常は機体の左側から番号を振っていく。

例えばF-16なら左主翼端がSta.1で、左翼外舷 (Sta. 2)、左翼中舷 (Sta.3)、左翼内舷 (Sta.4)、センターライン (Sta.5)、右翼内舷 (Sta.6)、右翼中舷 (Sta.7)、右翼外舷 (Sta.8)、右主翼端 (Sta.9) となる (イラスト参照)。胴体下に複数のストアステーションがあるF-14やF-15はもっと番号の振り方が複雑だが、これはいずれ紹介しよう。

『アドバンスド・スーパーホーネット』で提案されたEWP (封入型ウエポンベイ)。"吊るしものを内部に吊るした"ポッドをさらに機体に吊るすという、次世代の吊るしものだ（写真・イラストともにBoeing）

実弾は「黄」、飛ぶ弾は「茶」、訓練弾は「青」 ウエポンに巻かれた帯の色で判別できる

たとえば基地祭において、親子連れやカップルなどが増槽と爆弾を間違えて説明しているのを目にした人がいるかもしれないが、けっこう見受けられるのが訓練弾を実弾と勘違いしている例である。読者の皆さんなら、ミサイルや爆弾に巻かれている「青」「黄」「茶」の帯のことをご存知の方も多いだろう。基地祭などで展示されるミサイルや爆弾はまず間違いなく青帯で、帯の中に白文字で「INERT」と記入してあるものも見つかるだろう。「イナート」と発音するこの単語を辞書で引くと、化学用語として「不活性な」「化学作用を起こさない」と出る。つまり、弾頭やロケットモーターを持たない訓練弾のことだ。

弾頭など爆発物が充填されている場合は黄帯が巻かれ、ロケットモーターを搭載して実際に飛行可能なミサイルには茶帯が巻かれている。航空自衛隊の基地で着陸してくる

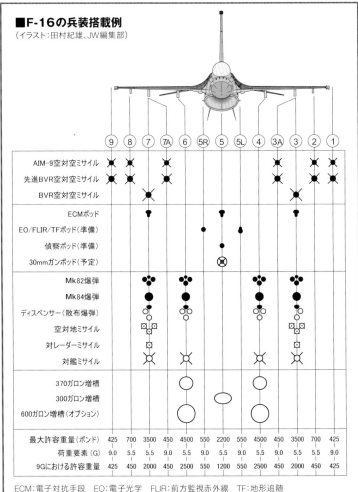

■F-16の兵装搭載例
（イラスト：田村紀雄、JW編集部）

	9	8	7	7A	6	5R	5	5L	4	3A	3	2	1
AIM-9空対空ミサイル	✖	✖	✖								✖	✖	✖
先進BVR空対空ミサイル	✖	✖	✖								✖		
BVR空対空ミサイル			✖								✖		
ECMポッド				●			●				●		
EO/FLIR/TFポッド(準備)							●						
偵察ポッド(準備)							●						
30mmガンポッド(予定)							⊗						
Mk82爆弾			●●●							●●●			
Mk84爆弾			●							●			
ディスペンサー(散布爆弾)			○							○			
空対地ミサイル			⊕							⊕			
対レーダーミサイル			○							○			
対艦ミサイル			⊗							⊗			
370ガロン増槽			○							○			
300ガロン増槽							○						
600ガロン増槽(オプション)							○						
最大許容重量(ポンド)	425	700	3500	450	4500	550	2200	550	4500	450	3500	700	425
荷重要素(G)	9.0	5.5	5.5	5.5	5.5	5.5	9.0	5.5	5.5	5.5	5.5	5.5	9.0
9Gにおける許容重量	425	450	2000	450	2500	550	1200	550	2500	450	2000	450	425

ECM：電子対抗手段　　EO：電子光学　　FLIR：前方監視赤外線　　TF：地形追随

モノクロ写真ではわからないが、F/A-18に搭載された黄色い帯を巻いた通常爆弾（写真：US Navy）

F-15JやF-2AのAAM-3に黄色と茶の帯が巻かれていたら、スクランブルの帰りだなと推定できる。ちなみに、在日米海軍、海兵隊はスクランブル任務を負っていないため、実弾発射/投下訓練以外で青帯以外を見かけることはあまりない。近くに射爆撃場や実弾発射可能な訓練エリアを持たない海軍厚木基地などでは、2006年6～7月に北朝鮮のテポドン2発射試験前後、空母から持ち帰ったAIM-9XとAIM-120Cを搭載したF/A-18E/Fスーパーホーネットがアラートに就いて以来、実弾搭載例はなかった。

　実弾と書いてきたが、正確にはAUR（All-Up-Round）といい、そのほかは青帯の訓練弾だ。訓練弾には4種類あり、CATM（Captive Air Training Missile ＝キャプティブ航空訓練ミサイル）、DATM（Dummy Air Training Missile ＝ダミー航空訓練ミサイル）、CEST（Classroom

Explosive Ordnance Disposal System Trainer ＝クラスルーム爆発物処理システム訓練弾）、PEST（Practical Explosive Ordnance Disposal System Trainer ＝実用爆発物処理システム訓練弾）で、我々が基地祭や通常の飛行訓練において目にするのはCATMとDATMで、「キャプティブ弾」「ダミー弾」と呼び分けられる。

　両者の大きな違いはキャプティブ弾がシーカーなどの誘導システムを装備、目標のロックなどをランチャーにキャプティブ（固定）された状態で行う訓練弾で、ダミー訓練弾は実弾と同じ大きさ、重心を持ち、搭載訓練などに使用するもの。なお、これはミサイルの例で、爆弾の場合は訓練用の炸薬を搭載、着火して発煙する訓練弾もある。

ユーロファイター・タイフーンの翼下Sta.3に搭載された、空対空ミサイルASRAAM（アスラーム）。見慣れない吊るしものは識別するだけでもひと苦労。エアショー会場では展示看板も一緒に撮影したい。ちなみに翼端はDASS（防御支援サブシステム）のポッド（写真：石川潤一）

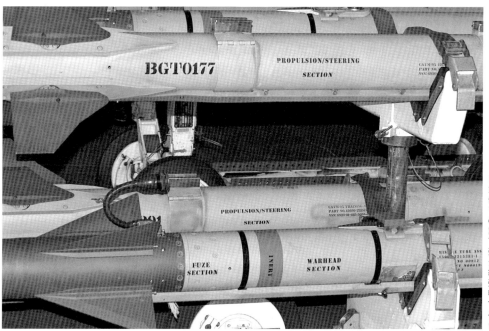

ドリーに積んだ空対空ミサイルAIM-9Xのキャプティブ弾「CATM-9X」。青帯の上に「INART」と記されていて（写真下の弾体）、つまり弾頭やロケットモーターを持たない訓練弾ということだ。弾体には様々な説明書きが記されていて、読めば勉強になることばかり（写真：石川潤一）

ウエポンの名前のつけかた

一見無味乾燥な
アルファベット+数字に
込められた意味

1979年の三沢基地航空祭で展示されていた、航空自衛隊F-1支援戦闘機。胴体と主翼下にMk82 500lb普通爆弾と増槽を搭載し、周りには各種兵装がずらりと並べられている。手前にあるものを見ていくと、右手から、JM117 340kg普通爆弾、JLAU-3ロケットランチャー、RL-4ロケットランチャー、AAM-1空対空ミサイル（写真：石川潤一）

馴染み深いのは
アメリカ式のウエポン命名法だ

　最近の航空祭ではあまり見かけなくなったが、以前は機体の周りに搭載兵装──ここでいうところの「吊るしもの」をずらりと並べた地上展示があった。展示にはスペースが取られるし、設営、撤収も手間がかかるためか、最近では格納庫内で機体の横に数種並べて展示する例が多い。しかし、絵になるのは屋外展示で、個々の吊るしもの（もちろん昔はそんな言葉はないが）に付けられたネームプレートが、とてもありがたかった。筆者がこのような形の地上展示を見たのは1979年の三沢基地航空祭が最初で、F-1支援戦闘機の周りに空対空ミサイルやロケットランチャー、訓練ディスペンサー、爆弾などが並べられており、ネームプレートをいちいち書き写していった覚えがある。

　デジカメ全盛の今なら、ネームプレートだけ撮影してしまえばいいのだが、当時はポジフィルムも現像代も安くはなく、撮影枚数も限られていた。しかし、手書きでメモをすることで、その名称を覚えるだけでなく、アルファベットと数字の組み合わせにどんな意味があるのか、興味が沸いてきたことも確かだ。このあたりは、デジカメでネームプレートを撮っても、それを改めて見返さない限り、忘れてしまうだろう。

　1979年の三沢基地航空祭に展示されていたのは、胴体と主翼下にMk82 500lb普通爆弾を搭載した第3航空団第3飛行隊のF-1（シリアルナンバー90-8224）で、CBLS-200訓練ディスペンサーと訓練弾、20mm機関砲弾、JM117 340kg普通爆弾、JLAU-3ロケットランチャー、RL-4ロケットランチャー、AAM-1空対空ミサイルが三角を描くように並べられていた。

　このうち、頭に「J」が付いているのは国内でライセンス生産したもので、M117やLAU-3が本来の名称。また、国

産のAAM-1や、アメリカ軍が制式採用していないCBLS-200、RL-4はアメリカ式の命名法に準拠していない。

　吊るしものをより楽しむためには多少の予備知識が要る。そのひとつが吊るしものの『命名法』で、国によって様々だが、いわゆる「西側」の多くの国ではアメリカ式を使っている。航空自衛隊も国産ミサイルなどを除けばアメリカ式なので、以下、アメリカ式命名法を見ていこう。

爆弾の頭文字「M」や「Mk」は
陸・海軍の各種兵器と同じ

　航空自衛隊も運用しているM117の「Mナンバー」は「オードナンスナンバー」とも呼ばれ、基本的にはアメリカ陸軍

JM117普通爆弾。この名前から、M117爆弾を日本でライセンス生産したものであることが読み取れる（写真：石川潤一）

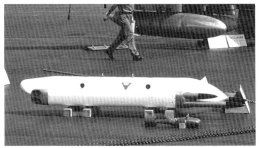

CBLS-200訓練ディスペンサーと訓練弾（127mmロケット弾、25lb模擬爆弾）。ロケット弾は搭載状態（写真：石川潤一）

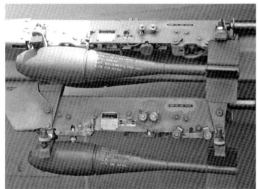

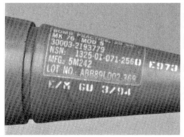

JLAU-3（手前）とRL-4（奥）。前者はLAU-3のライセンス国産、後者は国内開発のロケットランチャー（写真：石川潤一）

Mk 76 Mod 5 25lb 訓練爆弾。「マーク・モッド式」による名称。拡大写真から、すべて大文字で記された「MK76 MOD5」の文字が読み取れるだろうか。ちなみに弾体は全面ブルーの訓練弾色（写真：石川潤一）

の命名法だ。爆弾に限らず、小火器や戦車までMナンバーが与えられている。Mナンバーの前に「AN」記号が付けられることもあるが、これは「Army（陸軍）Navy（海軍）」記号で、JM117のような日本製なら「J」が付く。「AN」記号はこの後に紹介する電子機器にも使われるので、覚えておいて欲しい。

　爆弾の名称は1960年頃から、ANMシリーズから「Mk（マーク）」シリーズに変わったが、これは海軍式でM117より空気抵抗が小さく、高速機での運用に向いたLDGP（低抵抗汎用）爆弾Mk80シリーズがよく知られている。このほか機雷などもMk名が付けられており、改良型にはMod（モッド）ナンバーが付く。このため、海軍式の命名法は「マーク・モッド式」と呼ばれる。なお、これは余談だが、GP（General Purpose）爆弾を通常は「汎用爆弾」と訳すが、自衛隊は「普通爆弾」と呼んでいる。

空中発射式ミサイルは「A＊M-数字」「＊」を見れば役割がわかる

空中発射式ミサイル

AIM-9X

ミッション記号　設計番号　シリーズレター

　爆弾の次がミサイルで、航空自衛隊は国産の空対空ミサイルに「AAM」（Air-to-Air Missile）、空対艦ミサイルに「ASM」（Air-to-Surface Missile）という制式名を与えている。アメリカ式では空対空ミサイルは「AIM」（Air Intercept Missile）、空対地／空対艦ミサイルはAGM（Air-to-Ground Missile）になるが、「Surface」には地表、水面両方の意味があるため、空対地、空対艦用に使っているアメリカの方が空対艦専門の自衛隊より「ASM」名が合っている気がする。もちろん、今さら変更するはずもないし、しかも「ASM」はすでに「対衛星」（Anti-Satellite Missile）の略号として使われているので無理は承知。

　「A＊M」は空中発射式のミサイルで、吊るしものとして使われているミサイルのほとんどがこの名称を使っている。例外的に「B＊M」があるが、「B」は「Multiple」で、複数の発射方式を持つミサイルのこと。吊るしものとしてはほとんど出てこないが、BGM-109トマホーク巡航ミサイルのように試験段階まで行った例もあるので、覚えておこう。

　また、AIM-9サイドワインダー空対空ミサイルの車載対空型MIM-72シャパラルやAIM-7スパロー空対空ミサイルの艦対空型RIM-7シースパローのように、「M」（Ground Launched, Mobile＝車載地上発射）、「R」（Surface Ship＝水上艦艇発射）などの「発射環境（Launch Environment）」記号がある。これも覚えておいて損はない。

　「＊」の部分はミッション記号で、前述した「G」や「I」のほか、吊るしものに出てくるのは「D」（Decoy＝デコイ）、「Q」（Target Drone＝標的）、「T」（Training＝訓練）くらいだろう。

　続く数字は設計番号（Design Number）で、発射環境やミッションが変更された改良型も設計番号は維持されることが多い。設計番号の後ろには「A」から始まるシリーズレター（Series Letter）があり、改良が施されるごとに更新される。そのため、シリーズの多いAIM-9サイドワインダーはすでに「X」まである。「Z」まで行ったらどうなるかは不明だが、新しい設計番号が与えられる可能性が高い。

　前項でAIM-120を例に、AUR（All-Up-Round＝実弾）、

三沢基地航空祭で展示された、AGM-65マベリック空対地ミサイル（右）とAIM-120B 空対空ミサイル（右）。「A*M」の命名法が使用されている。左手の箱の中身はAGM-154JSOWで、滑空爆弾に空対地ミサイルの名前を採用しているところがおもしろい（写真：編集部）

CATM (Captive Air Training Missile＝キャプティブ航空訓練ミサイル)、DATM (Dummy Air Training Missile＝ダミー航空訓練ミサイル) があることを紹介した。基地祭などでCATM/DATM-120訓練弾を見かけた方も多いと思うが、頭に付く「C」や「D」が状況接頭記号 (Status Prefix) で、ほかに

「J」(Special Test/Temporary＝一時的特殊試験)

「M」(Maintenance＝整備)

「N」(Special Test/Permanent＝恒久的特殊試験)

「X」(Experimental＝試験)

「Y」(Prototype＝試作)

「Z」(Planning＝計画)

などがある。

各種航空支援機器は「＊＊U」と記す 「GBU」なら誘導爆弾

誘導爆弾（Guided Bomb）

G B U-32 (V)1 / B

ユニット（Unit）　モデルナンバー　改造記号（variable）　取り付け記号（installation letter）

　爆弾、ミサイルとくれば、誘導爆弾についても見て行く必要があろう。現在、アメリカ軍が運用している誘導爆弾には「GBU」という制式名が与えられている。「GBU」は「Guided Bomb Unit」のことで、ASETDS (Aeronautical and Support Equipment Type Designation System ＝航空支援機器命名システム) のコンポーネント / グループ / ユニット (Components, Groups And Units) と呼ばれる命名法によるものだ。GBUの末尾「U」が「ユニット」を意味し、このほかコンポーネントが「K」、グループが「G」

だが、ひとまずはユニット記号の「U」だけ覚えておけば事足りるはずだ。重要なのは頭の2文字で、機器のタイプを表している。

　2文字は異なる意味の組み合わせではないため、個々に覚えておこう。ただし、全部で200以上あるため、吊るしものに関係するものだけ右ページ表に列記しておく。ここで紹介されていない記号を知りたい方は、米国防総省の「TYPE DESIGNATION, ASSIGNMENT AND METHOD FOR OBTAINING」というハンドブック (MIL-HDBK-1812) があるので、ネットで検索するとPDF文書でダウンロードできる。

　「U」に続く数字はモデルナンバーで、機器のタイプごとに1から順に増えていき、MXUのように900番台に達しているものもある。オリジナルの設計は数字のみで、改良されると「A」「B」「C」とバージョン記号が付く。例えば83ページの写真2枚は2011年9月に厚木基地で撮影したスーパーホーネット用ボムラックと、そのクローズアップで、「BRU-32B/A」という文字が見えるだろうか。

　その下の2枚は2011年6月にバージニア州オシアナ基地にあるVFA-103のハンガー内で撮影した、F/A-18Fスーパーホーネット用480gal増槽で、プレートに「FPU-11A/A」とある。この「/」（スラッシュ、スラントバーともいう）の前の「A」や「B」がバージョンを意味しており、BRU-32B/AはBRU-32/A、BRU-32A/Aに続く3番目のバージョンを意味している。

　それでは、スラッシュの後の「A」は何だろう？ これは「Installation letter」といい、直訳すれば「取り付け記号」。基本的に「A」は空中投下を目的としないもの、あるいはできないものを意味し、「B」は爆弾など投下、発射を目的とす

横田基地の公開で展示されたF-15E。この戦闘爆撃機の脇腹付近をつぶさに見ていくと、いろいろな「＊＊U」に出会える。車輪のすぐ上に見えるのは、MXU-648トラベルポッド、それを吊るしているのがBRU-47/Aボムラック、コンフォーマル燃料タンクに3つ並んでいるのがBRU-46/Aボムラック。翼下にはSUU-59/A パイロンの左右にADU-552/A連結器を介してLAU-128/Aランチャーを搭載している（写真：石川潤一）

るもの。増槽はブリングバック（持ち帰り）が基本で、戦闘時や非常時に投棄するものなので「A」記号が付く。また、爆弾などの信管や弾頭は、そのものが投下の目的ではないが、結果的に投下されるため「B」記号が付く。

このように「/A」「/B」は吊るしもの自体の性能や用途などを表す記号ではないため、略して表示されていることも多い。より正確な表記ということで、専門誌などで使われることが多いが、表記しなくても誤りではない。うんちくとして、知っておくといいだろう。

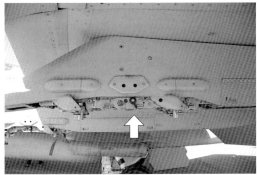

左の写真は「BRU-32B/A」の名称が記されたプレート。上の写真の矢印部分に付いている。BRU-32B/Aボムラックは、SUU-80A/Aパイロン下面の隙間に差し込んで装着する。69ページ左下にもこの部分の別角度からの写真を掲載している（写真：石川潤一）

上の写真は「FPU-11A/A」と記されたプレート。その下の写真の増槽の矢印の部分に付いている。「TANK, FUEL, AIR-CRAFT-480 GALLON EXTERNAL（槽、燃料、航空機- 480gal外部）」という文字も見えるので、どういう物かがよくわかる（写真：石川潤一）

■ 「コンポーネント/グループ/ユニット」方式による各種航空支援機器の頭文字

「吊るしもの」類	
AD	Adpting Items（連結アイテム）
BD	Simulated Bomb（模擬爆弾）
BL	Bomb（爆弾）
BR	Bomb Racks and Shackle（爆弾ラック/懸架）
CB	Cluster Bomb（クラスター爆弾）
CD	Clustering Device（集束デバイス）
CT	Aerial Delivery Container（空中投下コンテナ）
FP	Pylon-Mounted Fuel Tank（パイロン搭載燃料タンク）
GA	Airborne Gun（航空機搭載銃砲）
GB	Guided Bomb（誘導爆弾）
GD	Dummy Guided Missile（ダミー誘導ミサイル）
GP	Gun Pod（ガンポッド）
GT	Weapon Turret（兵器ターレット）
LA	Vehicle Installed Launching Mechanism（機体搭載発射機構）
LU	Illumination Light（照明弾）
MA	Miscellaneous Armament Item（各種武装アイテム）
MD	Miscellaneous Simulated Munition（各種模擬弾薬）
MJ	Munition-Countermeasure（フレアなど）
ML	Miscellaneous Live Munition（各種実弾薬）
MX	Miscellaneous Item（各種アイテム）
RB	Rocket and Launcher（ロケットとランチャー）
RD	Simulated Rocket（模擬ロケット）
RL	Live Rocket（実弾ロケット）
SU	Stores Release and Suspension（兵装投下/懸架）
TD	Target Device（標的デバイス）
ミサイルや爆弾などの構成ユニット※1	
DS	Target Detection Device（目標探知デバイス）
DT	Timing Device（タイマー）
FM	Munitions Fuze（信管）
FS	Munitions Fuze Safety-Arming Device（信管安全装置）
FZ	Munitions Fuze-Related Item（信管関連アイテム）
KM	Munitions Kit（各種キット）
RM	Reels and Reeling Mechanisms（巻き取り機構）
WA	Warhead Section（弾頭部）
WC	Vehicle Control Section（ビークル※2制御部）
WD	Explosive Warhead（起爆性弾頭）
WG	Vehicle Guidance Section（ビークル※2誘導部）
WN	Vehicle Nose Section（ビークル※2先端部）
WP	Vehicle Propulsion Section（ビークル※2推進部）
WT	Training and Dummy Warhead（訓練/ダミー弾頭）

※1 「ミサイルや爆弾などの構成ユニット」は、直接機体に吊るすものではない。
※2 「ビークル」はこの場合「飛翔体」のことで、ミサイルや誘導爆弾をさす。

航空自衛隊F-4EJ改戦闘機の胴体下に吊るされた、A/A47U-3標的装置。ポッドには「RMK-19/A47U-3」と記されている。「RMK」部は「コンポーネント/グループ/ユニット」式に言うと「巻き取り機構コンポーネント」となり、ワイヤでターゲットを曳航する装置であることがわかる（写真：相馬秀一郎）

空対空ミサイル

ミサイルをどこにどう吊るし、どう発射するのかが大事なのだ

近未来的航空戦を可能にする "ミサイリヤー" としての戦闘機

　戦闘機といえば空対空ミサイル。そして空対空ミサイルの中でも、赤外線シーカーの熱線追尾式は比較的構造も単純なため、多くの国が国産化している。そのすべてを紹介するわけにもいかないので、ここではアメリカ製のものを中心にみていこう。

　アメリカ製の空対空ミサイルといえば、短射程のAIM-9サイドワインダー、中射程のAIM-7スパローとAIM-120 AMRAAM、そして長射程のAIM-54フェニックスがある

が、ご存知のようにフェニックスはすでに退役している。一方、航空自衛隊はサイドワインダーやスパローのほか、国産のAAM-3/4/5を運用している。

　代表的な空対空ミサイルであるAIM-120 AMRAAMが、戦闘機に何発積めるのか考えたことがおありだろうか？

　F/A-18E/Fスーパーホーネットが10発搭載している写真は見たことがあるが、実はもっと多い12発を標準で搭載可能な機体がある。サウジアラビア空軍のF-15SA、カタール空軍のF-15QA、アメリカ空軍のF-15EXで、F-15C/JイーグルやF-15Eストライクイーグルとどこが違うのかというと、主翼外翼部下面にハードポイントとしては存在していたものの、ほとんど利用されてこなかったSta.1/9を強化、AMRAAM 2発が搭載できるよう改修、これに外翼の4発を加えれば12発搭載が可能になる。

　しかし、短射程のAIM-9サイドワインダーが必要な状況もあるはずで、AMRAAMを胴体下2発、内翼、外翼4発ずつ、翼端にサイドワインダー2発が搭載可能なスーパーホーネットも能力的には遜色ない。このように、現代の戦闘機はミサイル発射母機、いわゆるミサイリヤーとして運用が可能で、高速双方向データリンクを使って目標共有ができれば、ステルス機が先兵となって侵攻、後続する非ステルス・ミサイリヤーがその誘導に従って攻撃するなど、近未来的な航空戦が可能になる。

アメリカ軍の空対空ミサイル4種。短射程のAIM-9サイドワインダー（左上）、中射程のAIM-7スパロー（右上）とAIM-120 AMRAAMの訓練弾（左下）、長射程のAIM-54フェニックスの訓練弾（右下）。どんなランチャーを介しているかにも注目してみてほしい（写真：石川潤一）

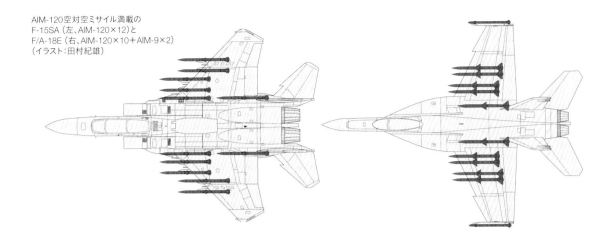

AIM-120空対空ミサイル満載の
F-15SA（左、AIM-120×12）と
F/A-18E（右、AIM-120×10＋AIM-9×2）
（イラスト：田村紀雄）

ミサイルを放り出してから点火する「エジェクトランチャー」

このように、多くの戦闘機は胴体と主翼に空対空ミサイルを搭載するが、その搭載方法は機体により異なっている。ミサイル本体については後述することにして、先にミサイルランチャーについて見て行こう。

アメリカ軍の4種類の空対空ミサイルは誘導方法や射程によって区別できるが、ここでは「吊るし方」によって分けてみる。空対空ミサイルのランチャーには「エジェクトランチャー」と「レールランチャー」があり、スパローやフェニックスはエジェクトランチャー、サイドワインダーはレールランチャーから発射される。AMRAAMはエジェクト／レールランチャー兼用で、「ハンガー」と呼ばれる取り付け金

F/A-18Eの胴体下側面にあるLAU-116/Aエジェクトランチャー
（写真：編集部）

具が両ランチャーに対応する形になっている。

まずはエジェクトランチャーから見て行くが、よく知られるのがF-4ファントムやF-15イーグル、F-14トムキャット、F/A-18ホーネット／スーパーホーネットなどが胴体下面の溝にスパローやAMRAAMを搭載する際のエジェクトランチャーで、半輪形の「エジェクターフット」と呼ばれる金具が付いている場合が多い。エジェクターフットは前後部にあり、火薬式のインパルスカートリッジによりピストンを起動、同時にハンガーを固定していたラッチが外れ、ミサイルは機体の下方、あるいは下側方に投射される。ランチャーとミサイルはモーター・ファイアリング・ケーブルで繋がれており、これが延びきったところでスイッチが入り、ロケットモーターに点火する。この方法を「コールドランチ」といい、発射するミサイルの火炎による機体への影響を抑え、ロケットモーターの排気をエンジンが吸入することを抑える効果がある。

ランチャーとミサイルは「へその緒」を原意とするアンビリカルケーブルで結ばれており、発射のための電気信号を送るが、ミサイルの発達にともないやり取りするデータが増え、コネクターも新しくなった。航空自衛隊のF-15ではAAM-4運用可能な改修機はLAU-106/Aの発展型LAU-106A/Aを搭載するが、後者はスパロー用とAMRAAM／AAM-4兼用と2個のアンビリカルコネクターを持つため、近代化改修型の重要な外見上の識別点になっている。

このほか、F-16やF-2のように、胴体下にスパローやほぼ同形のAAM-4を搭載できない機体は、主翼下のパイロンにエジェクトランチャーを取り付ける。F-16ではSta.3/7にのみAIM-7スパロー搭載が可能なよう配線されているが、ここにエジェクター内蔵のAIM-7専用パイロンを取り付けることで搭載が可能になる。一方、F/A-18系では主翼下パイロンにLAU-115/Aランチャーアダプター

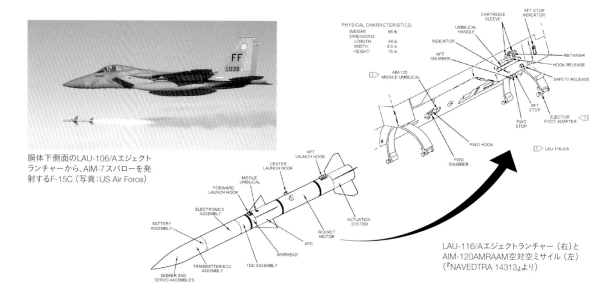

PHYSICAL CHARACTERISTICS:
WEIGHT　　　　65 lb.
DIMENSIONS:
　LENGTH:　　44 in.
　WIDTH:　　　9.5 in.
　HEIGHT:　　16 in.

胴体下側面のLAU-106/Aエジェクト
ランチャーから、AIM-7スパローを発
射するF-15C（写真：US Air Force）

LAU-116/Aエジェクトランチャー（右）と
AIM-120AMRAAM空対空ミサイル（左）
（『NAVEDTRA 14313』より）

を搭載する方法を採っている。スーパーホーネットの場合、アウトボードステーション（Sta.2/10）、ミッドボードステーション（Sta.3/9）にスパローの搭載が可能で、パイロンごと交換するよりアダプター方式が効率的だ。

　胴体やパイロンのほかにも、エジェクトランチャーを搭載している機体が航空自衛隊も使用しているF-35ライトニングで、ウエポンベイ内にLAU-147/Aという空圧式のエジェクトランチャーを取り付け、これを介してAMRAAMを搭載する。また、同じくステルス機のエジェクトランチ

ャーとして、F-22AのLAU-142/Aについても触れておく必要があるだろう。LAU-142/AはAVEL（AMRAAM垂直エジェクトランチャー）のことで、前後のアームによりランチャー自体をウエポンベイから出し、機体から充分な距離をとった上でミサイルを投射する。

F-14トムキャットがグラブ下に吊るした「アダプター」&「ランチャー」

　主なアメリカ製空対空ミサイル用ランチャーについては左表にまとめたので参照いただきたいが、すでに退役したにもかかわらず根強い人気のF-14トムキャットについても少し書いておこう。撮影コレクションの中にトムキャットの写真が残っているという方も大勢いらっしゃるはずだし、ゲートガーディアンなら厚木基地でも間近に見ることができる。トムキャットはグラブ（グローブ）と呼ばれる部分にSta1/8というハードポイントがあり、そこにAIM-7スパ

■主なアメリカ製空対空ミサイル用ランチャー

ランチャー名	形式	搭載機種	ミサイル
Aero 3B	レール	F-4など	AIM-9
Aero 7A	エジェクト	F-4	AIM-7
16S210	レール	F-16	AIM-9
LAU-7/A	レール	F/A-18, AV-8, AH-1	AIM-9
LAU-92/A	エジェクト	F-14	AIM-54
LAU-93/A	エジェクト	F-14	AIM-54
LAU-100/A	レール	F-5E	AIM-9
LAU-101/A	レール	F-5E	AIM-9
LAU-105/A	レール	A-10	AIM-9
LAU-106/A	エジェクト	F-15	AIM-7/120
LAU-115/A	エジェクト	F/A-18	AIM-7/120
LAU-116/A	エジェクト	F/A-18	AIM-7/120
LAU-127/A	レール	F/A-18	AIM-9/120
LAU-128/A	レール	F-15	AIM-9/120
LAU-129/A	レール	F-16	AIM-9/120
LAU-132/A	エジェクト	F-14D	AIM-54C
LAU-138/A	レール	F/A-18, F-14, F-15, F-16	AIM-9/120 +BOL
LAU-139/A	レール	JAS39グリペン	AIM-9/120
LAU-141/A	レール	F-22	AIM-9
LAU-142/A	エジェクト	F-22	AIM-120
LAU-147/A	エジェクト	F-35	AIM-120
LAU-148/A	レール	F-35	AIM-9/120/132

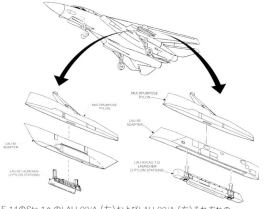

F-14のSta.1へのLAU-92/A（左）およびLAU-93/A（右）それぞれの
エジェクトランチャーの取り付け方式（『NAVEDTRA14313』を元に作成）

F-14のSta.1に搭載されたAIM-9サイドワインダーとAIM-7スパロー。AIM-9はSta.1AにLAU-7を介して、AIM-7はSta.1BにLAU-92を介して搭載している（写真：US Navy）

ローやAIM-54フェニックスが搭載できる。エジェクトランチャーはスパロー用がLAU-92/A、フェニックス用がLAU-93/Aと大きさも形も異なる。

このほか、国内の基地祭などで目にできるエジェクトランチャーとしては、F-15のLAU-106/A、そしてF/A-18のLAU-116/AおよびLAU-115/Aがある。F-16のAIM-7パイロンは、在日、在韓アメリカ空軍機がスパローを運用していないため見る機会はほとんどない。また、航空自衛隊のF-2は主翼下に6発のスパローが搭載可能だが、F-16とは異なりF/A-18のようなアダプター方式を採っている。

主翼の端についた発射レールが「レールランチャー」

ミサイルランチャーと言えば、一番目に付くのが翼端のレールランチャーで、現在の主流はサイドワインダーとAMRAAM兼用のLAU-127/A、LAU-128/A、LAU-129/Aだ。しかしF/A-18C/Dはまだ、AMRAAM運用のできないLAU-7/A（F/A-18E/Fになって兼用型LAU-127/Aを搭載）のままだ。もちろん、ミサイルの進化にともないランチャー自体も改良されており、最新型サイドワインダー、AIM-9X用にはデジタルパワーサプライを装備したLAU-7D/AやLAU-7E/Aが使われている。F-16も旧式の、先端部のフォワードフェアリングが矢じりのような形をした16S210ランチャーがまだ多く残っている。

空対空ミサイル用レールランチャーはミサイルのハンガーを引っかけるレールとシーカー冷却用の液体窒素ボトル、それらを覆うカバー、そしてフォワードフェアリングとアフターフェアリングから構成されており、前部にはアンビリカルコネクターがある。レールにはミサイルのハンガーがはまる大きさの切れ目があるが、フォワードフェアリングが固定された状態では一番前のフォワードハンガーははまらない。そのため、搭載時はフォワードフェアリングを

開けて各ハンガーをはめ込み、ミサイルを少し後方にスライドさせてからフェアリングを閉じる。もちろん、ミサイル搭載前にアンビリカルケーブルのプラグをコネクターに差し込む操作が必要だ。

前述のように現在多く使用されているのはサイドワインダー/AMRAAM兼用のLAU-127/A～LAU-129/Aだが、尾部にセルシウス・テック製のチャフディスペンサーBOLを追加したLAU-138/Aに改造されたものも多い。これに前述したLAU-7/Aや16S210などが加わるわけだが、ほかにもA-10がパイロンの下に取り付け、左右にLAU-105/Aを装着できるLAU-114/A DRA（デュアル・レール・アダプター）もある。アダプターといえば、F-15の主翼内舷パイロンの左右にLAU-128/Aを搭載する際にもADU-552/Aアダプターが必要で、F-14ではグラブ下の

F/A-18Eの翼端に装着されたLAU-127レールランチャーとAIM-9X空対空ミサイル（写真：US Navy）

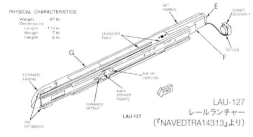
LAU-127
レールランチャー
（『NAVEDTRA14313』より）

F-15の主翼内舷パイロンの左右にみえるのがLAU-128/Aレールランチャー。ランチャーとパイロンの間にはADU-552/Aアダプターが介在している（写真：石川潤一）

マルチパーパスパイロンに、ミサイル/ランチャーごとに異なる形状のアダプターを咬ませる必要がある。

このほか、F-22ラプター用のLAU-141/Aはトラピーズ（ぶらんこ）アームによりウエポンベイから外側に突き出る仕組みで、ランチャーそのものはF-15と同じLAU-128/Aだ。また、F-35は非ステルス形態時にAIM-9XやAMRAAM、AIM-132ASRAAMを外部搭載するが、その際に使われるのがLAU-148/Aランチャーで、ステルス性を意識して先端部は鋭いエッジ状だ。

ほかにも、空対空ミサイルを国産化している国の多くはミサイルに適したランチャーを独自開発しており、すべてを紹介することはとてもできない。最後にJAS39グリペンなどに採用されているイギリス、コバム社のMML（マルチミサイル・ランチャー）の搭載例を紹介しておこう。

MML and AMRAAM (AIM-120)

MML and SIDEWINDER (AIM-9)

MML and IRIS-T

コバム社MMLマルチミサイル・ランチャーの搭載例。上からAIM-120AMRAAM、AIM-9サイドワインダー、IRIS-T短射程ミサイル（コバム社『Multi-MissileLauncher 2009 Datasheet』より）

よく見ればわかってくる
空対空ミサイルの誘導方式と操縦方式

さて次に空対空ミサイル本体の話だ。今、どんなミサイルが使われているのか。

現在世界で使われている、あるいは最近まで使われていた空対空ミサイルを国別に表にし、性能や外観から見えない能力については書かず、誘導方式と操縦方式に絞って列記したのが表1だ。誘導方式はIR（赤外線）、SAR（セミアクティブ・レーダー）、AR（アクティブ・レーダー）、PR（パッシブ・レーダー）の4種類に大別でき、先端がシーカーになっているIR方式以外はレーダーアンテナを内蔵したレドームで、外見からは分からない。ロシアでは同じミサイル

の先端部のみを交換、IR方式とSAR方式の両タイプある空対空ミサイルを並行運用している。

もうひとつ、外見からよく分かるのが操縦方式の違いで、カナード（前翼）、ウイングコントロール、テイルコントロールの3種類に分類できる。それぞれ、操縦翼が前部、中央部、尾部にあるものの違いで、これに加えて最近の空対空ミサイルではロケットモーターのノズルを推力偏向式にして機動性を高めたミサイルも増えてきた。

機動性の点でテイルコントロールが優れている理由のひとつとして、操縦翼から生じるダウンウォッシュの安定翼への干渉がない点が挙げられる。つまり、カナードやウイングを動かすことによって生じる気流の乱れが尾部の安定翼に影響をおよぼし、ミサイルに想定外のロールモーメントなどが発生することがある。

つまり、尾部に操縦翼を取り付けるのが空力的には一番

■表1 主な空対空ミサイル

名称	誘導方式	操縦方式
アメリカ		
AIM-7スパロー	SAR	ウイング
AIM-9サイドワインダー	IR	カナード
AIM-9Xサイドワインダー	IR	テイル
AIM-54フェニックス	AR	テイル
AIM-120 AMRAAM	AR	テイル
国際共同		
AIM-132 ASRAAM	IR	テイル
IRIS-T	IR	テイル
ミーティア	AR	テイル
イギリス		
スカイフラッシュ	SAR	ウイング
フランス		
シュペル530	SAR	テイル
R.550マジック	IR	カナード
MICA	IR/AR	テイル
イタリア		
アスピーデ	SAR	ウイング
ロシア		
R-23/24（AA-7 Apex）	IR/SAR/PR	テイル
R-27（AA-10 Alamo）	IR/SAR	ウイング
R-33（AA-9 Amos）	AR	テイル
R-37（AA-13 Arrow）	AR	テイル
R-60（AA-8 Aphid）	IR	テイル
R-73（AA-11 Archer）	IR	カナード
R-77（AA-12 Adder）	AR	テイル
イスラエル		
ピュトン（パイソン）3	IR	カナード
ピュトン（パイソン）4/5	IR	カナード
中　国		
PL-8（霹靂8）	IR	カナード
PL-12/15（霹靂12/15）	AR	テイル
日　本		
AAM-3	IR	カナード
AAM-4	AR	ウイング
AAM-5	IR	テイル

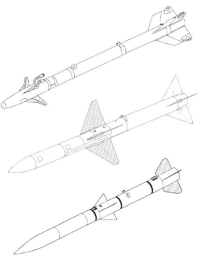

上／翼端ランチャーにAIM-120C AMRAAM（Advanced Medium Range Air to Air Missile、アムラーム）の訓練弾を搭載して航空祭に展示されたF-16C。アクティブレーダー誘導方式のAIM-120Cの先端は、レーダーアンテナを内蔵した白いレドーム（写真：編集部）
左／AIM-9Xサイドワインダーのキャプティブ弾で、その先端には透明なドームの中に赤外線シーカーのターレットがみえる（写真：US Navy）

上からAIM-9M/Lサイドワインダー、AIM-7F/Mスパロー、AIM-120A/B AMRAAM。それぞれグレーのフィンが操縦翼（イラスト：『NAVEDTRA 14313』を元に作成）

安定しているわけだが、空対空ミサイルの特性として弾体先端部にシーカーやレーダーがあるため、小型ミサイルでは先端部に近い部分のカナードを操縦翼にするのが最も効率的だ。表では各国の主要空対空ミサイルの操縦方式を書いてあるが、テイル・コントロール方式を採用するのは以前は大型ミサイルに限られており、短射程のIR誘導型はほとんどがカナード式だった。

■ ミサイルの帯は青か？ 黄と茶か？ 帯の本数、位置もチェック！

空対空ミサイルの大半はシーカーやレーダーがミサイル先端部にあり、尾部はロケットモーターあるいはラムジェット・エンジンのノズルになっている。つまり、先端部と尾部の配置は決まっていて、その間の部分に何を配するかはミサイルによって異なる。

■表2 アメリカ製空対空ミサイルのセクション

ミサイル名	誘導セクション	弾頭セクション 兵器セクション	操縦セクション	推進セクション
AIM-7F	DSQ-35	WDU-10/B	WCU-5/B	Mk58
AIM-7M/P	WGU-6D/B または23D/B	WDU-27/B	WCU-15/B	Mk58
AIM-9J/N/P	DSU-15/B	WDU-17/B	―	Mk17
AIM-9L/M	WGU-4/B	WDU-17/B	―	Mk36
AIM-9X	WGU-51/B	WDU-17/B	―	Mk36
AIM-54A	DSQ-26	Mk82	WCU-7/B	MXU-637/B
AIM-54C	WGU-17/B	WDU-29/B	WCU-12/B	MXU-637/B
AIM-120A	WGU-16/B	WDU-33/B	WCU-11/B	WPU-6/B
AIM-120B	WGU-41/B	WDU-33/B	WCU-11/B	WPU-16/B
AIM-120C	WGU-44/B	WDU-41/B	WCU-28/B	WPU-16/B

AIM-9Mの訓練弾の先端部。ミサイルの操縦翼は、弾体に差し込んだ部分を軸にして、各翼が回転運動をする。先端にかぶせてあるのは、シーカー部を保護するキャップ（写真：石川潤一）

アメリカ製のミサイルの場合、それぞれは「セクション」によって区分されている。大きく分けて4つで、誘導（ガイダンス）セクション＝GS、弾頭を含めた兵器（アーマメント）セクション＝AS、操縦（コントロール）セクション＝CS、推進（プロパルジョン）セクション＝PS。ただし、AIM-9サイドワインダーのようなカナード式の空対空ミサイルではGSとCSが統合されたGCS（誘導／操縦セクション）になっている。

アメリカでは各セクションにユニット記号あるいはマーク・モッド記号（73ページ参照）を与えており、表2のような組合わせになっている。ただし、同じAIM-120CでもC-4以降はセクション名が異なるなど、表はあくまでも一例であり、製造ロットによっても異なるので、あくまでも参考と考えて欲しい。空対空ミサイルの実弾を間近で

■AIM-9M/Lの各部名称と
セクション構成

ハンガー（前・中・後）　ローレロン

尾翼

Mk.36ロケット・モーター
（推進セクション）

ラジオ妨害フィルター（MOD 7）

WDU-17/B弾頭（弾頭セクション）

アーミング・キーとセーフティ・フラッグ

安全兵装装置

DSU-15アクティブ光学目標探知器

WGU-4/B誘導装置（誘導・操縦セクション）

アンビリカル・ケーブル
操縦翼

赤外線シーカー

AIM-9Xのキャプティブ弾CATM-9Xのクローズアップ。近づいて見れば「FUZE SECTION」（信管セクション）、青帯に記された「INERT」（不活性）、「WARHEAD SECTION」（弾頭セクション）、「PROPULSION/STEER-ING SECTION」（推進・操縦セクション）といった文字があり、セクション区分がわかる（写真：石川潤一）

撮影するチャンスは少ないと思うが、スクランブルや実弾発射訓練などを目にする機会があれば、望遠レンズでミサイルのアップを撮影しておくといい。

このほか、空対空ミサイルにはASやPSの種類や発射前にロックオンが必要か否かなど、外見から判断できない内部構造の違いも多いが、見える部分を語るのが本項の趣旨なのでこの辺にしておこう。

見える部分といえば、基地祭などで展示されている空対空ミサイルは十中八九、ダミー訓練弾あるいはキャプティブ訓練弾で、当然ながら爆発の危険のある弾頭やロケットモーターは「イナート」（不活性）だ。

アメリカのミサイルや爆弾では、「イナート」な部分には

F/A-18Cの翼下に混載されたAIM-120とAIM-7（いずれも訓練弾）。両者のウイングの大きさを比べれば、大きいほう（奥）がAIM-7だとわかる（写真：石川潤一）

「青帯」を巻くことで知られるが、サイドワインダーには弾体自体を青く塗ったものも多い。AUR（All-Up-Round＝実弾）では弾頭部が黄帯で、ロケットモーター部が茶帯。この青・黄・茶3色には意味があり、その「FS595a/b 連邦規格」の色の名前、番号とともに紹介しておこう。なお、3色とも頭の数字が3なので、マット（つや消し）色だ。

黄（クリームイエロー /FS33538）：高性能爆薬。

茶（アース /FS30118）：低威力の爆発物、軽爆薬。火薬。

青（ブルー /FS35109）：イナート。

サイドワインダーに話を戻すと、その構造は前方からGCS（誘導 /操縦セクション）、弾頭、DSU-15/B AOTD（アクティブ光学目標探知器）、ロケットモーターの順で、AOTDより後ろの弾体を青く塗ったものと、実弾同様にライトコンパスグレイ（FS36375）に塗り、弾頭部に青帯を巻いたものがある。

サイドワインダーの場合、キャプティブ訓練弾CATM-9とダミー訓練弾DATM-9はGCSの形状が異なるので識別は難しくない。しかし、AIM-7スパローの場合は先端がレーダーのレドームなのか単なるフェアリングなのかは外見から判断できない。このため、先端部にイナートの青帯があればダミー訓練弾DATM-7ということになる。なお、ス

カートに乗せたAIM-120とAIM-7。左はAIM-120の実弾で、弾体には帯が3本（写真：US Navy）、右はAIM-7Mのキャプティブ弾CATM-7Mで、帯は弾頭に1本と後部に1本の2本（写真：石川潤一）

パローの実弾は黄／茶帯1本ずつだが、弾体の半分がPSになっているAIM-120の実弾は、黄帯1本、茶帯2本を巻いている例が多い。

　機体搭載前、ウイングやフィンを外した状態でカートに載せて空対空ミサイルを運ぶことがあるが、スパローとAIM-120は遠目には見分けづらい。そんな時は、帯の巻いてある位置が重要な識別点になる。各セクションの境目がどこになるのか、空対空ミサイルの実物やクローズアップ写真を目にする機会があれば、そのことを思い出して欲しい。

　なお、訓練弾を青く塗る国は多いが、より訓練用をアピールするため、ヨーロッパでは黄色やオレンジ色に塗ることもある。航空自衛隊にも以前は黄色い空対空ミサイル訓

全体を真っ青に塗った、航空自衛隊のAAM-5のキャプティブ弾。AAM-5はテイルに操縦翼があり、推力偏向式ノズルも採用している（写真：中井俊治）

練弾もあったが、現在はほとんど青塗装になっている。

ローレロン、操縦方式、目標探知器…知っておきたいミサイル知識

　サイドワインダーといえば、フィンの翼端に取り付けられているジャイロ式のロール抑制装置、ローレロン（Rolleron）についても書いておく必要があるだろう。キャプティブ訓練弾の中にはこのローレロンを外したり、最初からローレロンのないフィンを取り付けたものもある。気流で歯車状のローレロンが回転、ジャイロ効果によりミサイルの飛行を安定させる仕組みだが、発射されることのない訓練弾にローレロンは必要なく、空気抵抗を増やすだけの無用の長物だ。しかし、ローレロンのないフィンを別途導入するのは無駄で、アメリカでは空軍がローレロンなしのフィンを採用しているものの、海軍ではほとんど見かけない。なお、ローレロンとは"ロール制御用のエルロン"という意味で、原文の発音では「ローレロン」と「ロールロン」の間くらいで、「ロールロン」というカタカナ表記もあながち間違いではない。

　サイドワインダーと並ぶ主力空対空ミサイルであるAIM-120についても触れておこう。AIM-120はAIM-7スパローに似た中射程空対空ミサイルだが、アクティブ・レーダーホーミングを採用するほか、空力特性に優れたテイルコントロール方式を採用している。ウイングコントロール方式

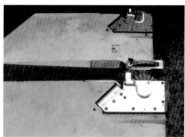

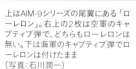

上はAIM-9シリーズの尾翼にある「ローレロン」。右上の2枚は空軍のキャプティブ弾で、どちらもローレロンは無い。下は海軍のキャプティブ弾でローレロンは付けたまま（写真：石川潤一）

AIM-9Mの実弾。サイドワインダーの光学式目標探知器は実弾にしか付いていない。矢印の部分に窓があり、中に装置がある。キャプティブ弾では82ページ上のAIM-9Xの拡大写真の「FUZE SECTION」のようになっていて、装置は入っていない（写真：US Navy）

のスパローは弾頭とロケットモーターの間にCS（操縦セクション）があるが、AIM-120は尾部のジェットベーンと呼ばれる排気ノズルのすぐ前がCSになっている。つまり、GS、AS、PS、CSの順で、操縦用のサーボアクチュエータが小型化したことで、ロケットモーターとジェットベーンのわずかな隙間を生かせるようになった。

同じことはサイドワインダーの最新型AIM-9Xなど、テイルコントロールの短射程空対空ミサイルについてもいえる。サイドワインダーのDSU-15／B AOTD（アクティブ光学目標探知器）は光学的に目標との接近を感知、信管を起動するシステムだが、AIM-120 AMRAAMはGS側面にTDD（目標探知デバイス）用のアンテナが4ヶ所にあるが、内蔵式のためスパローのアンテナのように外からは判別できない。AIM-120の上部にはASおよびPS後端にレールランチャー搭載用のフック（ハンガーともいう）が、PS前部の重心位置に近い場所にエジェクトランチャー用のフックがある。ミサイルとランチャーを繋ぐアンビリカルはPS最前部、ウイングとウイングの間にあり、AFD（安全装置）もウイング間の弾体側面にある。

以上、主としてアメリカ軍の空対空ミサイルについて見てきた。日本国内では航空自衛隊とアメリカ空海軍、海兵隊以外の空対空ミサイルを見る機会はほとんどない。しかし、2016年10月に開催された国際航空宇宙展、JA2016ではヨーロッパ共同開発のミーティア空対空ミサイルなどアメリカ以外のミサイルのモックアップが展示されて話題になった。こんな機会があったら、吊るしものファンなら小さなブースの展示も見逃さないで欲しい。

▍「2W2」と書けば、サイドワインダー2発に増槽2基！

各国の空対空ミサイルについては80ページの表1の通りだが、アメリカ空軍では同盟国との相互運用を考慮して、ミ

サイルなどの搭載状態を表す略称を統一した。これがSCL（スタンダード・コンフィギュレーション・ロード）と呼ばれる名称で、空対空ミサイルでは以下の8種類が確認されている。

A＝AIM-120AMRAAM
D＝マトラ530D
F＝スカイフラッシュ
M＝マジック
P＝AIM-54フェニックス
S＝AIM-7スパロー
T＝FIM-92スティンガー
W＝AIM-9サイドワインダー

例えば「4A×2W」と言ったら「AMRAAM4発＋サイドワインダー2発」を意味する。「4A×2W」の末尾に数字「2」を加えて、「4A×2W2」とすれば、前述搭載例に増槽2基が搭載された状況を示す。末尾の数字が「2」なら翼下増槽2基で、「1」はセンターラインステーションに増槽1基を搭載した状態だ。

もうひとつ、空対空ミサイルの略号について見て行くと、F-16では空対空モードを選択するとMFD（多機能ディスプレイ）に搭載するミサイルの残弾が表示される。小さなディスプレイに表示するには「AIM-120B」のような長い文字は略して表示される。主な略号を表3に列記しておこう。

■表3 F-16のMFDに表示される空対空ミサイル略号

A9J＝AIM-9N-1/P-1
A9NP＝AIM-9N-2/N-3/P-2/P-3
A9LM＝AIM-9L/M/S/P-4/P-5
A120B＝AIM-120B
A120C＝AIM-120C

サイドワインダーの見分け方

先端部で見分けるのが基本

AIM-9サイドワインダー空対空ミサイルの見分け方について。

最新型はAIM-9Xだが、これはそれまでのサイドワインダー・シリーズとはまったく異なる形なので見分け方は容易だ。今後、AIM-9YとかAIM-9Zとかが出てくれば話は別だが、Xについては別物としてここでは書かない。

分かりにくいのは最初の量産型AIM-9Bから最新のAIM-9Mまでの見分け方で、一番分かりやすいのが前部のガイダンス・コントロール（誘導操縦）セクションの形だ。この部分には赤外線シーカーとシーカーによって得られた信号を処理する電子機器、カナード（前翼）とそれを動かすためのサーボアクチュエータ、そして電源などが収容されており、バージョンにより形状が異なる。

AIM-9X以前に実用化されたサイドワインダーはAIM-9B/D/E/G/H/J/L/M/Pの10種類あるが、AIM-9B/L/Mはアメリカ空海軍共用、AIM-9D/G/Hは海軍用、AIM-9E/Jは空軍用で、AIM-9Jの輸出型がAIM-9Pだ。AIM-9Bのシーカー窓は弾体直径と変わらない大きなものだったが、小型化が進むにともない小さくなり、先端部は円錐形になった。空軍型AIM-9E/Jは先端部が長く、特にカナードが共通のAIM-9Eの場合はシーカーとカナードとの位置関係がAIM-9Dとの識別の決め手となる。

カナードは基本的にデルタ翼だがAIM-9Jから形状が変更され、後退角の大きいデルタ翼の後縁に矩形翼を追加したような形になった。またロケットモーターを大型化しているため、ミサイル自体の全長も延びている。サイドワインダーの多くはガイダンス・コントロールセクションの後ろに目標に近づくと起爆するターゲット・ディテクターがあり、その後ろに信管、ロケットモーターと続くが、AIM-9J/Pはターゲット・ディテクターと信管の順番を入れ替え、その分だけロケットモーターを伸ばしている。

LとMの見分けは困難

AIM-9Lのカナードはダブルデルタ翼で、AIM-9Mも同じ。遠目からはL型とM型の区別は難しいが、アメリカ空海軍の現用型はほぼM型と見て間違いないだろう。ただし、輸出型についてはAIM-9Lを使用している国もまだあるので断定は難しい。いろいろな資料を当たって、その国がM型を導入しているかどうかで判断するしかない（編注：航空自衛隊はM型の導入なし）。

なお、尾部のウイングにもバージョンにより多少の違いがあるが、形状そのものはほとんど変わらないので、識別点としてはお薦めできない。

■サイドワインダー各種

（イラスト：田村紀雄）

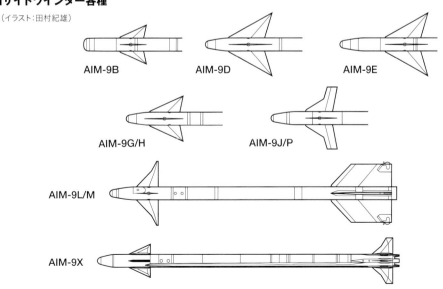

AIM-9B

AIM-9D

AIM-9E

AIM-9G/H

AIM-9J/P

AIM-9L/M

AIM-9X

空対地ミサイル

吊るすのはボムラックか
レールランチャーか？

EA-18Gグラウラー電子攻撃機。主翼端Sta.1に搭載しているのは、ALQ-218（V）無線周波受信ポッド。翼下のSta.2/3/4は、内側のふたつをALQ-99戦術妨害システムポッドや増槽が占めるので、残るSta.2の使い方が重要になる（写真：US Navy）

■ じつはめったに見られない
空対地ミサイルのランチャー

　ここでは空対地ミサイルについて見て行くが、以前、やはり実物を見るのが一番と、厚木基地の春まつりを取材したことがある。その際、期待したのがEA-18Gグラウラーの吊るしもので、AGM-88 HARM（高速対レーダーミサイル）か、それが無理ならHARM搭載用のレールランチャー、LAU-118/Aでも…と内心ワクワクしていたが、残念ながらどちらの望みもかなわなかった。しかし、思いがけぬ発見もあった。

　EA-18GやF/A-18E/FスーパーホーネットがHARMを搭載する場合、主翼下面一番外側のアウターボードステーション（Sta.2/10）のSUU-80/AパイロンにBRU-32/Aボムラックを取り付け、そこにLAU-118/Aランチャー、

そしてHARMを搭載する。しかし、その時展示されていたグラウラーのSUU-80/AパイロンにはBRU-32/Aボムラックが取り付けられておらず、代わりに箱状のものが取り付けられていた。

　例年、厚木基地の公開では機体の下に潜り込めたのだが、その時はロープが張られ、その箱状のものをクローズアップ撮影することはできなかった。ただ、形状から考えると空対空ミサイル用のLAU-127/Aレールランチャーを取り付ける際にかませる、ADU-773/Aアダプターであることは間違いない。

　ご存知のようにEA-18Gは翼端のSta.1/11にALQ-218（V）無線周波受信システムの翼端ポッドを搭載するため、AIM-9M/Xサイドワインダーの搭載ができない。そのため、HARMを搭載しない時は、BRU-32/Aの代わりにADU-773/Aを取り付けていることが分かった。吊るしも

厚木に展示されたEA-18Gの翼下。SUU-80/AパイロンにはADU-773/Aアダプターが取り付けられていた（矢印）。ここにさらにLAU-127/Aランチャーを取り付ければAIM-9を搭載できる（写真：石川潤一）

搭載兵装をずらりと並べる展示があった頃の厚木は、吊るしものファンには天国のような状態だった。ふたたびこんな展示をしてくれる日の来ることを待ち望んでいる（写真：石川潤一）

ASM-2対艦ミサイル（写真：伊藤久巳）

SCALP巡航ミサイル（写真：MBDA/Alexandre Paringaux）

左／Kh-31 "クリプトン"対艦/対レーダーミサイル（写真：鈴崎利治）
右／Kh-29TE "ケッジ"中射程空対地ミサイル（写真：鈴崎利治）

■表1 主な空対地ミサイル ※対艦、対戦車、対レーダーミサイル等も含む

ミサイル	用途	主な搭載機	発射装置
アメリカ			
AGM-65マベリック	対地、対艦	A-10、F-15E、F-16、F/A-18、AV-8B、P-3C	レール（LAU-88/A、LAU-117/A）
AGM-84ハープーン	対艦	F/A-18、P-3C	ラック
AGM-84E SLAM	対地	F/A-18、P-3C	ラック
AGM-86 ALCM	巡航	B-52H	ラック
AGM-88 HARM	対レーダー	F-16、F/A-18、EA-6B、EA-18G	レール（LAU-118/A）
AGM-88E AARGM	対レーダー	F-16、F/A-18、EA-6B、EA-18G	レール（LAU-118/A）
AGM-114ヘルファイア	対戦車、対艦	AH-1、AH-6、AH-64、OH-58、H-60、MQ-1、MQ-9	レール（M299）
AGM-129 ACM	巡航	B-52H	ラック
AGM-154 JSOW	対地	B-2A、F-16、F/A-18、F-35	ラック
AGM-158 JASSM	対地	B-1、B-2、B-52、F-16、F-15E、F-35	ラック
AGM-175グリフォン	対地	MQ-1、MQ-9、KC-130J	チューブ
日本			
ASM-2	対艦	F-2、P-3C	ラック
ヨーロッパ			
ASMP	対地	シュペルエタンダール、ラファール、ミラージュ2000N	ラック
SCALP/ストームシャドウ	対地	トーネード、タイフーン、ラファール	ラック
AM39エグゾセ	対艦	シュペルエタンダール、ラファールM、ミラージュF.1	ラック
ペンギン	対艦	SH-60/S-70B	ラック
ブリムストーン	対戦車	トーネード、タイフーン	レール
ロシア ※「/」の後はNATOコード名			
Kh-25MP/AS-12ケグラー	対レーダー	MiG-29、Su-24、Su-27、Su-34	レール（APU-68）
Kh-29/AS-14ケッジ	対地	MiG-29、Su-24、Su-27、Su-34	レール（APU-68）
Kh-31/AS-17クリプトン	対艦、対レーダー	MiG-29、Su-27	レール（AKU-58M）
Kh-35/AS-20カヤック	対艦	MiG-29、Su-27、IL-38	ラック
Kh-47M2キンジャール	対地	MiG-31	ラック
Kh-55/AS-15ケント	巡航	Tu-95MS、Tu-160	ラック
Kh-58/AS-11キルター	対レーダー	Su-24、Su-25、MiG-25	ラック
Kh-59/AS-13キングボルト	対艦	Su-27、Su-30、Su-34	ラック
中国			
KD-20/空地20	巡航	H-6	ラック
KD-63/空地63	対地	H-6	ラック
KD-88/空地88	対地	J-15、JH-7	ラック

のに興味のない方には「それが何か？」と言われそうだが、こんなつまらないことにこだわるのが「マニアックに行こう！」精神なのだ。

　というわけで、ひとつ新たな発見があったわけだが、残念ながら空対地ミサイルや専用のレールランチャーは厚木で見ることはできなかった。ただ、空対地ミサイル用のランチャーそのものが、めったに見られるものでないことは特記しておく必要があるだろう。上の表1では現用の空対地

ミサイルを紹介しているが、レールランチャーを使って発射されるのは、アメリカの現用ミサイルでは前述したHARM系のほか、AGM-65マベリックとAGM-114ヘルファイアくらいしかない。空対空ミサイル用のランチャーのように常備しているものではないので、基地祭などで見つけたら、よく観察しておいてほしい。

■ まずはLAU-117と118、M299を覚えておこう

　ミサイルのレールランチャーというと、先端部が流線形になった形状が思い浮かぶが、HARM用のLAU-118/Aは先端部が細い箱形の、船体構造のような形状で、あまりランチャーらしくなく、どちらかといえばアダプターのような形だ。しかし、下部にミサイルの「ランチラグ」と呼ばれる取り付け金具を挟み込むための「ランチングトラック」という溝があるので、アダプターでないことが分かる。なお、マベリックと異なりHARMは全長が長いため、アンビ

横田で展示されたA-10Cの翼下にみつけた、LAU-117/Aランチャー。ここにAGM-65マベリック空対地ミサイル1発を搭載できる（写真：石川潤一）

リカルコネクターは最前部の下面に設置されている。

このように、LAU-117/AとLAU-118/Aは形がまったく異なるが、興味深いのはどちらもボムラックに取り付けられる部分に板状の「ラグフィッティング」がある点だ。ボムラックの先端部には「スウェイブレース・アーム」という、吊るしものを搭載した際に横揺れしないようにするバネ式の金具が取り付けられているが、ラグフィッティングはスウェイブレース・アームの形に合わせてカマボコを平らにしたような断面になっている。

横揺れ防止という意味だけなら、スウェイブレースが当たる部分にだけあればいいわけだが、LAU-118/Aでは前後のサスペンションラグを完全に覆う大きなものになっている。ボムラックには兵装類をエジェクトするために火薬式のカートリッジが装填されているが、ミサイルの火炎でカートリッジが炙られ、暴発しないようにする目的があるのかもしれない。

3番目のレールランチャーがヘルファイア用のM299で、陸軍や海兵隊の攻撃、偵察ヘリのものは4発の搭載が可能。このほか、MQ-1プレデター無人機用に1レール型、MQ-9リーパー無人機用に2レール型も開発されている。国防総省

はマベリックやヘルファイアの後継ミサイルとしてロッキードマーチンAGM-169JCM（統合共用ミサイル）を開発したが、サイズ的にはヘルファイアに近く、M299ランチャーを流用できるのが特長だ。

ただし、JCMは一旦キャンセルされ、現在はJAGM（統合空対地ミサイル）として再検討されることになった。JAGMの開発は予算削減によって遅れ気味だが、似たような小型ミサイルとして、無人機や海兵隊のKC-130Jハーベストホーク簡易ガンシップに搭載されるチューブ発射式のAGM-175グリフォンがレイセオンによって開発されている。

このほか、空対地ミサイル用のレールランチャーとしては、ロシア製のAPU-58/68がよく知られている。現在ロシアの戦闘機や戦闘攻撃機が運用している戦術空対地ミサイルはタクティカル・ミサイル・コーポレーション（KTRV）製がほとんどで、Kh-25ML/MAE/MSE（NATOコードネームAS-10カレン）、Kh-29D/L/T/TE（AS-14ケッジ）などがある。Kh-25ファミリーには対レーダー型のKh-25MPがあり、やはりKTRV製のKh-31P/PD/PKと併用されている。Kh-31ファミリーには空対艦型Kh-31A/

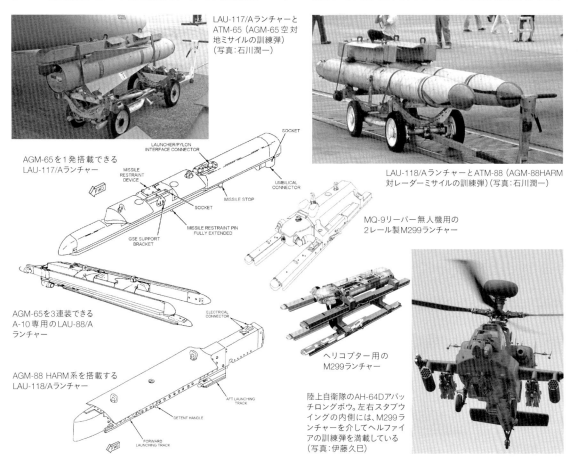

LAU-117/Aランチャーと
ATM-65（AGM-65空対地ミサイルの訓練弾）
（写真：石川潤一）

AGM-65を1発搭載できる
LAU-117/Aランチャー

LAUNCHER/PYLON
INTERFACE CONNECTOR
SOCKET
MISSILE
RESTRAINT
DEVICE
MISSILE STOP
SOCKET
UMBILICAL
CONNECTOR
MISSILE RESTRAINT PIN
FULLY EXTENDED
GSE SUPPORT
BRACKET

AGM-65を3連装できる
A-10専用のLAU-88/A
ランチャー

ELECTRICAL
CONNECTOR

AGM-88 HARM系を搭載する
LAU-118/Aランチャー

AFT LAUNCHING
TRACK
DETENT HANDLE
FORWARD
LAUNCHING TRACK

LAU-118/AランチャーとATM-88（AGM-88HARM
対レーダーミサイルの訓練弾）（写真：石川潤一）

MQ-9リーパー無人機用の
2レール製M299ランチャー

ヘリコプター用の
M299ランチャー

陸上自衛隊のAH-64Dアパッチロングボウ。左右スタブウイングの内側には、M299ランチャーを介してヘルファイアの訓練弾を満載している
（写真：伊藤久巳）

ADもあり、発射にはAPU-58レールランチャーが必要だ。

　ロシア製の空対地ミサイルはほかにもいろいろあるが、発射はエジェクターラックからで、アームで前下方へ押し出すような方式のようだ。そのため、大型のミサイルであってもサスペンションラグだけではなく、アメリカ式で言う「ハンガー」あるいは「ランチフック」に似た金具を上部に取り付けたミサイルも多い。

大きな対艦ミサイルなどは
ボムラックを使って吊るす

　ここでは短射程の対戦車ミサイルや対艦ミサイル、対レーダーミサイル、巡航核ミサイルなど特殊な空中発射ミサイルも含めて「空対地ミサイル」と総称した。また狭義の空対地ミサイルにも、マベリックのような短射程のものと、AGM-84E/H/K SLAM（スタンドオフ対地攻撃ミサイル）やAGM-154 JSOW（統合スタンドオフ兵器）、AGM-158 JASSM（統合空対地スタンドオフ・ミサイル）、ヨーロッパ共同開発のSCALP/ストームシャドウのような、巡航ミサイルに準ずる射程を持つスタンドオフミサイルがある。

　スタンドオフミサイルや、同様に射程の長い空対艦ミサイルはエジェクトランチ式がほとんどで、レールランチャーを介さずボムラックにサスペンションラグを引っかける搭載方法を採っている。また、AGM-86ALCM（空中発射巡航ミサイル）は爆撃機の爆弾倉のロータリーランチャーに取り付けられるが、基本的には円筒形のランチャーに複数のボムラックが装着され、回転しながら次々エジェクトするだけ。例えばB-2Aスピリット爆撃機のAARL（新型応用ロータリーランチャー）の場合、8基のBRU-44/Aボムラックが取り付け可能で、搭載ミサイルも8発だ。

　爆弾倉への搭載だとあまり「吊るしもの」のイメージは湧かないが、B-52H爆撃機の場合、主翼下面のスタブウイングパイロンに文字通りAGM-142ハブナップやハープーンを吊るすことができる。ICSMS（統合在来兵装管理システム）パイロンと呼ばれるもので、胴体に近い主翼下面にウイング・パイロン・アダプターとスタブウイングパイロンを介して、HSAB（重兵装アダプタービーム）を取り付ける。

　HSABには前、中、後に下および左右斜め向きに各1基、合計9基のMAU-12/A BER（爆弾エジェクターラック）を取り付け可能である。ただし、ハブナップやハープーンはサイズが大きいため真ん中の3基は使えず、最大6発までしか搭載できない。1989年8月に横田基地の日米親善祭でB-52Hが展示された際、HSABに2発のATM-84Aハープーン訓練弾が搭載されていた。

　ハブナップやハープーンよりさらに大きく、搭載した状

1989年横田に展示されたB-52で、重連装アダプタービームHSABに搭載されて披露されたATM-84Aハープーン訓練弾（写真：石川潤一）

AGM-86空中発射巡航ミサイルALCMを翼下内舷に6発搭載したB-52（写真：US Air Force）

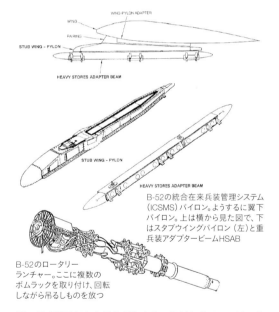

B-52の統合在来兵装管理システム（ICSMS）パイロン。ようするに翼下パイロン。上は横から見た図で、下はスタブウイングパイロン（左）と重兵装アダプタービームHSAB

B-52のロータリーランチャー。ここに複数のボムラックを取り付け、回転しながら吊るしものを放つ

態で長時間飛行しなければならない巡航ミサイルでは、さらに空気抵抗の小さいパイロンが必要だ。B-52HではAGM-86B/C ALCM用にSUU-67/A、AGM-129A ACM用にSUU-72/Aと呼ばれる巡航ミサイルパイロンをスタブウイングパイロンと同じ位置に取り付ける。SUU-67/AとSUU-72/Aは基本的に同じ構造で、6基のMAU-12/A BERが取り付けられているが、搭載するミサイルによってミサイルフェアリングの形状が異なっている。

なお、ボムラックについては爆弾を紹介する際に詳しく書くつもりなので、ここでは省略させていただく。だが、吊るしものとのインターフェイスが可能なよう、ボムラックのスマート化が進んでいることは覚えておいてほしい。模型を作ったり、イラストを描いたりする際、兵装とボムラックの組み合わせにも気を配る必要があるからだ。

■ 空対地ミサイルは、型式が多くて識別の難しいマベリックが面白い！

国内で比較的容易に見られるミサイルはAGM-65マベリックやAGM-84ハープーン/SLAM《スラム》（スタンドオフ対地攻撃ミサイル）、AGM-88HARM《ハーム》（高速対レーダーミサイル）、AGM-114ヘルファイアなどで、航空自衛隊ではASM-1/2がある。その用途や発射方法については前項で紹介したが、マニアックに見て一番面白いのがマベリックだ。国内では三沢基地のF-16CM/DM-50、岩国基地のF/A-18E/FスーパーホーネットとF/A-18C/Dホーネット、三沢および嘉手納基地のP-8Aポセイドンなどがしばしば搭載している。

AGM-65マベリックにはキャンセルされた分を含めてA型からL型まであり、加えて訓練弾もあるためその識別は難しい。だからこそ、調べがいもあるあるわけで、まずはマベリックの話から始めてみよう。

中～長射程の空対地ミサイルの場合、発射直後のイニシャル（初期）、着弾までのターミナル（終末）、そしてその中間のミッドコースと3段階で誘導方式が異なる場合がある。その点、短射程のマベリックはそのような複合的な誘導方式は採っておらず、誘導方式はTVカメラによるEO（電子光学）、IIR（画像赤外線）、そしてセミアクティブレーザー誘導のいずれかだ。EO誘導は現在、カメラをビジコン（撮像管）方式からCCD方式にすることで感度を上げ、ノイズを減らす改修を行っている。

マベリックは上部にランチャーレールに引っかけるフックがあるが、前方のフォワードフックより前の部分が誘導部のフォワードセクション、それより後方がアフターセクションで、誘導方式の違いにより先端部のドーム形状が異なり、識別点になっている。ただし、駐機時は赤い樹脂製のドームカバーが被せてあり、なかなかタイプを判別できない。また、基地祭などで展示される場合は尾部の誘導フィンを外した訓練弾が搭載されていることが多く、識別はそう簡単ではない。

ひとつヒントになるのがIIR誘導型のフォワードセクションにある金属色の部分で、弾体が回転してもジャイロで先端部のIRドームが回転しない仕組みのローテーティング・ジョイントと呼ばれる部分だ。アフターセクションには弾頭とロケットモーターが収容されており、弾頭は125lb級

基地祭でF/A-18Cの脇に展示された、LAU-117/AランチャーとCATM-65Fマベリック空対地ミサイル（キャプティブ弾）。右はAGM-65のイラスト
（写真：石川潤一）

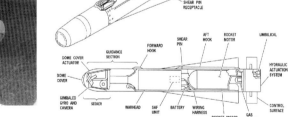

AGM-65マベリック各型

型式	誘導方式	弾頭	推進方式	運用者	備考
AGM-65A	EO	WDU-20/B	SR109-TC-1	空軍	
AGM-65B	EO（SCENE MAG）	WDU-20/B	SR109-TC-1	空軍	
AGM-65C	レーザー	Mk19	WPU-4/B	海兵隊	キャンセル
AGM-65D/D2	IIR	WDU-20/B	WPU-4/B	空軍	
AGM-65E	レーザー	WDU-24/B	WPU-8/B	海兵隊	
AGM-65F	IIR	WDU-24/B	WPU-8/B	海軍	
AGM-65G/G-2	IIR	WDU-24/B	WPU-8/B	空軍	
AGM-65H	EO（CCD）	WDU-24/B	WPU-8/B	空軍	A、B改造
AGM-65J	EO（CCD）	WDU-24/B	WPU-8/B	海軍	F改造
AGM-65K	EO（CCD）	WDU-24/B	WPU-8/B	海兵隊、空軍	E、G改造
AGM-65L	？	？	ターボジェット	？	Longhorn計画

のWDU-20/B成形炸薬弾頭と300lb級のWDU-24/B爆風破砕弾頭の2種類。ロケットモーターも初期型と後期型では異なるが、外見からは分からない。

各型の違いについては左ページ下に表にしたので、参考にしていただきたい。初期型AGM-65A/B/Eなどは順次CCDシーカー付きのAGM-65H/Kに改造されているようなので、現在見られるマベリックはF型以降がほとんどで、ドームが透明ならH/K型の可能性がある。ただし、三沢や嘉手納のように実弾発射が可能な基地でしか確認は難しいだろう。

マベリック、ハープーン/SLAM、HARMの3種類を見る

基地祭などで見られるマベリックはほとんどがフィンのない訓練弾だが、空軍と海軍では訓練弾の呼び方が違うので注意が必要だ。空軍のAGM-65A/Bについては、キャプティブ訓練弾がA/A37A-Tシリーズ、ダミー訓練弾がA/E37A-Tシリーズで呼び分けられていたが、現在はTGM-65D/Gという呼び方をしている。しかし、これでは訓練弾の用途が分からないため、CRD（Complete Round Code）とウエポンコードで識別している。参考までにウエポンコードを列記しておくと、AGM-65D/G実弾が「M65DA/GA」、TGM-65D/Gキャプティブ訓練弾が「Z65

DA/GA」、搭載訓練用のTGM-65Dロードトレーナーが「Z65TD」、整備訓練用のTGM-65Dメンテナンストレーナーが「Z65TE」。

一方、海軍や海兵隊はもう少し分かりやすく、キャプティブ訓練弾がCATM-65E/F、ダミー訓練弾がDATM-65E/F。空軍も改修型AGM-65H/Kの訓練弾については、CATM-65H/K、DATM-65H/Kという呼び方をしている模様。

アメリカ海軍のP-3Cはすでに退役しているが、最近まで水上艦艇や港湾施設攻撃のため左主翼下にCATM-65Fを搭載して、三沢や嘉手納で訓練を行っていた。その際、右主翼下にCATM-84E/H/K SLAMを搭載することもあった。SLAMはハープーンの対地攻撃型で、外見上ハープーンとあまり変わらないものの、やや全長の長いAGM-84Eと、ポップアウト・スウェプトウイングを追加して射程を延ばしたAGM-84H/K SLAM-ERがある。AGM-84EはAGM-65Dと同じWGU-10/B IIRシーカーを装備するが、SLAM-ERはステルス性を意識した切り子窓になっているので識別は容易だ。

AGM-84はSLAM、ハープーンとも基本的なレイアウトは共通で、ウイングより前が誘導セクションと弾頭セクション、ウイングからフィン手前までがサステーナーセクション、そして尾端のフィン取り付け部付近が操縦セクションになっ

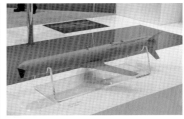

米空母ジョージワシントンの艦内で展示された、CATM-84K SLAM-ER。弾体の下に折り畳まれたスウェプトウイングは、開くと写真右のモデルのようになる
（写真：石川潤一）

海上自衛隊のRIMPAC演習でP-3Cに搭載された、AGM-84Dハープーン（実弾）。一般イベントでのハープーンの展示はなかなか見られない。海自P-3C搭載のASM-1C訓練弾は、八戸航空基地祭で見られるのだが…（写真：柿谷哲也）

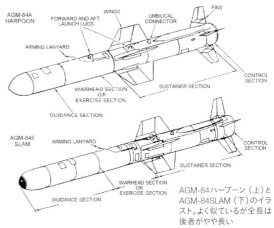

AGM-84ハープーン（上）とAGM-84SLAM（下）のイラスト。よく似ているが全長は後者がやや長い

EA-6Bに搭載して展示された、CATM-88 HARM（キャプティブ弾）。最初にお話ししたとおり、パイロンにLAU-118/Aレールランチャーを介して取り付けられている（写真：石川潤一）

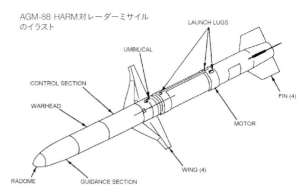

AGM-88 HARM対レーダーミサイルのイラスト

LAUNCH LUGS
UMBILICAL
CONTROL SECTION
WARHEAD
FIN (4)
MOTOR
RADOME
GUIDANCE SECTION
WING (4)

右翼下にAGM-88 HARMの訓練弾を搭載した、海兵隊VMAF（AW）-242のF/A-18D。ちなみに胴体下はターゲティングポッド、左翼端はAIM-9X空対空ミサイルの訓練弾（写真：伊藤雄二）

ている。ハープーンとSLAMは誘導方式の違いから誘導セクションの形状は異なるが、弾頭は488lb級のWDU-18/B貫通／爆風破砕弾頭で共通。ただし、SLAM-ERでは800lb級のWDU-40/Bに変更、威力が大幅にアップしている。

日本で見られる3番目の空対地ミサイルがHARMで、三沢のF-16CM/DMは「WW」（ワイルドウィーズル）のテイルレターからも分かるようにSEAD（敵防空網制圧）を主任務としている。また、岩国と三沢にはEA-18Gグラウラー電子攻撃機も展開中で、実弾は無理でも、CATM-88キャプティブ訓練弾は比較的容易に見ることができる。

HARMは先端部がレドームで、AIM-7スパローとサイズ的にも近いので、ウイングとフィンを外した状態だと見間違えやすい。ミュニショントランスポーターに積載して輸送する場合、ウイングとフィンは外されるので特に注意が必要だ。HARMのウイングはダブルデルタ形で、識別の重要なポイントだが、そのウイングを外した状態でスパローと見分けるポイントを紹介しておこう。全長3.7m、弾体直径20cmのスパローと4.2m/25cmのHARMでは大きさがひと回り違うが、目立つのがレドームで、全長との割合はスパローの方が大きくシャープな形状だ。また、当然ながら弾頭やロケットモーターの位置も異なるため、弾体に巻かれた青、黄、茶の帯も場所が異なる。

ハンガー内展示や国際航空宇宙展などで狙いたい空対地ミサイル

SLAMは元がハープーンなだけにアメリカでは海軍のみが運用、ほかには韓国空軍がF-15Kスラムイーグルに搭載している。AGM-154 JSOW《ジェイソウ》も基本的には海軍と輸出向けで、空軍は現時点では運用していない。JSOWはミサイルに分類されているが推進セクションを持たない滑空兵器で、展張式ウイングによって長距離を滑空できる能力を持つ。

サブタイプはA型からC型まであり、誘導システムと弾頭が異なる。AGM-154A/Bの弾頭はクラスター爆弾と同じで、輸出用のAGM-154A-1はMk82 500lb爆弾の炸薬をPBXN-109不感度炸薬に詰め替えたBLU-111/B貫通弾頭が使用されている。AGM-154CはイギリスのBAEシステムズが開発した貫通弾頭「BROACH《ブローチ》」が弾頭で、誘導はA/B型のINS/GPS（慣性航法装置／汎地球測位システム）方式に加え、ターミナル誘導用のIIRシーカーを追加している。さらに、リンク16データリンクの情報でデータ更新ができるようにした最新型がAGM-154C-1で、アメリカ海軍のみが運用中だ。

アメリカ空軍ではさらに射程距離の長いスタンドオフ兵器を要求しており、AGM-158A JASSM《ジャズム》（統

CATM-154 JSOW（統合スタンドオフ兵器）のキャプティブ弾。90ページのCATM-65Fの隣に展示されていた（写真：石川潤一）

合空対地スタンドオフ・ミサイル）の運用が始まっている。搭載機は当初はB-2AやB-1Bなどの爆撃機が中心で、しかもウエポンベイのロータリーランチャーに搭載されるた

AGM-158 JASSM（統合スタンドオフ空対地ミサイル）の訓練弾。翼は折り畳んでいる。2009年の三沢基地航空祭で初展示されたもの（写真：編集部）

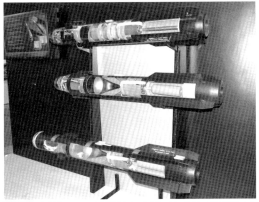

国際航空宇宙展JA2008で展示された、AGM-114ヘルファイアのスケルトンモデル。上はAGM-114MヘルファイアⅢ、下はAGM-114Lロングボウ・ヘルファイアのもの（写真：石川潤一）

め見ることは難しかった。しかし、三沢基地のF-16CM/DMがIOC（初期作戦能力）を得たことで、2009年の航空祭から毎年ハンガーで展示されるようになった。AGM-158Aの射程を延ばしたのがAGM-158B JASSM-ERで、航空自衛隊もF-15用に採用している。

空対地ミサイルを見るためのポイントあれこれ

　以上、アメリカの空対地、空対艦ミサイルについて見てきたが、自衛隊も主として対艦用だが何種類かのミサイルを運用している。特に国産のASM-2は岐阜基地や三沢基地、築城基地などF-2配備基地の航空祭では機体搭載あるいはハンガー内展示の形で間近で見られる。ただ、航空自衛隊の展示は全面を青く塗ったダミー訓練弾がほとんどで、残念ながらその点ではアメリカのようにキャプティブ弾を展示するような柔軟さはない。世界各地で開催されている国際航空ショーで展示される吊るしものの類いも、ほとんどがダミー弾かモックアップで、キャプティブ弾は実際の運用基地へ行かないとなかなか見られない。

　フェンスの外からの撮影が比較的容易なイギリスでも、試験基地は例外といわれるので、撮影は難しそうだ。反面、ヨーロッパの演習では有料のカメラマンズ・デーやスポッターズ・デーが設定されていることが多く、キャプティブ弾や実弾を間近で撮影できるチャンスは多い。航空祭や航空ショー、武器見本市など、内外の航空イベントに行かれる機会があったら、実機だけでなく吊るしものにも注目していただきたい。

三沢基地の格納庫内展示。一番奥の白い弾体がASM-2、その手前がASM-1対艦ミサイルの訓練弾。さらに手前はGCS-1赤外線誘導装置をつけたMk82普通爆弾、GBU-38 GPS誘導爆弾の訓練弾で、いずれも航空自衛隊のもの（写真：編集部）

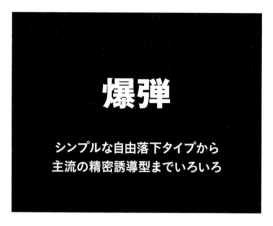

爆弾

シンプルな自由落下タイプから
主流の精密誘導型までいろいろ

主翼下に爆弾（GBU-38 JDAMの訓練弾）を搭載して飛行するF/A-18Fスーパーホーネット。増槽と爆弾を吊るしているパイロンがSUU-79/Aウイングパイロンで、その外側にあるのがSUU-80/A低抵抗ウイングパイロン。パイロンの下側に小さく確認できるのが、ボムラックのスウェイブレース・アームやピストンだ（写真：三宅善章）

■ 爆弾の吊るし方の基本
誰でも見ているはずの「ボムラック」

　爆弾には自由落下式のダムボム（バカな爆弾）から精密誘導式のスマートボム、そしてクラスター爆弾や核爆弾まであり、その種類は多岐におよぶ。爆弾自体については順を追って見て行くが、まずはそれらの爆弾を積み、投下するための仕組み、「ボムラック」について見て行くことにしたい。ボムラックなどというと特殊な装備で、簡単には見られないような印象があるかもしれないが、皆さん気付かないだけで、航空祭などで戦闘機や攻撃機を間近で見たことのある方なら、間違いなく目にしているはずだ。

　米軍あるいは自衛隊の基地の航空祭において、主翼や胴体の下に、パイロンと呼ばれる先端部がやや尖った板状のものを取り付けた展示機は少なくない。そのパイロンの下に、先端部に小さな吸盤のような形の金具が付いたアーム、あるいは単にハの字形をしたアームが左右に延びているようなものが見えたら、それがボムラックだ。

　このアームは「スウェイブレース・アーム」といい、搭載された爆弾やミサイルなどの吊るしものが左右に揺れない

ようにするためのものだ。スウェイブレース・アームは飛行中の機体でも確認できるので、戦闘機、攻撃機、爆撃機、哨戒機などの写真を見て有無を確認してみていただきたい。

　ボムラックは爆弾などの兵装類を吊り下げ、投下できるが、通常はパイロンの中に収容されていて、スウェイブレース・アームや吊るしものを引っかけるためのフックくらいしか見えていない。例外的にボムラックの形状がよく分かるのがTER（3連装エジェクターラック：Triple Ejector Rack）とTERを前後に配置した6連装のMER（多連装エジェクターラック：Multiple Ejector Rack）だ。ただし、攻撃機の高速化にともない爆弾を3発、6発連装することは少なくなり、あまり見かけなくなった。なお、最近は精密誘導爆弾を搭載することになった関係で、目標データを入力できるスマートラック化が進んでおり、BRU-41/A IMER（改良型多連装エジェクターラック：Improved Multiple Ejector Rack）やBRU-42/A ITER（改良型3連装エジェクターラック：Improved Multiple Ejector Rack）がF/A-18で運用されている。

　各種ボムラックとそれを取り付けるパイロン（「SUU」記号のもの）を、右ページの表にまとめたので参照して欲しい。

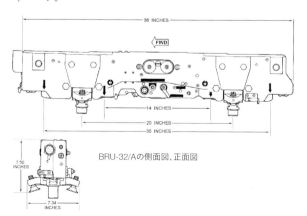

BRU-32/Aの側面図、正面図

BRU-32B/Aボムラック（ウエポンラック）。SUU-80/A低抵抗ウイングパイロン（右上写真参照）に装着されたものを下から撮影。突き出している円柱状のパーツは兵装を射出するピストンで、その両側のスウェイブレース・アームには吸盤のような金具が付いている（写真：編集部）

機体の下に潜り込みやすい P-3C のボムラックを見よう

ボムラックは飛行機の下に潜り込まないと見えないが、展示機の周りにはロープが張られていて、なかなか見られない。

ボムラックを真下から見てみたいという方にお薦めなのが海上自衛隊のP-3Cオライオン哨戒機で、主翼下に10ヶ所もハードポイントがあるので、どれかしらパイロンは付いているだろう。オライオンの主翼下ステーションは外翼部に6ヶ所、内翼部に4ヶ所だが、左からSta.9〜18のステーションナンバーが割り振られている。

それでは、Sta.1〜8はどこにあるのだろう。実は胴体のボムベイ（爆弾倉）にあるのだが、そこにボムラックを8つ横に並べられるほどのスペースはない。その分、深さは充分に取れるため、BRU-12/Aボムラックを斜め上下に配置したプライマリー・パイロン・アッセンブリを最大4基まで並べて配置できる。BRU-12/Aボムラックはサスペンションラグ14in（35.6cm）の機雷までしか搭載できず、大型の30in（76.2cm）兵装はBRU-14/Aを最大3基横に並べて搭載する。ただし搭載弾数は3発に減るため、プライマリー・パイロン・アッセンブリと組み合わせて搭載することが多い。

厚木基地に展示されたハンター（写真上：編集部）と、その主翼下に搭載されていた不思議な形のボムラック（写真：石川潤一）

厚木基地に地上展示された海上自衛隊P-3C。主翼下のパイロンは矢印の位置にある（写真：編集部）

■米軍機用ボムラックとパイロン

名称	種類	搭載機
Aero7A	エジェクターラック	EA-6B
Aero7B	エジェクターラック	F/A-18
Aero65A	ストアラック	P-3
BRU-10/A	エジェクターラック	F-14、A-7
BRU-11/A	エジェクターラック	P-3、S-3
BRU-12/A	エジェクターラック	P-3
BRU-14/A	ストアラック	P-3、S-3、SH-60、MH-60
BRU-15/A	ストアラック	P-3、MQ-9
BRU-20/A	エジェクターラック	UH-1N
BRU-21/A	エジェクターラック	AH-1W、UH-1N
BRU-22/A	エジェクターラック	AH-1W
BRU-23/A	エジェクターラック	AH-1W
BRU-32/A	ウエポンラック	F/A-18A/B/C/D（32A/A）、F/A-18E/F（32B/A）
BRU-33/A	傾斜垂直エジェクターラック（CVER）	F/A-18
BRU-36/A	エジェクターラック	AV-8B
BRU-41/A	改良型多連装エジェクターラック（IMER）	F/A-18
BRU-42/A	改良型3連装エジェクターラック（ITER）	AV-8B、F/A-18
BRU-44/A	ロータリーランチャー用ボムラック	B-2A
BRU-46/A	エジェクターラック	F-15E、F-22A
BRU-47/A	エジェクターラック	F-15E、F-22A
BRU-52/A	ボムラック	B-2A
BRU-55/A	スマートボムラック	F/A-18
BRU-56/A	エジェクターラック	B-52、B-1B
BRU-57/A	スマートボムラック	F-16
BRU-59/A	エジェクターラック	AH-1Z、UH-1N/Y
BRU-61/A	スマートボム・キャリッジシステム	F-15E、B-2A
BRU-65/A	ボムラック	各種
BRU-67/A	空圧式ボムラック	F-35B
BRU-68/A	空圧式ボムラック	F-35A/C
BRU-69/A	多目的ボムラック	F/A-18、EA-18G、F-35、F-16、A-10
LAU-144/A	ロータリーランチャー	B-1B
MAU-12/A	エジェクターラック	F-15、F-16、F-117、B-52、AC/MC-130
MAU-38/A	ボムラック	P-3
MAU-40/A	エジェクターラック	A-10、AC-130
MAU-50/A	エジェクターラック	A-10
SUU-20/A	訓練弾ディスペンサー	各種
SUU-21/A	訓練弾ディスペンサー	各種
SUU-59/A	インボードパイロン	F-15A/B/C/D（59B/A）、F-15E（59C/A）
SUU-60/A	センターラインパイロン	F-15A/B/C/D
SUU-61/A	アウトボードパイロン	F-15A/B
SUU-62/A	センターラインパイロン	F/A-18A/B/C/D
SUU-63/A	ウイングパイロン	F/A-18A/B/C/D
SUU-67/A	ウイングパイロン（AGM-86用）	B-52
SUU-72/A	ウイングパイロン（AGM-129用）	B-52
SUU-73/A	センターラインパイロン	F-15E
SUU-78/A	センターラインパイロン	F/A-18E/F、EA-18G
SUU-79/A	ウイングパイロン	F/A-18E/F、EA-18G
SUU-80/A	低抵抗ウイングパイロン	F/A-18E/F、EA-18G
TER-9/A	3連装エジェクターラック	A-10、F-16

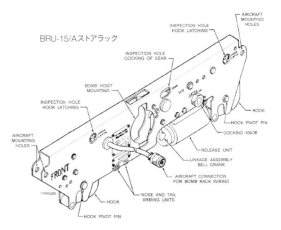

BRU-15/Aストアラック

P-3CのBRU-15/Aストアラックを下から見上げて撮影。そばの主翼下面に記された注意書きには、「AERO65A1もしくはBRU-15/Aボムラックを介して最大1,000lbを吊るすことができる」、「吊るし方の詳細は『NAVAIR01-75PA-75』を参照」などと書いてある（写真：編集部）

　ボムベイを開けた状態のオリオンが地上展示される可能性は高くないが、デモフライトで開けることはよくあるので、腕に自信のある方はクローズアップ写真に挑戦していただきたい。しかし、オリオンは無理に潜り込まなくても主翼パイロンの真下に入ることは容易で、BRU-15/Aボムラックを見ることができる。BRU-15/Aは、表では「ストアラック」と称しているように、エジェクター（射ち出し）機能のない「グラビティ（重力）」型で、火工品（火薬）がないため地上展示の際に近くまで寄れるのかもしれない。

■ ガス圧や空圧で兵装を射ち出すエジェクターラック

　ボムラックにエジェクターラックとストアラックがあることは前述の通りだが、オリオンやMQ-9リーパー無人

胴体内兵器倉に2,000lb爆弾GBU-31 JDAMの模擬弾を搭載した、F-35の開発実証機AA-1。兵器倉内にBRU-67/A空圧式ボムラックを装備している（写真：Lockheed Martin）

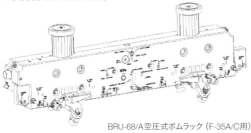

BRU-68/A空圧式ボムラック（F-35A/C用）

機のような低速機なら、爆弾や機雷、魚雷などがその重量で自由落下しても機体に損傷を与える可能性は低い。しかし、高機動飛行中の投下も考えられる戦闘機や攻撃機では、兵装を素早く機体から分離する必要があり、火工品の詰まったカートリッジを電気のインパルスで着火、発生したガスでピストンを勢いよく突きだし、兵装をボムラックから射出する。これが標準的なエジェクターラックだが、F-35のような狭い内蔵式ウエポンベイに常時火工品を入れておくのは安全上も好ましくない。

　F-35用のBRU-67/AとBRU-68/Aは圧搾空気を利用して兵装をエジェクトする空圧（ニューマチック）式のボムラックで、5,000psiの圧力を発生させるPPM（ニューマチック・パワーモジュール）を内蔵する。なお、BRU-67/Aはサスペンションラグ14inまでで、リフトファンがあるた

■エジェクターラックのしくみ

①搭載している時

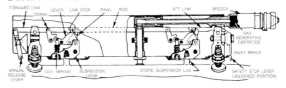

②投下ボタンを押した瞬間

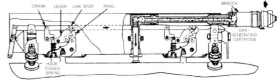

③兵装射出時

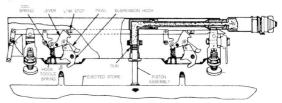

めウエポンベイが狭いF-35B用。BRU-68/Aは2,000lb爆弾など30inの大型兵装も搭載可能で、F-35A/Cが装備する。

一方、現在使われている多くのエジェクターラックは、ガス発生式のカートリッジを使う。エジェクターラックにはカートリッジを装填するブリーチがあり、電気着火によりカートリッジが起爆、発生したガス圧はブリーチ内を通って「ガン」と呼ばれる下向きの筒に導かれる。ガンの中にはピストンがあって、ガス圧により勢いよくラックの下向きに突き出る。ピストン先端にはリテイナーと呼ばれる円盤状の金具があり、これでピストンの力を分散しつつ兵装を押し離す。そして、カートリッジ起爆と同時に、兵装の前後2ヶ所にあるサスペンションラグを引っかけていたサスペンションフックが解除されるため、兵装は自由落下より早い速度で機体から離れる。

これがおおまかなエジェクターラックの仕組みだが、ガス圧からより安全な空圧に変更されたとしても、基本的な構造は変わらない。エジェクターラックは1950年代にはすでに実用化、AD-4Bスカイレイダー攻撃機が胴体下に核爆弾を搭載する際、エアロ3Aエジェクターラックを取り付けている。つまり、少なくとも半世紀以上の歴史があるわけだが、構造的にはいまも昔も大きな違いはない。兵装に取り付けられているサスペンションラグの形が変わっていないことからも、用兵側がこういった基本的な装備品について、大きな変化を好まないことが分かる。

スマート爆弾の普及で 連装ラックは2連装が主流に

このエジェクターラックを六角形断面のラックアダプターに3基あるいは6基取り付けたのがTERとMERで、六角形の底辺と左右の上側辺の部分にエジェクターラックを取り付けている。これにより、1,000lb以下の爆弾などが互いに干渉することなく一定の間隔をあけて搭載でき、MERでは前後にも充分な間隔をあけている。長さはBRU-42/A ITER(改良型3連装エジェクターラック)が67in(約1.7m)、BRU-41/A IMER(改良型多連装エジェクターラック)が156in(約3.96m)で、単純計算すればIMERはITERを60cm間隔で前後に2基並べたようなものだ。

ITER、IMERは精密誘導爆弾の運用が可能だが、誘導部や制御部が通常の爆弾より大きいため、3発あるいは6発の搭載は難しい。そこで、最近よく使われているのが横に並べて搭載する2連装のエジェクターラックで、F/A-18C〜F用のBRU-55/AやF-16用のBRU-57/Aなどのスマートボムラックが主流になっている。F/A-18用の2連装ボム

BRU-41/A改良型多連装エジェクターラック(IMER)。精密誘導兵器に対応していない既存のMERとの識別点は、中央部にある3つの穴のあいた突起物(写真:石川潤一)

3連装/多連装エジェクターラックの断面図

BRU-41/A改良型多連装エジェクターラック

17NP0280

ラックとしてはBRU-33/A CVER(傾斜垂直エジェクターラック)があるが、非スマート兵器用で細部が異なるので、それらしい二連装ボムラックを見かけたら注意してご覧いただきたい。

航空自衛隊のF-2もTERを使って爆弾を連装するが、前任のF-1支援戦闘機は横に連装する国産のDER(2連装エジェクターラック)を使っていた。しかし、F-2では見かけない。

このほか、GBU-39/B 250lb級SDB(小径爆弾)が前後左右に4発搭載できるBRU-61/AはF-15E用で、他のスマートラック同様、MIL-STD-1760インターフェイスが配線されており、離陸後に目標データを更新することも可能になっている。2022年の三沢基地航空祭では、F-35AとともにGBU-39/B SDBを搭載した状態のBRU-61/Aが展示され話題になった。

以上、アメリカのボムラックについて書いてきたが、NATO各国なども多くはアメリカ仕様のボムラックを運用している。フランスなどは独自仕様だが、あまり見る機会もないのでここでは書かない。また、ロシアについてもアメリカと同じような方式で爆弾を搭載しており、「BD3」シリーズがよく知られている。ただし、ロシアではアメリカのようにパイロンとボムラックを別個に命名してはいないよう

2連装タイプのBRU-55/Aスマートラック。米国NASオシアナの訓練施設にあるスーパーホーネット兵装訓練模型に搭載されていたもの（写真：石川潤一）

ダブルエジェクターラック（主翼下、DER）とフォーエジェクターラック（胴体下、FER）に計8発のMk82 500lb普通爆弾を搭載して飛行する、在りし日の航空自衛隊F-1戦闘機（写真：航空自衛隊）

で、スホーイSu-25用のBD3-25のようにパイロン自体が「BD3」シリーズになっているようだ。Su-22Mなどが搭載するBD3-57MTAやMiG-21用のBD3-66-21Nなどもあるので、調べてみるともっと見つかるだろう。また、ロシアも爆弾の多連装を行っており、ロシア版MERはMBD3-U4-Tと呼ばれている。

ロシア機のステーション番号は独特だが、第4章で紹介するとして、爆弾の話に入ろう。まずは自由落下型のダムボムから見ていこう。

日本で見ることができる 5種類の汎用（GP）爆弾

日本国内で見ることができる航空機搭載用の爆弾は基本的にはアメリカ製あるいはそのライセンス生産型で、M117とMk80シリーズ以外を見ることはまずないだろう。これらはGP（ジェネラル・パーパス）爆弾と呼ばれ、「汎用爆弾」「通常爆弾」「普通爆弾」などと訳される。どれが正しくどれ

3年に一度の航空観閲式で見られたF-4EJ改ファントムが搭載するMk82 500lb「普通爆弾」。精密誘導兵器が必須の今日、無誘導のGP爆弾は"レトロ"な部類にはいる（写真：中野耕志）

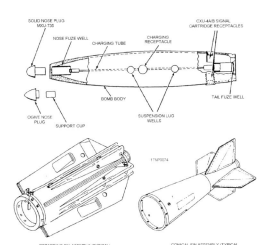
爆弾は、炸薬の詰まった本体と安定翼のついたフィン・アセンブリを分離でき、さらに本体には細かい部品がはめ込まれている（『NAVEDTRA 14313』より転載）

が間違っているということではないので、まとめて覚えておこう。なお、「普通爆弾」は自衛隊独特の言い回しなので、自衛隊ファンの方は覚えておくといい。

現在ではほとんど使われなくなったものもあるが、現用5種類のGP爆弾について諸元を表にしておいたので参照していただきたい。

基本的には鋼鉄製の「ケーシング」という外殻に炸薬を詰め、先端部と尾部に信管を取り付けた比較的単純な構造だ。ケーシングの後端にはねじ山が切ってあり、「フィン・アセンブリ」と呼ばれる安定翼が取り付けられる。諸元表には標準的なデータを紹介しておいたが、資料によって微妙に数値が異なることがある。これは、信管や炸薬の種類、フィン・アセンブリの形状などによって大きさや重さが異なるためで、あくまでも一例と考えて欲しい。

まずは一番目立つフィン・アセンブリについて見ていこう。

■汎用爆弾5種の諸元

名称	クラス	全長※信管なし	弾体直径	重量	炸薬量
M117	750lb	51.5in(1.31m)	16in(40.6cm)	737lb(334kg)	386lb(166kg)
Mk81	250lb	49.3in(1.25m)	9in(22.9cm)	262lb(119kg)	100lb(45kg)
Mk82	500lb	89.4in(2.27m)	10.8in(27.4cm)	502lb(228kg)	192lb(87kg)
Mk83	1,000lb	115in(2.92m)	14in(35.6cm)	1,014lb(460kg)	445lb(202kg)
Mk84	2,000lb	145.4in(3.06m)	18in(45.7cm)	1,997lb(906kg)	945lb(429kg)

「スネークアイ」に代表される "ゆっくり落ち" 爆弾のしくみ

フィン・アセンブリは用途によって交換が可能で、基本的には低抵抗型の「コニカル・フィン（円錐翼）」と、投下後にフィンあるいはバリュート（バルーンとパラシュートの合成語）が開いて落下速度を減じさせる「リターディング・テイル（遅延尾部）」に分けられる。リターディング・テイルというと、ベトナム戦争の頃から使われてきたMk15「スネークアイ」がよく知られているが、これはMk82 500lb爆弾専用で、より小型のMk81 250lb爆弾用はMk14と呼ばれる。

Mk81/82と比べると大型のMk83 1,000lb爆弾やM117 750lb爆弾にもリターデッド型があり、どちらもMAU-91/Bリターディング・テイル・アセンブリを取り付ける。Mk82用としては現在、開傘しなければ低抵抗爆弾としても使えるBSU-86/Bフィン・アセンブリが主流になってきており、いわゆるスネークアイはあまり見かけなく

なった。ちなみに、MAU-91/Bは最初からスネークアイとは呼ばれていない。

Mk15とBSU-86/Bの基本的な構造は同じで、閉じている時は安定フィンとして機能するブレードと、開傘すると空気抵抗が増して爆弾を減速させるドラッグプレート、そしてこれらを支えるリンクやショックアブソーバーなどからなっている。ブレードは後縁部が斜めにカットされ、その翼端に弾体をゆっくり回転させるためのウェッジというパーツが付いているが、Mk15とBSU-86/Bの違いはその形状で、BSU-86/Bのブレードには大きな四角い開口部があるので、識別は容易だ。

もうひとつのリターディング・テイル・アセンブリがバリュート型で、AIR（空気膨張式遅進）システムとも呼ばれる。フィン・アセンブリが筒状になっていて、投下されるとスプリングで尾端のフタが開き、バリュートが展張する。バリュートはパラシュートのキャノピー（傘）の部分が座布団のような形の空気で膨らむ正四角形で、コード（紐）に当たる部分も四角錐のピラミッド形に閉じたバルーンになってい

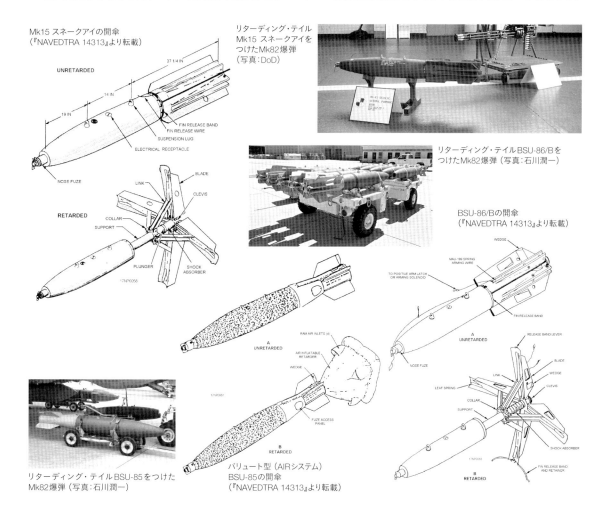

Mk15 スネークアイの開傘
（『NAVEDTRA 14313』より転載）

リターディング・テイル Mk15 スネークアイをつけたMk82爆弾（写真：DoD）

リターディング・テイル BSU-86/BをつけたMk82爆弾（写真：石川潤一）

BSU-86/Bの開傘
（『NAVEDTRA 14313』より転載）

リターディング・テイル BSU-85をつけたMk82爆弾（写真：石川潤一）

バリュート型（AIRシステム）
BSU-85の開傘
（『NAVEDTRA 14313』より転載）

る。ピラミッド形の後部にはバルーンを膨らませるための
ラム・エアインレットと呼ばれる穴が4ヶ所開いており、こ
こから入ってくる空気でバルーンが膨らみ空気抵抗が増え、
爆弾は減速する。

爆弾が減速すればその分だけ威力は弱まるが、それでも
リタードする理由は、低高度で爆撃する際に投下機を守る
ためだ。航空機から投下された爆弾は慣性の法則で同じ速
度を保ったまま落下し、低高度だと投下機のすぐ後方で爆
発するため、破片に被弾する可能性がある。リタードして
投下機と速度差をつけることにより、着弾点を投下機から
離すのがその目的だ。ただし、初期のリターディング・テイ
ル・アセンブリは投下すれば必ず開傘する構造になっている
ため、目標や爆撃高度に合わせて柔軟に運用することがで
きなかった。前述したBSU-86/BやAIR各型（Mk82用
BSU-49/B、Mk83用BSU-85/B、Mk84用BSU-50/
B、M117用BSU-93/B）では開傘、非開傘が投下段階で
選択できるようになった。

■ つるんとした爆弾の上の 穴や吊り輪やワイヤに注目

M117はずんぐりとしたいかにも第二次大戦中の設計を
思わせる形状で、Mk80系LDGP（低抵抗汎用）爆弾とは容
易に識別できる。以前はM118という3,000lb級爆弾もあ
ったが、大きさが格段に違うため間違える可能性はまずない。
その点、Mk80系の形状はA-4スカイホーク攻撃機などの設
計者として知られるエド・ハイネマンがデザインしたとされ
る理想的な流線形状であるため、250lb級も2,000lb級も
遠目では区別が付かない。特にMk81とMk82、Mk83と
Mk84の区別は難しい。

図を参照して欲しいが、弾体上部に3つあるいは4つある
穴の位置が微妙に違っているため、識別点になるだろう。穴
（ウェル）というのは一番前と一番後ろがボムラックに爆弾
を吊るしたり、輸送したりする際に使うサスペンション・ラ
グの取り付け穴で、ここにラグをねじ込んで固定する。前
から2番目は電気信管を埋め込むための穴（チャージング・
ウェル）で、その後ろにハンドリング・ラグのウェルがある
ものとないものがある。最近の写真を見ると3つ穴のものが
多く、ハンドリングの際にもサスペンション・ラグが使われ
ているのだろう。

チャージング・ウェルからは弾体先端と尾端にある信管を
取り付けるヒューズ・ウェルへ向ってコンジット（パイプ）
が延びており、この中を信管アーミング（安全解除）用のケ
ーブルやランヤード（索）が通っている。爆弾の安全解除に
は、非常に原始的だが確実なアーミング・ワイヤを使った方

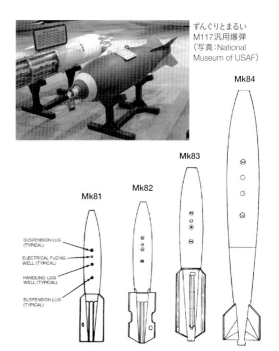

ずんぐりとまるい
M117汎用爆弾
（写真：National
Museum of USAF）

Mk84

Mk83

Mk82

Mk81

SUSPENSION LUG
(TYPICAL)

ELECTRICAL FUZING
WELL (TYPICAL)

HANDLING LUG
WELL (TYPICAL)

SUSPENSION LUG
(TYPICAL)

汎用爆弾の代名詞、Mk80シリーズ。左からMk81（250lb）、Mk82（500lb）、
Mk83（1,000lb）、Mk84（2,000lb）。テイル・アセンブリは左3つがリターディ
ング・テイル、Mk84はコニカル・フィン（『NAVEDTRA 14313』より転載）

法が使われており、投下によってボムラック側に固定され
たワイヤが抜けることで信管の安全装置が解除され、目標
近くで信管が働くことによりケーシング内の炸薬を起爆す
る。

Mk80系のケーシングは厚さ12.7㎜ほどで、炸薬の爆発
により粉々になって飛び散るブラスト・フラグメンテーショ
ン（爆風破砕）効果を狙っている。炸薬はTNT（トリニトロ
トルエン）主薬のアマテックスやマイノール2、RDX（トリ
メチレントリニトロアミン）主薬のH6などで、海軍では艦
内での誘爆を防ぐためRDX系不感度プラスティック爆薬
PBXN-109を炸薬にしたものもある。

実弾を間近で見るチャンスなどはほとんどないと思うの
であまり意味はないかもしれないが、工場から届いたばか
りの新品の爆弾には型式や重量、製造番号などを記したス
テンシル（形抜き文字）があり、炸薬の種類を記入する例も
ある。ただ、文字は上部に記入されているため、いくら高
解像度のカメラでも、飛行中の機体から文字を読み取るこ
とは難しいだろう。

■ 投下するとワイヤが抜けて 信管の安全装置が解除される

爆弾の構造の最後は信管で、Mk80系では弾体の先端部
と後端部に1ヶ所ずつ、ヒューズ・ウェルという穴があいて
いる。前述したように穴の底からコンジットを通ってチャ

ージング・ウェルに繋がっていて、ケーブルやランヤードで安全解除ができる。先端部のヒューズ・ウェルは弾体先端部のノーズ・ヒューズ・ウェル、後端部のテイル・ヒューズ・ウェルの2ヶ所で、信管未装着の時は誤って落下させても衝撃で火花が出ないよう、プラスティック製のプラグと呼ばれるキャップがはめられている。

信管用のウェルはノーズ（頭部）、テイル（弾底）の2ヶ所あるが、信管自体もノーズ専用、テイル専用、ノーズ/テイル兼用などがあって、その用途も様々だ。GP爆弾用の信管については表（「汎用爆弾の信管各種」）にしたのでそちらを参照していただきたいが、着発信管（インパクト・ヒューズ）、近接信管（プロキシミティ・ヒューズ）、時限信管（タイム・ヒューズ）などがある。このほか誘導爆弾用に電子信管も実用化している。

一番シンプルな信管が着発信管で、爆弾が目標あるいは地表など硬いものに衝突するとファイアリング・ピン（撃針）がプライマー（点火薬）を発火させ、デトネーター（起爆薬）、ブースター（添装薬）と次々に火が回り、最終的に炸薬が爆発する。これだけ手間をかけるのも、着弾と同時に爆発するよりも、わずかだがタイムラグがあることで目標に対する威力が増すためだ。このプロセスの間にディレイ・エレメ

ント（遅延薬）を入れることでさらに火の回りを遅くして、遅発信管（ディレイ・ヒューズ）として使うこともできる。

遅発とは逆に、ジャングルを切り開いてLZ（ランディング・ゾーン）を作る時などは地表より上で爆発させることで爆風効果を広範囲に広げる必要がある。そのような場合に使われたのが長さ90cmほどの信管エクステンダーで、ベトナム戦争中の写真を見るとしばしば目にすることができるが、最近では近接信管の進歩によって使われなくなった。近接信管はノーズに装備、ドップラーレーダー波を発信して、目標から一定距離に接近すると起爆する信管で、爆風破砕効果を生かした用途にも使用できる。時限信管は主にクラスター爆弾用なので、ここでは書かない。また、機雷用に水圧で起爆する信管もあるが、これについても後述することにしたい。

基本的には爆弾を投下するとボムラックに引っかけられたアーミング・ワイヤが抜けることで信管の安全装置が解除され、爆弾がいつでも爆発可能な状態になるということだけ理解していただければいいだろう。そして、信管には何種類かあり、取り付ける位置も2ヶ所あるということだけ覚えておいていただきたい。

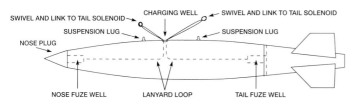

信管は弾体先端と尾部のヒューズ・ウェル（FUZE WELL）に取り付けられる。信管から出たランヤード（LANYARD、アーミング・ワイヤ）は弾体を通過し、チャージング・ウェル（CHARGING WELL）から外に出る。爆弾を搭載する際は、その先のスイベル（SWIVEL）をボムラックに引っ掛ける。爆弾を投下すると信管からワイヤが抜け、爆弾の安全装置が解除されるという仕組み

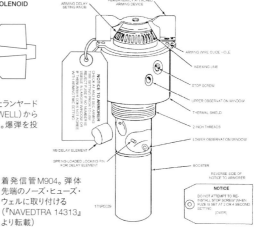

着発信管 M904。弾体先端部のノーズ・ヒューズ・ウェルに取り付ける（『NAVEDTRA 14313』より転載）

信管エクステンダーを取り付けた爆弾を搭載したアメリカ空軍F-4D（写真：DoD）

トリプル・エジェクター・ラックを介してF-4EJ改に搭載されたMk82の実弾（写真：中野耕志）

■汎用爆弾の信管各種

型式	種類	ウェル
M905	着発	ノーズ
M906	着発	テイル
FMU-26/B	着発	ノーズ/テイル
FMU-54/B	着発	テイル、ノーズ（＊）
FMU-72/B	遅延	ノーズ/テイル
FMU-113/B	近接	ノーズ
FMU-139/B	電子	ノーズ/テイル
FMU-152/B	電子	テイル

＊ノーズにMk43TDD（目標探知デバイス）を搭載

誘導爆弾

現在主流の精密爆弾といえば、
JDAMとペイブウェイの2種類

2011年5月、1,000lb エンハンスド・ペイブウェイⅡ×4発を吊るしてリビア作戦に向かう英空軍のタイフーンFGR4。胴体下のライトニング・ポッドでレーザー目標指示を行う（写真：Eurofighter）

命中精度が高いレーザー誘導のペイブウェイと天候に左右されないGPS誘導JDAM

三沢基地の航空祭は多くの吊るしものが展示されるので有名だが、とりわけ2022年の航空祭ではGBU-12/B 500lb級ペイブウェイⅡ、GBU-31/B 2,000lb級JDAM、そしてGBU-39/B SDBという3種類の精密誘導爆弾が並んでいた。ペイブウェイはレーザー・ディジグネータから照射され、目標に当たって反射してくるレーザー波を捉え、ビームに乗る形で落下していくセミアクティブ・レーザー・ホーミング式の誘導爆弾だ。一方、JDAM（Joint Direct Attack Munitions＝統合直接攻撃兵器）とSDB（Small Diameter Bomb＝小径爆弾）はGPS誘導爆弾で、入力した

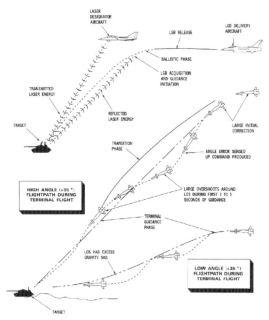

レーザー誘導爆弾が描く弾道。目標に対する角度が十分に大きければレーザーにかぶさるような弾道を描き、小さければレーザーの直線にまとわり付くように落ちてゆく

座標に着弾するよう投下される。

ペイブウェイは命中精度が高いが、着弾までレーザー照射が必要で、また雲などレーザー光を遮る気象条件では運用できない。一方、JDAMは命中精度はやや劣るが天候に左右されない。つまり、ペイブウェイとJDAMの長所を合わせ持った誘導爆弾があれば理想的で、デュアルモード誘導兵器が開発されている。デュアルモードというのはセミアクティブ・レーザー誘導とGPS/INS（慣性航法装置）の2モードを併用できるという意味で、エンハンスド・ペイブウェイやレーザーJDAMがこれに当たる。セミアクティブ・レーザー・ホーミングとGPSが主な精密誘導爆弾の誘導方式だが、航空自衛隊は他にあまり例を見ない赤外線誘導方式のGCS-1（91式爆弾用誘導装置）をJM117 750lb爆弾やMk82 500lb爆弾に装着、艦艇の煙突に命中する対艦攻撃兵器として運用している。生産はすでに終了しているが、その用途からF-2が配備されている三沢、岐阜、築城などの航空祭に展示されることがあるので、ペイブウェイやJDAMと明らかに形が異なる爆弾があったら、ぜひチェックしておいて欲しい。

現代のペイブウェイは「Ⅱ」と「Ⅲ」デュアルモード型は「エンハンスド」

まずはペイブウェイから見ていくが、基本的にはMk80シリーズのLDGP（低抵抗爆弾）を弾体として使用、前部にCCG（コンピュータ・コントロール・グループ）、後部にAFG（エアフォイル・グループ）を取り付ける。AFGは固定式で、弾道補正はCCGのガイダンスフィンで行う。CCGの先端はシーカーヘッドになっており、ペイブウェイⅠ/Ⅱではリング・スタビライザー（環状翼）があって、シーカー・ドーム・ウインドウを目標の方向に向け続けることができる。AFGはMk80系のエアフォイルを外して取り付けるもので、初期は固定式ウイングだったが投下後にウイング延長部が

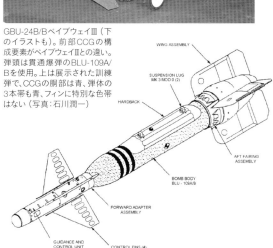

GBU-24B/Bペイブウェイ III（下のイラストも）。前部CCGの構成要素がペイブウェイ III との違い。弾頭は貫通爆弾のBLU-109A/Bを使用。上は展示された訓練弾で、CCGの胴部は青、弾体の3本帯も青、フィンに特別な色帯はない（写真：石川潤一）

WING ASSEMBLY

SUSPENSION LUG
MK 3 MOD 0 (2)

HARDBACK

AFT FAIRING
ASSEMBLY

BOMB BODY
BLU-109A/B

FORWARD ADAPTER
ASSEMBLY

GUIDANCE AND
CONTROL UNIT

CONTROL FINS (4)

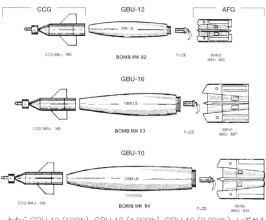

上からGBU-12（500lb）、GBU-16（1,000lb）、GBU-10（2,000lb）。いずれもMk80系の汎用爆弾の前後に、制御部CCGとエアフォイルAFGを取り付けてつくるペイブウェイ II

英空軍タイフーンに搭載された「ペイブウェイ III」。アメリカ風にいえば、エンハンスド・ペイブウェイ II（写真：石川潤一）

展張して弾道特性を向上させる方式になった。さらに、F-117Aナイトホークのウエポンベイに搭載できるGBU-27/Bは、サイズを小さくするためフィン、ウイングとも翼端がカットされており、その代わり投下後にウイングが大きく展張するようになっている。

初期型ペイブウェイ I はベトナム戦争後期に開発されたもので、現在では博物館にでも行かないと見られないが、ベトナム後に開発されたペイブウェイ II はCCG、AFGを改良、シーカーの性能を向上させて命中精度を高めるとともに、AFGのウイングを展張式にして射程距離を延ばしている。

3番目のモデルが湾岸戦争で運用されたペイブウェイ III で、CCGにはシーカーヘッドの代わりにGCU（誘導制御ユニット）と呼ばれるウインドーの大きなシーカーが取り付けられている。

ペイブウェイ II／III のデュアルモード型がエンハンスド・ペイブウェイで、イギリスはMk82 500lb爆弾用のCCG/AFGを採用、トーネードやタイフーンに搭載しており、「ペイブウェイ IV」と呼ばれている。イギリスは湾岸戦争頃まで、国産のMk18 1,000lb爆弾にペイブウェイ II のCCG/AFGを取り付けたCPU-123/Bという誘導爆弾を運用していたが、現在はMk80シリーズを弾頭にしたペイブウェイ II／IV が主兵器だ。

いろいろな色に塗られるペイブウェイ それぞれ理由があるようだ

ペイブウェイを近くで見るチャンスがあれば、CCGや弾頭、AFGに記入された文字もよく見てきて欲しい。CCGとAFGは時期や運用する軍種（空軍または海軍）によって異なることがあり、誘導爆弾そのものの名称も違ってくる。主なアメリカ製誘導爆弾のCCG、弾頭、AFGについては105ページに表にしたので参照して欲しい。ただし、すべては紹介しきれないので比較的新しいものを中心に列記してみた。

Mk80シリーズの爆弾は基本的にオリーブドラブに塗られているが、海軍では艦内での加熱による爆発を避けるため、熱吸収率の低いライトグレイに塗っているものも多い。訓練弾はライトブルーで、試験機材などが内蔵されていて回収の必要がある試験弾などは目立つオレンジ色に塗ることもある。CCGとAFGも基本的にはオリーブドラブだが、CCGの中には訓練用でシーカーを装備していないものもあって、ブルーに塗られている。また、海軍ではペイブウェイ全体をグレイに塗ったものもあり、訓練弾のCCGにはブルーの短い帯が記入されている。

このほか、フィンやウイングに黄色や茶色の短い帯を記入することもある。GBU-10A/BやGBU-12A/Bは初期型に対してフィンやウイングの翼幅（スパン）を増して飛行特性を改善した「ロングスパン」型になっているが、高速で

投下するとうまく誘導できないため、翼端の延長部を切り落としてショートスパン型と同じ翼幅にする。その際、スパンの長さがひと目で分かるように、ベースの部分に黄色、延長部に茶色の帯を記入する。

　アメリカ軍の色による識別法「カラーコード」では、黄色は高性能爆薬、茶色は個体ロケットモーターのような爆発性の低い火薬類を表すが、それが転じて主要なものが黄色、付随的なものが茶色という意味もあるようだ。ペイブウェイには後期型になっても帯が記入されていることが多いので、基地祭などで実物を見る機会があれば、よく観察してきて欲しい。

■ 投下後は3枚のフィンで弾道補正しながら落ちるJDAM

　JDAMは複数のナブスター航法衛星から電波を尾端のアンテナで受信、投下前に入力された座標へ向け4枚のコントロールフィンを調整する誘導爆弾だ。ペイブウェイと同じようにMk82/83/84やBLU-109/Bなど貫通弾頭と組み合わせるもので、エアフォイルを撤去、代わりにテイル・アセンブリを取り付ける。テイル・アセンブリの中にはGCU（誘導制御ユニット）が内蔵されており、その後方は4枚のコントロールフィンと、そのうち3枚を動かすテイル・アクチュエータ・サブシステムがある。さらに、尾端にGPS受信アンテナが付く。GPSアンテナで受信した電波はケーブ

海軍F/A-18Cの翼下に搭載されたGBU-38 500lb JDAMの実弾（左）。GBU-38は弾体の前部にエアロ・サーフェスを取り付けるのが特徴。上の写真を見ると、実弾では後部のコントロール・フィンが可動式になっているのがわかる（写真：US Navy）

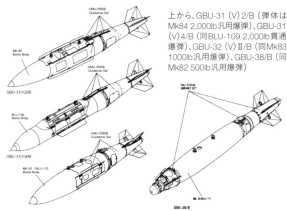

上から、GBU-31（V）2/B（弾体はMk84 2,000lb汎用爆弾）、GBU-31（V）4/B（同BLU-109 2,000lb貫通爆弾）、GBU-32（V）Ⅱ/B（同Mk83 1000lb汎用爆弾）、GBU-38/B（同Mk82 500lb汎用爆弾）

GBU-31 2,000lb JDAMの訓練弾。訓練弾のコントロール・フィンは固定式。弾体中央部に取り付けられたエアロ・サーフェスを見ればGBU-32 1,000lb JDAMとの識別は容易（写真：石川潤一）

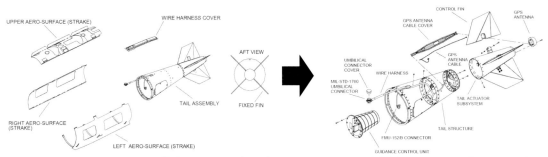

GBU-31 JDAMのセット。エアロ・サーフェスは3枚。右はテイル・アセンブリの分解図で、コントロール・フィンは全遊動式、GPSアンテナは最後尾にあることがわかる

■アメリカ軍の主な誘導爆弾

型式	名称	弾頭	CCG/誘導セット	エアフォイル	備考
GBU-10F/B	Paveway2	Mk84, BLU-117/B	MAU-169C/B	MXU-651/B	
GBU-10K/B	Paveway2	BLU-109/B	MAU-169G/B	MXU-651/B	
GBU-12E/B	Paveway2	Mk82, BLU-111/B	MAU-169C/B	MXU-650/B	
GBU-12F/B	Paveway2	Mk82, BLU-111/B	WGU-53/B	MXU-650/B	
GBU-15(V)1/B		Mk84	DSU-27/B	MXU-724/B,787/B	
GBU-15(V)2/B		BLU-109/B	WGU-10/B	MXU-724/B,787/B	
GBU-15(V)31/B		Mk84	DSU-27/B	MXU-787/B	
GBU-15(V)32/B		BLU-109/B	WGU-10/B	MXU-787/B	
GBU-15(V)33/B	EGBU-15	BLU-118/B	DSU-27A/B	MXU-787/B	
GBU-15(V)34/B	EGBU-15	BLU-118/B	WGU-33/B	MXU-787/B	
GBU-16C/B	Paveway2	Mk83, BLU-110/B	MAU-169C/B	MXU-667/B	
GBU-24/B	Paveway3	Mk84	WGU-12A/B	BSU-84/B	
GBU-24E/B	Paveway3	BLU-109A/B	WGU-39A/B	BSU-84B/B	
GBU-24G/B	Paveway3	BLU-116A/B	WGU-39A/B	BSU-84B/B	海軍
GBU-24(V)11/B	Enhanced Paveway3	Mk84	WGU-43H/B	BSU-84A/B	
GBU-24(V)12/B	Enhanced Paveway3	BLU-109A/B	WGU-43H/B	BSU-84A/B	
GBU-27a/B	Paveway3	BLU-109A/B	WGU-39A/B	BSU-88A/B	
GBU-27B/B	Paveway3	BLU-116A/B	WGU-39A/B	BSU-88A/B	
GBU-28A/B	Paveway3	BLU-113A/B	WGU-36A/B	BSU-92/B	
GBU-28C/B	Paveway3	BLU-122/B	WGU-36D/B	BSU-92B/B	
GBU-28E/B	Paveway3	BLU-122/B	WGU-36E/B	BSU-92D/B	
GBU-31C(V)1/B	JDAM	Mk84	KMU-556C/B	–	空軍
GBU-31C(V)2/B	JDAM	Mk84, BLU-117/B	KMU-556C/B	–	海軍
GBU-31C(V)3/B	JDAM	BLU-109/B	KMU-557C/B	–	空軍
GBU-31C(V)4/B	JDAM	BLU-119/B	KMU-558C/B	–	海軍
GBU-31(V)5/B	JDAM	BLU-119/B	KMU-558C/B	–	空軍
GBU-32C(V)1/B	JDAM	Mk83	KMU-559C/B	–	空軍
GBU-32C(V)2/B	JDAM	Mk83, BLU-110/B	KMU-559C/B	–	海軍
GBU-35(V)1/B	JDAM	BLU-110/B	KMU-559C/B	–	海軍
GBU-36/B	GAM-84	Mk84	–	–	
GBU-37/B	GAM-113	BLU-113/B	–	–	
GBU-38C(V)1/B	JDAM	Mk82, BLU-111/B	KMU-572C/B	–	空軍
GBU-38C(V)2/B	JDAM	Mk82, BLU-111/B	KMU-572C/B	–	海軍
GBU-38C(V)3/B	JDAM	BLU-126/B	KMU-572C/B	–	空軍
GBU-38C(V)4/B	JDAM	BLU-126/B	KMU-572C/B	–	海軍
GBU-39/B	SDB 1	–	–	–	
GBU-43/B	MOAB	BLU-120/B	KMU-593/B	–	
GBU-44/B	Viper Strike		–		
GBU-48(V)1/B	Enhanced Paveway2	Mk83, BLU-110/B	MAU-169K/B	MXU-667/B	
GBU-49(V)3/B	Enhanced Paveway2	Mk82, BLU-111/B	MAU-169K/B	MXU-650/B	
GBU-50(V)1/B	Enhanced Paveway2	Mk84, BLU-117/B	MAU-169K/B	MXU-651/B	
GBU-51/B	Enhanced Paveway2	BLU-126/B	MAU-169K/B,209/B	MXU-650/B	
GBU-52/B	Enhanced Paveway2	BLU-126/B	WGU-53/B	MXU-650/B	
GBU-53/B	SDB 2	–	–	–	
GBU-54C(V)4/B	Laser JDAM	Mk82, BLU-126/B	KMU-572C/B+DSU-38/B	–	
GBU-55(V)/B	Laser JDAM	Mk83, BLU-110/B	KMU-559C/B+DSU-38/B	–	
GBU-56(V)/B	Laser JDAM	Mk84, BLU-117/B	KMU-558C/B+DSU-38/B	–	
AGM-62A	Mk1 Mod.0 Walleye 1	–	–	–	

ルを経由してGCUへ伝えられるが、テイル・アクチュエータ・サブシステム内部にスペースはないため、外側に配線され、カバーが掛けられている。

　その構造は各型ほぼ共通だが、弾体の大きさは異なるため、テイル・アセンブリの大きさも異なる。もっと形が違っているのがエアロ・サーフェスと呼ばれるストレーキで、Mk82用は弾体が小さいため頭部のみで、Mk83/84用は弾体中央部にアッパー（上部）/レフト（左）/ライト（右）3枚のエアロ・サーフェスが取り付けられる。これまで何回も紹介しているように、Mk83のサスペンションラグは14in間隔、Mk84は30in間隔で、アッパー・エアロ・サーフェスは後者の方がかなり大きく、遠目での識別点になる。

　4枚のコントロールフィンにはそれぞれ役割があり、ボムラックに搭載された状態ではX字形になっているフィンは、

投下されると弾体そのものが45度右回転し、十字状態で落下する。その場合、搭載時に右下にあるフィンが真下を向いて固定フィンとなり、上向きのフィンがラダー（方向舵）、左右横向きのフィンがエレベータ（昇降舵）の役割を果たす。JDAMの飛行プロファイルは3フェイズ（段階）に分かれており、投下から約1秒間がセパレーション（分離）フェイズで、次いでオプティマル・ガイダンス（最適誘導）フェイズに移行する。この段階はINS誘導のみで、30秒弱経過するとGPSが起動、INSを補正しながら最終段階のインパクト（着弾）フェイズに移行、1秒ほどで着弾する。

■ エンハンスド・ペイブウェイと レーザーJDAMを識別しよう

　これまで書いてきたように、ペイブウェイⅡ/ⅢやJDAMは在日アメリカ軍基地や空母艦上で見ることが可能で、航空自衛隊が導入した500lb級のGBU-38/Bは当初、岐阜基地の飛行開発実験団で試験が続けられていたが、赤と黄色の市松模様に塗られたJDAMは本国アメリカでは絶対見られないので貴重だ。2011年にアメリカで発行された『POSTWAR AIR WEAPONS』という本の表紙にはミサイルや誘導爆弾のイラストがずらりと並んでいるが、欧米人にとっては塗装が珍しいのか、赤/黄の市松模様（一部は緑）に塗られたASM-2空対艦ミサイルのイラストもあった。

　冒頭でペイブウェイやJDAMの欠点を補う目的でデュアルモード化が進んでいる話をした。そのひとつがエンハンスド・ペイブウェイで、すでに部隊配備が始まっているが、現時点では日本国内では2016年に初確認されている。重要な識別点はCCGとAFGに追加されたGPSアンテナで、後部のアンテナで得られた情報を前部のCCGに伝えるための配線が弾体右側面にあり、フェアリングでカバーされているのでひと目で通常のペイブウェイと識別できる。なお、フェアリングは弾体に直付けできないため、前後2本の金属製バンドで結束する方式を採っている。

　もうひとつがレーザーJDAMで、弾体先端部にPLGS（精密レーザー誘導セット）を取り付ける。エンハンスド・ペイブウェイとは逆に、JDAMの誘導は後部のテイル・アセンブリで行うため、弾体下部にPLGSから後方に延びる配線がある。配線が見えない角度でも、PLGSの大きさは遠目にも確認可能で、見間違えることはないだろう。

　以上、ペイブウェイとJDAMの話をしたが、アメリカにはほかにも何種類かの誘導爆弾があり、ヨーロッパ、イスラエル、ロシアなども独自の誘導爆弾がある。見る機会は今回の2種ほどはないと思うが、続けて紹介してみたい。

GBU-54 LJDAM。弾体先端部にレーザー受信ユニットのPLGSを装着しているのがLJDAMの特徴だが、この写真では隠されている（写真：US Air Force）

■ 厚木のホーネットが吊るしていた 滑空爆弾ウォールアイ

　紹介しておきたいもののひとつにAGM-62ウォールアイがある。「AGM」という空対地ミサイルの名称を持つもののいわゆる滑空爆弾で、誘導爆弾に分類してもいいだろう。似たような誘導爆弾として空軍のGBU-15/Bがあるが、F-15Eしか運用できないため、日本で確認されたことはない。

　ウォールアイは1990年代中盤まで厚木基地のF/A-18Cホーネットが運用していたため、ご覧になった方も多いだろう。なお、ウォールアイはAGM-62という名称を持つものの、海軍では独自にマーク・モッド式の命名を行ってお

■ウォールアイ各種のMk記号

Mk3	ウォールアイ1 ER
Mk5	ウォールアイ2
Mk6	核弾頭ウォールアイ2
Mk13	ウォールアイ2
Mk17	ウォールアイ2
Mk21	ウォールアイ1 ERDL
Mk22	ウォールアイ1 ERDL
Mk23	ウォールアイ2 ERDL
Mk29	ウォールアイ1 ERDL/DPSK
Mk34	ウォールアイ1 ERDL/DPSK
Mk37	ウォールアイ2 ERDL/DPSK

※ER＝射程延長、ERDL＝射程延長・データリンク、DPSK＝デジタル位相偏移変調

厚木WINGSでF/A-18
ホーネットが搭載して
いたMk27ウォールアイ
ERDL訓練弾（写真：
石川潤一）と一般的な
ウォールアイの図

右主翼下にウォールアイ1発を
搭載したF/A-18C。1992年撮影
（写真：DoD）

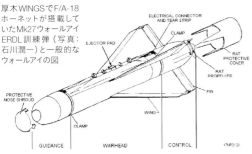

F-15Eが運用する誘導
爆弾、GBU-15/B（下）。
WGU-10/B誘導セット
（上）とBLU-109貫通爆
弾（中）を組み合わせる

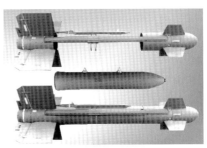

り、AGM-62AがMk1 Mod 0〜9ウォールアイ1で、以後
のウォールアイはAGM-62記号を使っていない。左ページ
の表にMk記号のみ簡単に列記しておく。

　GBU-15/Bの方はGPS/INS（全球測位システム/慣性
航法装置）誘導システムを追加搭載してEGBU-15の名称
で運用を続けているが、ウォールアイはAGM-84K SLAM-
ER空対地ミサイルにその座を譲ってほぼ退役状態だ。しか
し、かつて厚木のWINGSや空母航空団CVW-5のフライ
イン/フライオフなどで撮影された方も多いと思うので、少
しページを割いた。

　続くGBU-36/BとGBU-37/BはGAM（GPS援用兵
器）と呼ばれ、1991年の湾岸戦争以降、主に爆撃機から運
用されたが、2,000lb級のGBU-36/BはJDAM、4,500lb
級のGBU-37/BはGBU-28C/Bデュアルモード貫通爆弾
に取って代わられて、現在は運用されていない。そもそも、
B-52HやB-2Aなど爆撃機のウエポンベイに搭載する兵器
なので、公開された写真自体が少ない。

小さくても威力抜群の精密誘導兵器 小径爆弾SDBとSDBⅡ

　ここまではすでに退役、あるいはピークを過ぎた誘導爆
弾について書いてきたが、次はまだ新しく、国内で見る機
会がまだない誘導爆弾について書いていく。その代表格が
GBU-39/B SDB（小径爆弾）で、「小直径爆弾」と訳してい
る資料もある。

　F-22AラプターやF-35ライトニングⅡのようなステル
ス・マルチロール戦闘機は、ステルス性を維持するために兵

装類をウエポンベイに収容するので、その搭載数は限られ
てしまう。F-22AやF-35Bは1,000lb級JDAMを2発、
F-35A/Cでも2,000lb級JDAMを2発までで、ペイブウ
ェイはF-35A/Cのみ500lb級のGBU-12/Bあるいは
GBU-48/Bを2発搭載できる。

　ステルス性を維持した上で、より多くの爆弾を搭載する
ためには、省スペースでありながら威力の大きい誘導爆弾
が必要で、これまでのMk80系爆弾を弾頭として使ってい

ボーイングGBU-39/B SDB。
ダイヤモンドバック翼を展張
したところ（イラストBoeing）

GBU-39 SDBがバンカーを貫通して爆発した様子（写真：Boeing）

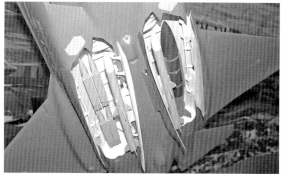

レイセオンGBU-53/B SDB II。展張翼を
広げたところ（イラスト：Raytheon）

F-35Aの展示模型のウエポンベイに搭載された各種兵装。一番左の鉛筆形の4
つが、ダイヤモンドバック翼を折り畳んだ状態のSDB（写真：石川潤一）

る限り小型化の余地は限られる。Mk80系低抵抗爆弾には
Mk81という250lb爆弾があるが、弾体直径は約23cmで
Mk82 500lb爆弾と比較して4cmしか違わない。Mk80系
は空気抵抗を減らすためスマートな流線形をしているが、複
数の爆弾を狭いスペースに押し込むには効率のいい外形と
は言えない。

　そこで、SDBでは直径19cmの円筒形で貫通能力の高い
弾体を新たに開発、展張式のダイヤモンドバック翼を底部
（投下後は上下逆転）に取り付けたのがボーイング製のGBU-
39/Bだ。SDBはGPS/INS誘導式だが、命中精度を高め
るため画像赤外線式のターミナル誘導システムを搭載した
GBU-40/Bという派生型を開発した。さらに、移動目標を
攻撃できるマルチモードセンサーを先端部に取り付けた
「SDB II」という派生型もあり、レイセオンがボーイングを
破ってGBU-53/Bとしての採用を勝ち取っている。GBU-
53/Bは先端部が丸いセンサー窓で、展張翼は単純な矩形
翼だ。

　SDBとSDB IIはF-22A、F-35A/Cなら8発の搭載が
可能で、1発の威力はMk84 2,000lb爆弾に相当する。し
かも、ダイヤモンドバック翼により60海里（約111km）近
く離れた位置からでも攻撃可能で、JDAM並みの命中精度
を持つ。SDB IIならさらに命中精度は高く、威力も大きく、
ストームブレーカーという異名を持つ。航空自衛隊が

F-35A用にSDBあるいはSDB IIを導入するかは未定だ
が、F-35のステルス性を活かすには不可欠な兵器であるこ
とは間違いない。

2万lb超級の巨大爆弾MOABと 小型軽量42lbのバイパーストライク

　SDBが誘導爆弾の小型化を突き詰めたものだとすれば、
最も大型の誘導爆弾が21,000lb級のGBU-43/B MOAB
（エアブラスト式巨大兵器）だ。爆撃機のウエポンベイや
MC-130特殊作戦輸送機の貨物室から投下され、地表付近
の空中で爆発、付近のものを一瞬に薙ぎ払い、ヘリコプタ
ー用のランディングゾーンを造成する特殊兵器だ。誘導は
GPS/INS式で、後部に展張する格子翼があって、その動き
で落下位置を修正する。

　アメリカ製で最後に紹介す
るのがGBU-44/Bバイパー
ストライクで、特殊作戦機や無
人機から投下する重量42lb
（19kg）の小型誘導爆弾で、投
下後にパラシュートで制動、
切り離した後は4枚のウイン
グフラップで誘導される。嘉
手納基地には空軍特殊作戦軍

投下されたバイパーストライクの
イメージ図（イラスト：MBDA）

巨大誘導爆弾GBU-43/B MOAB。直径は103cm、全長9.17m
（写真：Global Security）

KC-130Jハーベスト・ホーク。左翼下にヘルファイア4発を搭載している
（写真：US Marines）

団のMC-130Jコマンドー II が所属しており、将来的にバイパーストライクを搭載する可能性がある。また、岩国基地のKC-130J空中給油機も、ハーベストホークというガンシップ型に改造される可能性があり、その場合、ヘルファイアやAGM-175グリフォン空対地ミサイルとともにバイパーストライクが運用される。

　以上、アメリカの誘導爆弾について紹介してきたが、アメリカ以外の誘導爆弾についても書いておこう。日本国内で見ることができるアメリカ以外の誘導爆弾としては、Mk82やJM117普通爆弾に91式爆弾用誘導装置（GCS-1）を付けた航空自衛隊の赤外線誘導爆弾がある。GCS-1についてはこれまで何度か紹介した通りだ。

■フランスのAASM
■ロシアのKABシリーズ

　最後にヨーロッパやロシアの誘導爆弾について紹介する。まずはヨーロッパだが、イギリス、ドイツ、イタリアなどの主要空軍が運用しているユーロファイター・タイフーンは前述したようにペイブウェイシリーズを運用することが多い。一方、フランス空海軍のダッソー・ラファールはSAGEMが開発したAASM（モジュラー空対地兵器）ハマーの運用が可能で、2011年の対リビア作戦「アルマッタン作戦」において初めて実戦使用している。

　AASMについてはGPS/INS誘導のSBU-38が基本で、レーザー誘導兼用のSBU-54、赤外線誘導兼用のSBU-64の3種類があり、Mk82に取り付ける。このほか、250lb級、1,000lb級、2,000lb級などの爆弾に取り付け可能だ。ペイブウェイやJDAMと異なるのはその外形で、フランス製空対空ミサイルによく見られるダブルカナード方式を採用している。また、後部の安定フィンはペイブウェイのようにフィンが展張する方式だ。

　フランスでは1990年代に1,000kg（2,000lb）級爆弾にレーザー誘導システムを追加したBGL-1000というフランス版ペイブウェイを運用しており、AASMはその後継システムだ。フランスと同じように、イスラエルもIAIがペイブウェイに似たグリフィンという1,000lb級レーザー誘導爆弾を国産化した。

　最後がロシアだが、基本的には250kg級のFAB-250、500kg級のFAB-500、1,500kg級のFAB-1500をベースに、KAB-250、KAB-500、KAB-1500という誘導爆弾を実用化しており、いくつかの誘導方式を併用している。KABは誘導航空爆弾のことで、このほかロケットを追加して射程を延ばしたUPAB-1500シリーズもある。

　型式名については別表にしたが、型式名の後ろに弾頭の

種類を表す記号を付けることがある。爆風破砕弾頭が「F-E」、貫通弾頭が「Pr-E」、サーモバリック燃料気化弾頭が「OD-E」で、例えば1,500kg級貫通弾頭に電子光学センサーを付けた誘導爆弾は「KAB-1500Kp-Pr-E」という制式名称を持つ。

　このほか中国もお得意のリバースエンジニアリングで、ロシア製あるいはアメリカ製とよく似た誘導爆弾を保有しているようで、珠海の航空ショーなどでモックアップが展示されることがある。しかし、実際どこまで実用化されているのか、単なる航空ショー向けコンセプトモデルなのか分からないので、ここでは省略する。

翼下にAASMを搭載した
フランス空軍ラファールB
（写真：Sirpa Air）

AASMのイメージ図
（イラスト：SAGEM）

ロシア軍の誘導
爆弾2種。上から
KAB-1500Kr、
KAB-500-OD。い
ちばん下はAPR-
3E魚雷
（写真：鈴崎利治）

■ロシアの誘導爆弾

名称	ロシア語名称	誘導方式
KAB-250L	КАБ-250Л	セミアクティブレーザー
KAB-250S-E	КАБ-250С-Э	衛星/慣性
KAB-500Kr	КАБ-500Кр	電子光学
KAB-500L	КАБ-500Л	セミアクティブレーザー
KAB-500LG	КАБ-500ЛГ	セミアクティブレーザー
KAB-500S-E	КАБ-500С-Э	衛星/慣性
KAB-1500Kr	КАБ-1500Кр	電子光学
KAB-1500L	КАБ-1500Л	セミアクティブレーザー
KAB-1500LG	КАБ-1500ЛГ	セミアクティブレーザー
KAB-1500S-E	КАБ-1500С-Э	衛星/慣性
KAB-1500TK	КАБ-1500ТК	電子光学/データリンク

KAB=Korrektiru-yeskaya Aviatsionnaya Bomba
UPAB=Uni-versalnaya Planiruyushchaya Aviatsionnaya Bomba

クラスター爆弾

不発弾のリスクも大きく
使用禁止国の多い禁断の兵器

翼下と胴体下に10発のMk20ロックアイを搭載したアメリカ海軍P-3C（2002年撮影）。1本のMk20ロックアイは247発のボムレット（子爆弾）を内蔵し、子爆弾の爆発ガスは厚さ25cmの鉄板や厚さ80cmの強化コンクリートを貫通する破壊力を持つとされる（写真：US Navy）

厚木WINGSにおいてEA-6Bに搭載して展示された、Mk20ロックアイ（奥の2発）。手前はAGM-65マベリック対地/対艦ミサイル（写真：石川潤一）

「非人道的」とされ使用禁止の国も多いクラスター爆弾

クラスター爆弾そのものは広域を制圧するためには有効な兵器だが、何10発、種類によっては何100発ものサブミュニション（子爆弾）を内蔵するためすべてが爆発するとは限らない。そして、不発弾として地表や地中に残り、非戦闘員、特に子供が拾い上げて爆発、被害を受ける例が少なくなかった。

そのため、非人道兵器としてその使用を禁止する動きが出て、2008年12月にはノルウェーの首都オスロで30ヶ国がクラスター弾に関する条約、通称「オスロ条約」に批准した。日本も当初からの批准国だ。その後、イギリス、カナダ、オーストラリア、スウェーデンなども批准し、2016年11月現在の批准国は100の国と地域。また19の国と地域が調印をしている。しかし、アメリカ、ロシア、中国、北朝鮮、韓国、イスラエルなどは国防上の理由から禁止そのものに反対しており、現在も保有、使用を続けている。

最初から堅い話になってしまったが、「吊るしもの」と軽く書いてはいても、物を破壊し、人を殺すための兵器がその大部分を占めていることは確かで、禁止の動きがあることは書いておかなければならない。趣味の世界とは言え、兵器である以上、その功罪についても頭に入れておく必要があろう。特に、非戦闘員に被害がおよぶコラテラルダメージリスクの高い兵器についてはなおさらだ。

と、エクスキューズ（弁解）はこのくらいにして、本題に入ろう。クラスター爆弾というと、対人地雷をばらまく非人道兵器の代名詞になっているが、クラスターとは束ねる

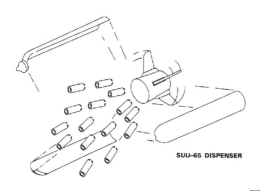

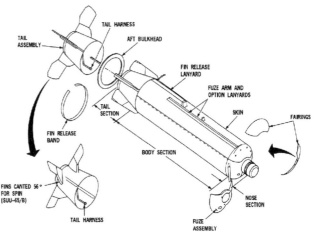

クラスター爆弾の分解イラスト（右）とSUU-65ディスペンサーの運用イラスト（左）。リトラクタブルの尾翼が開くと爆弾が回転し、前方のフェアリングが外れてディスペンサーが開くと、中から子爆弾が撒かれる

という意味で、「集束爆弾」という訳し方がある。つまり、何を束ねるかでその爆弾の性格そのものが変わってしまう。

表1はアメリカ空海軍が現用している主なクラスター爆弾だが、入れ物（ディスペンサー）は共通でも中身（ペイロード）が変わると用途も変わる。よく知られているのが海軍のロックアイで、Mk7 Mod3ディスペンサーに電子戦用のチャフを詰めればMJU-5/Bチャフボムになり、ロックアイの発展型ロックアイ2と同じSUU-76/Bディスペンサーにリーフレット（宣伝ビラ）を詰めれば心理作戦用の兵器となる。

非戦闘員への被害についても、着弾後、自爆あるいは不活性化する機能を追加するとか、収容弾数の数を制限するなど制限が設けられている。また、GPSを使って落下する弾道を修正できるWCMD*（風偏差修正ミュニション・ディスペンサー、「ウィクミド」）を採用、クラスター爆弾を「スマート化」することで目標を外れてばらまかれるリスクを減らすことも進められている。

■表1 アメリカ空海軍の主な現用クラスター爆弾

爆弾名	名称	ディスペンサー	ペイロード	信管
CBU-78/B	GATOR	SUU-58/B	BLU-91/B 45発、BLU-92/B 15発	Mk339 Mod 1
CBU-78B/B	GATOR	SUU-58/B	BLU-91/B 45発、BLU-92/B 15発	FMU-140/B
CBU-87/B	CEM	SUU-65/B	BLU-97/B 202発	FZU-39/B
CBU-87B/B	CEM	SUU-65/B	BLU-97A/B 202発	FZU-39/B
CBU-89/B	GATOR	SUU-64/B	BLU-91/B 72発、BLU-92/B 22発	FZU-39/B
CBU-89A/B	GATOR	SUU-64/B	BLU-91/B 72発、BLU-92/B 22発	FZU-39/B
CBU-97/B	SFW	SUU-66/B	BLU-108/B 10発	FZU-39/B
CBU-97A/B	SFW	SUU-66/B	BLU-108A/B 10発	FZU-39/B
CBU-97B/B	SFW	SUU-66/B	BLU-108B/B 10発	FZU-39/B
CBU-97C/B	SFW	SUU-66/B	BLU-108C/B 10発	FZU-39/B
CBU-99/B	ロックアイ2	SUU-75/B	Mk118 Mod.0 247発	Mk339 Mod 1
CBU-99A/B	ロックアイ2	SUU-75A/B	Mk118 Mod.0 247発	FMU-140/B
CBU-99B/B	ロックアイ2	SUU-75B/B	Mk118 Mod.0 247発	FMU-140/B
CBU-100/B	ロックアイ2	SUU-76/B	Mk118 Mod.0 247発	Mk339 Mod 1
CBU-100A/B	ロックアイ2	SUU-76A/B	Mk118 Mod.0 247発	FMU-140/B
CBU-102/B	ブラックアウトボム	SUU-66/B	BLU-114/B 202発	FZU-39/B
CBU-103/B	CEM/WCMD	SUU-65/B	BLU-97/B 202発	FZU-39/B
CBU-103A/B	CEM/WCMD	SUU-65/B	BLU-97/B 202発	FZU-39/B
CBU-103B/B	CEM/WCMD	SUU-65/B	BLU-97A/B 202発	FZU-39/B
CBU-104/B	GATOR/WCMD	SUU-64/B	BLU-91/B 72発+BLU-92/B 22発	FZU-39/B
CBU-104A/B	GATOR/WCMD	SUU-64/B	BLU-91/B 72発+BLU-92/B 22発	FZU-39/B
CBU-105/B	SFW/WCMD	SUU-66/B	BLU-108/B 10発	FZU-39/B
CBU-105A/B	SFW/WCMD	SUU-66/B	BLU-108A/B 10発	FZU-39/B
CBU-105B/B	SFW/WCMD	SUU-66/B	BLU-108B/B 10発	FZU-39/B
CBU-105C/B	SFW/WCMD	SUU-66/B	BLU-108C/B 10発	FZU-39/B
CBU-107/B	PAW/WCMD	SUU-66/B	金属ロッド 3,750本	FZU-39/B
CBU-113/B	CEM/WCMD-ER	SUU-65/B	BLU-97/B 202発	FZU-39/B
CBU-115/B	SFW/WCMD-ER	SUU-66/B	BLU-108B/B 10発	FZU-39/B
CBU-116/B	PDDM	SUU-65/B	BLU-114/B 202発	FZU-39/B
CBU-118/B	PDDM	SUU-65/B	BLU-114/B 202発	FZU-39/B
MJU-5/B	チャフボム	Mk7 Mod.3	チャフ	Mk339 Mod 1
Mk20 Mod.3	ロックアイ	Mk7 Mod.3	Mk118 Mod.0 247発	Mk339 Mod 1
Mk20 Mod.4	ロックアイ	Mk7 Mod.4	Mk118 Mod.0 247発	Mk339 Mod 1
Mk20 Mod.6	ロックアイ	Mk7 Mod.6	Mk118 Mod.1 247発	Mk339 Mod 1
PDU-5/B	リーフレットボム	SUU-76C/B	リーフレット	Mk339 Mod 1

空から撒かれたリーフレットの例。どちらも朝鮮戦争時のもので、左はアメリカが人々に攻撃目標からの避難をよびかけたもの。「경고」は「警告」、「목숨을살려라」は「命を捨てるな」の意。下は中国人民志願軍司令部がこの紙を持つ人の護送と身の安全を保証したもの（写真：US Air Force）

ORDER

The BEARER, regardless of his nationality or rank, will be duly accepted in accordance with our policy of leniency to prisoners of war and will be escorted to the nearest local headquarters of the People's Volunteers. He will be guaranteed the following:

1. Security of Life.
2. Retention of all personal belongings.
3. Freedom from maltreatment or abuse
4. Medical care for the wounded.

THE CHINESE PEOPLE'S
VOLUNTEERS' HEADQUARTERS

＊WCMD:Wind Corrected Munitions Dispenser

「非人道的ではない」新しいクラスター爆弾も

クラスター爆弾の禁止に反対しているアメリカであっても、国際世論の動向に配慮しないわけにはいかず、前述したWCMD化を進めている。しかし、BLU-91/B対戦車地雷とBLU-92/B対人地雷を混載したGATORシリーズだけでも数10万発の備蓄があるといわれ、おいそれと全廃できないのが現状だ。そこで、WCMD、あるいは展張翼を追加して射程を延長したWCMD-ER化を進めているわけで、新規製造ではなく備蓄分の改造でまかなっている。WCMD化、WCMD-ER化と性能向上は図られているが、基本的な構造は同じで、表のようにディスペンサー、ペイロード、信管は共通あるいは改良型を使用している。

ディスペンサーも、名称が異なってもペイロードにより内部構造が違っているだけで、外形からでは判別は難しい。

■表2 アメリカ軍の歴代CBUシリーズ

爆弾名	ディスペンサー	ペイロード
CBU-1/A	SUU-7/A	BLU-4/B 509発
CBU-2/A, 2B/A	SUU-7/A	BLU-3/B 360発. 409発
CBU-3/A, 3A/A	SUU-10/A, A/A	BLU-7/A/B 352発
CBU-3B/A	SUU-10/A	BLU-7A/B 371発
CBU-5/B(陸軍名M43)	M30	M138 57発
CBU-7/A, 7A/A	SUU-13/A, 13A/A	BLU-18/B 1,200発
CBU-8/A	SUU-7A/A	BDU-27/B 409発
CBU-9/A, 9A/A	SUU-7A/A, 7B/A	BDU-28/B 406発
CBU-10/A（海軍名Mk5 Mod.0）		BDU-30/B
CBU-11/A	SUU-7B/A	BLU-16/B 261発
CBU-12/A, 12A/A	SUU-7B/A, 7C/A	BLU-17/B 261発
CBU-13/A	SUU-7B/A	BLU-16/B 発 +BLU-17/B 261発
CBU-14/A, 14A/A	SUU-14/A, 14A/A	BLU-3/B
CBU-15/A	SUU-13/A	BLU-19/B 23発
CBU-16/A, 16A/A	SUU-13/A, 13A/A	CDU-9/B 40発またはBLU-20/B 23発
CBU-17/A	SUU-13/A	BDU-34/B 1,200発
CBU-18/A	SUU-13A/A	BLU-25/B
CBU-22/A, 22A/A	SUU-14/A, 14A/A	BLU-17/B 72発
CBU-23/B	SUU-31/B	BLU-26/B
CBU-24/B, 24A/B	SUU-30/B, 30A/B	BLU-26/BまたはBLU-36/B 665発
CBU-24B/B, 24C/B	SUU-30B/B, 30C/B	BLU-26/BまたはBLU-36/B 665発
CBU-25/A, 25A/A	SUU-14/A, 14A/A	BLU-24/B 132発
CBU-26/A	SUU-10/A	BDU-37/B 352発
CBU-28/A	SUU-13/A	BLU-43/B 4,800発
CBU-29/B, 29A/B	SUU-30/B, 30A/B	BLU-36/B 670発
CBU-29B/B, 29C/B	SUU-30B/B, 30C/B	BLU-36/B 670発
CBU-30/A	SUU-13/A	BLU-39/B 1,280発
CBU-34/A	SUU-38/A	BLU-42/B 540発
CBU-37/A	SUU-13/A	BLU-44/B 4,800発
CBU-38/A	SUU-13/A	BLU-49/B 40発
CBU-39/A	SUU-41A/A	XM41E1 1,500発
CBU-40/A	SUU-41A/A	XM40E5 6,500発
CBU-41/B	SUU-51/B	BLU-53/B 18発
CBU-42/A	SUU-38/A	BLU-54/B 540発
CBU-46/A	SUU-7C/A	BLU-24/B 640発
CBU-47/A	SUU-13/A	BLU-55/B
CBU-49/B, 49A/B	SUU-30/B, 30A/B	BLU-59/B 670発
CBU-49B/B, 49C/B	SUU-30B/B, 30C/B	BLU-59/B 670発
CBU-50/A	SUU-13/A	BLU-60/B 40発
CBU-51/A	SUU-13/A	BLU-67/B 40発
CBU-52/B, 52A/B, 52B/B	SUU-30/B, 30A/B, 30B/B	BLU-61A/B 217発
CBU-53/B	SUU-30B/B	BLU-70/B 670発
CBU-54/B	SUU-30B/B	BLU-68/B 670発
CBU-55/B, 55A/B	SUU-49/B, 49A/B	BLU-73A/B 3発
CBU-57/A	SUU-14A/A	BLU-69/B 132発
CBU-58/B, 58A/B	SUU-30A/B	BLU-63/B 650発
CBU-62/B	SUU-30/B	M38
CBU-63/B	SUU-30/B	M40A1 2,025発
CBU-66/B	SUU-51/B	BLU-81/B
CBU-68/B	SUU-30/B	BLU-48/B
CBU-70/B	SUU-30/B	BLU-85/B 79発
CBU-71/B	SUU-30A/B	BLU-86/B 650発
CBU-71A/B	SUU-30A/B	BLU-86A/B 650発
CBU-72/B	SUU-49A/B	BLU-73A/B 3発
CBU-74/B	SUU-51B/B	BLU-87/B 48発
CBU-75/B	SUU-54A/B	BLU-63/B 1,800発
CBU-75A/B	SUU-54A/B	BLU-63/B 1,420発 +BLU-86/B 355発
CBU-76/B	SUU-51B/B	BLU-61A/B 290発
CBU-77/B	SUU-51B/B	BLU-63/B 790発
CBU-82/B	SUU-58/B	BLU-91/B 60発
CBU-83/B	SUU-58/B	BLU-92/B 60発
CBU-84/B	SUU-54A/B	BLU-91/B+ BLU-92/B
CBU-85/B	SUU-54A/B	BLU-91/B
CBU-86/B	SUU-54A/B	BLU-92/B
CBU-90/B	SUU-65/B	BLU-99/B
CBU-92/B	SUU-65/B	BLU-101/B 9発 +ADS 3発
CBU-94/B	SUU-66/B	BLU-114/B 202発

ペイロードは前述したGATOR地雷のほか、BLU-97/B CEM＊（複合効果ミュニション）やBLU-108/B SFW＊（センサー信管兵器）がある。また、ロックアイおよびロックアイ2はMk108対戦車ボムレットをペイロードとしており、基本的にはこの4種類がアメリカ軍の主要クラスター爆弾だ。

このほか3,750本の大小4種類の安定翼が付いた金属ロッドを空中で散布し、地上の装甲されていない目標を攻撃する運動エネルギー貫通兵器CBU-107/B PAW＊（パッシブ攻撃兵器）や長い導電性繊維を空中で散布し、変電施設などをショートさせる「ブラックアウトボム（停電爆弾）」、BLU-114/Bを202発散布できるPDDM＊（配電阻止兵器）もある。CBU-107/Bは爆発をともなわないため、生物化学兵器施設などを最小限の被害拡散で攻撃するために使われる。クラスター爆弾の非人道的ではない新しい運用法としてこのような新しい爆弾が作られている。

日本は前述したようにオスロ条約を批准しており、航空自衛隊は現在クラスター爆弾を使用していない。以前は岐阜基地の航空祭にCBU-87/Bのイナート弾が展示されることがあったが、もちろん現在では展示されなくなった。三沢基地の航空祭では、アメリカ空軍の展示エリアに搭載訓練用のCBU-87/BがWCMD誘導キット付きで展示されることもあったが、最近は見かけない。

一方、ロックアイの方はほとんど見かけなくなった。嘉手納基地では時折、岩国の海兵隊F/A-18A/C/Dホーネットが飛来、実弾投下訓練を行うことがあるが、ロックアイ2の実弾訓練も2015年頃まで実施されていた。黄帯のクラスター爆弾はなかなか見られないので、機会があれば貴重なコレクションになる。

＊CEM:Combined Effects Munitions　＊SFW:Sensor Fuzed Weapon
＊PAW:Passive Attack Weapon　＊PDDM:Power Distribution Denial Munition

左ページの表2には、現用クラスター爆弾以外のCBUシリーズも列記しておいた。CBUは「クラスターボム・ユニット」のことだが、初期のものはほとんどがモデルナンバーの後に「/A」と表記されている。ユニット記号については前にも紹介したが、インスタレーションレター（取り付け記号）の「A」は空中投下を目的としない、またはできないもの、「B」は爆撃など投下、発射を目的とするものに付ける。つまり、CBU-1/Aなどは機体に取り付けたまま後方に対人ボムレットを投射する、ロケットランチャーを後ろ向きに付けたような形状だった。ディスペンサーはSUU-7/Aで、このほか箱型のSUU-13/Aというディスペンサーもあり、いろいろな種類のペイロードを収容している。

クラスター爆弾というと、円筒形の先端に丸い信管が付き、尾部に安定フィンという形を思い浮かべると思うが、初期のディスペンサーは爆弾のような流線形で、円筒形状の先駆けとなったのがSUU-30B/Bだ。SUU-30/Bには流線形のSUU-30/B、SUU-30A/B、SUU-30C/B、円筒形のSUU-30B/B、SUU-30H/Bなどがあり、表のように多くのクラスター爆弾に使われている初期の主要ディスペンサーだ。SUU-30B/Bは絞った後部に流線形の初期型の名残があるが、尾部まで完全な円筒形になったのはSUU-49/Bからで、SUU-51/B以降はテイルフィンが展張式になり、よりコンパクトに搭載できるようになった。

このリトラクタブル・テイルフィンはピンが外れるとバネで開く方式だが、このフィンを可動式にして、風で流される分をGPSのデータで補正しながら落下していくのが、ロッキードマーチンが開発したWCMDテイルキットだ。なお、海軍はロックアイのWCMD化を行っていないが、これはBLU-97/B 145発を収容する滑空爆弾、AGM-154A JSOW（統合スタンドオフ兵器）を採用したためで、空軍ではAGM-154Aに加え、BLU-108/B SFWサブミッション6発収容のAGM-154Bを採用する計画だった。しかし、CBU-105/B WCMD付きSFWクラスター爆弾に展張翼を付けたCBU-115/B WCMD-ERを採用することになり、AGM-154Bはキャンセルされた。

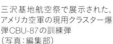
三沢基地航空祭で展示された、アメリカ空軍の現用クラスター爆弾CBU-87の訓練弾（写真：編集部）

アメリカ空軍がかつて使用したSUU-7/Aディスペンサー。航空機に搭載したまま、後ろから子爆弾を散布する。これに内蔵されるBLU-3/B対人子爆弾は、歩兵や非装甲目標に対して用いる（写真：US Air Force）

アメリカ以外の国々の クラスター爆弾をめぐる状況

オスロ条約批准国の中にはドイツ、フランス、イギリス、スウェーデンが含まれているが、これらの国でもクラスター爆弾や空中地雷散布システムを開発、製造していた。特にイギリスはBL755というSUU-30B/Bに似た形状のクラスター爆弾を運用していたほか、JP233という滑走路破壊用のディスペンサーをトーネードに搭載、湾岸戦争でも使用した。このJP233はある意味「悪質」な兵器で、滑走路に穴を開けるボムレットと対人地雷を一緒に散布、滑走路の穴の修復作業を妨害する効果を狙った。当然、非戦闘員の犠牲も大きく、1999年に発効した対人地雷禁止条約にともない運用を中止、廃棄されている。

ドイツ軍のトーネードも似たような兵器として胴体下に搭載、左右方向に地雷を散布するMW-1があり、またスウェーデンもJAS39グリペン用にDWS39ディスペンサーを開発している。これらも現在は使用されておらず、フランスも空中投下して四方八方にボムレットを投射するベルーガという投下型ディスペンサーの運用をすでに停止している。

2012年にヒューマンライツウォッチが告発したシリアでのクラスター爆弾の使用だが、ロシア製のAO-1 SCh対人用ボムレット150発搭載型とPTAB-2.5M対装甲車両用ボムレット搭載型の2種類を確認している。ロシアでは250kg級および500kg級のクラスター爆弾、RBK-250とRBK-500を運用中で、このほかMiG-29などに搭載、ロータリーランチャーにより空中散布が可能なKMGU-2ディスペンサーも保有する。

ボムレットは対人用のAOシリーズと対装甲車両用のPTABシリーズがあり、それぞれ1kg級と2.5kgがある。後ろに付く「SCh」はスチールケーシング式で、替りに「AB」とあれば爆風破砕式のより対人殺傷効果を狙ったボムレットということになる。

ハリアーに搭載して展示されたBL775クラスター爆弾（写真：石川潤一）

胴体下に搭載したJP233ディスペンサーから子爆弾を散布する西ドイツ空軍トーネード。1999年の対人地雷禁止条約発行に伴い、JP233は運用が中止されて廃棄された

ロケットランチャー
とロケット弾

ランチャーがなければ
お話しにならないロケット弾

陸上自衛隊AH-1Sの小翼に搭載して入間航空祭に展示されたTOWランチャー（外側）とM261ロケットランチャー（内側）（写真：石川潤一）

■ ロケット弾のフィンを折りたたんで、ロケットランチャーという筒に込める

以前、吊るしものの取材として首都圏では最大級の入間航空祭へ行ったとき、増槽以外を吊るしている機体はほとんどなかった。そんな中で、唯一「飛び道具」系の吊るしものを見せてくれたのが陸上自衛隊のAH-1Sコブラで、TOWランチャーとM261ロケットランチャーが搭載されていた。

どちらもランチャーであって、ミサイルやロケット弾を搭載しなければ単なる筒で、火工品は使われていないため安心して一般公開できる。ある意味、最も展示される回数の多い飛び道具系の吊るしものかもしれない。というわけで、ここではロケットランチャーとランチャーに搭載されるFFAR（フィン折りたたみ式航空ロケット）について見て行くことにする。

FFARはランチャーに収めるため尾部の安定フィンを折りたたみ式にし、発射直後に展張するもので、元々は爆撃機を弾幕で撃破するため要撃戦闘機に搭載された空対空兵器だった。カーチスF-89DスコーピオンやロッキードF-94Cスターファイアなどは翼端や機首側面にロケットランチャーを内蔵しており、機銃や機関砲を廃止した。ロケット弾自体は新しい兵器ではなく、第二次大戦中から実用化されていたが、当時は主翼下のパイロンにランチャーを取り付けてHVAR（高速航空ロケット）を発射した。続いて登場したのが空対空戦闘用のFFARで、Mk4マイティマウスと呼ばれた。このマイティマウスをヘリコプターの火力支援用に転用したのがベトナム戦争におけるロケットランチャーで、当初は現在のような円筒形ではなく、複数の筒（チューブ）を束ねた形状だった。

UH-1B/Cなどガンシップヘリコプターのアーマメントサブシステムのひとつとしていろいろなロケットランチャーが開発されており、機関銃やミニガンとともに、キャビ

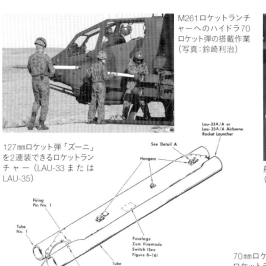

M261ロケットランチャーへのハイドラ70ロケット弾の搭載作業（写真：鈴崎利治）

127mmロケット弾「ズーニ」を2連装できるロケットランチャー（LAU-33 または LAU-35）

航空自衛隊F-1とともに展示されたJLAU-3ロケットランチャー（左）と70mmロケット弾（右）。奥には日本開発の4連装ロケットランチャーRL-4もみえる（写真：石川潤一）

70mmロケット弾19発を収容するLAU-3ロケットランチャー。先端のフェアリングは紙または布製で発射時に飛散する

ンから付き出たユニバーサルターレットに取り付けられた。よく知られているのが2.75in（70㎜）FFAR 7発を発射できるM158で、24本のチューブを束ねたXM3アーマメントサブシステムもあった。

初期のFFARにはマイティマウスのほか、5in（127㎜）径のズーニがあり、F-8クルセイダーが2連装のLAU-33/AまたはLAU-35/Aランチャーを胴体側面左右に2基ずつ搭載、最大8発の同時発射が可能だった。戦闘機といえばマイティマウスを高速飛行する戦闘機や攻撃機の「吊るしもの」としてポッドに収容できるようにしたのがLAU-3/Aで、航空自衛隊もJLAU-3/Aとして国産化している。マイティマウスはベトナム戦争末期まで使用されており、その後は現在のハイドラ70に更新された。

■ Mk66ロケット弾「ハイドラ70」を7発収容するLAU-68シリーズ

ロケット弾については後述するとして、まずはランチャーについて見ていこう。主なランチャーと搭載ロケット弾の径、弾数、搭載機などについては右の表にしたので参照いただきたいが、他の吊るしものと異なり、外見にほとんど違いがない。フランスやロシアのロケットランチャーのように先がとがった円錐形状のものもあるが、アメリカの場合はほとんどが円筒形で、高速機に搭載する際は先端部と尾部に整流や機体保護のためフェアリングを付けることもある。このフェアリングは防水加工した紙や布でできており、発射時に飛散する。

紙といえば初期はチューブが紙製でランチャーは使い捨てだったが、LAU-68/Aあたりからは金属製チューブに変更され、使い回されるようになった。また、ランチャー全体の長さも延びており、より大きなロケット弾も運用できるようになった。LAU-68/Aは現在最もよく使われている7発収容可能なロケットランチャーで、アメリカ空軍はLAU-68A/AおよびLAU-68B/A、海軍、海兵隊はMk66ロケット弾を運用できるLAU-68D/Aを使っている。Mk66ロケット弾は「ハイドラ70」と呼ばれるMk4/40マイティマウスの後継で、空軍も現在はマイティマウスからハイドラ70へ切り替えられており、LAU-68D/Aに準ずるタイプをLAU-131/Aと呼んでいる。

なお、Mk66ロケット弾を19発収容可能なロケットランチャーはLAU-61C/Aで、空軍は使用しておらず、主に海兵隊のF/A-18ホーネットやAV-8Bハリアー II、AH/UH-1などが火力支援に使用している。陸軍ではMシリーズの名称を使っており、LAU-68D/AあるいはLAU-131/Aに相当する7チューブ型をM260、19チューブ型を

■世界の主なロケットランチャー

型式名	ロケット径	弾数	主な搭載機
LAU-3/A	2.75in（70㎜）	19発	F-4、F-5、OV-10
LAU-10/A	5in（127㎜）	4発	F-4、F/A-18、AV-8B、OV-10
LAU-32/A	2.75in（70㎜）	7発	F-4、O-2、OV-10
LAU-33/A	5in（127㎜）	2発	F-8、F-4
LAU-35/A	5in（127㎜）	2発	F-8
LAU-37/A	2.75in（70㎜）	7発	F-8
LAU-49/A	2.75in（70㎜）	7発	
LAU-51/A	2.75in（70㎜）	19発	
LAU-59/A	2.75in（70㎜）	7発	OV-10、O-2
LAU-60/A	2.75in（70㎜）	19発	F-4、F-5
LAU-61/A	2.75in（70㎜）	19発	F/A-18、AV-8B、MH-60、AH/UH-1
LAU-68/A	2.75in（70㎜）	7発	A-10、F-4、F-16、F/A-18、AV-8B、OV-10、MH-60、AH/UH-1
LAU-69/A	2.75in（70㎜）	19発	F-4、OV-10
LAU-97/A	5in（127㎜）	4発	F/A-18、MQ-8
LAU-130/A	2.75in（70㎜）	19発	
LAU-131/A	2.75in（70㎜）	7発	A-10、F-16
XM3	2.75in（70㎜）	24発	UH-1
XM141	2.75in（70㎜）	7発	AH/UH-1
XM157	2.75in（70㎜）	7発	AH/UH-1
M158	2.75in（70㎜）	7発	AH/UH-1、OH-58
M159	2.75in（70㎜）	19発	AH/UH-1、OH-58
M200	2.75in（70㎜）	19発	AH/UH-1
M260	2.75in（70㎜）	7発	AH/UH-1、H-6、OH-58、AH-64
M261	2.75in（70㎜）	19発	AH/UH-1、H-6、OH-58、AH-64
MA-2/A	2.75in（70㎜）	2発	UH-1
フランス			
タイプ116M	68㎜	19発	ミラージュ、ハリアー
タイプ155	68㎜	18発	ミラージュ、ハリアー
カナダ			
LAU-5002/A	2.75in（70㎜）	6発	CF-104/116/118
LAU-5003/A	2.75in（70㎜）	19発	CF-104/116/118
LAU-5005/A	2.75in（70㎜）	6発	
ロシア			
B-8	80㎜	20発	MiG-29、Su-22/25、Ka-50、Mi-24
B-13	5in（127㎜）	6発	MiG-23/29、Su-22/25、Ka-50、Mi-24
UB-16	57㎜	16発	MiG-21/23/29、Su-7/22、Mi-8
UB-32	57㎜	32発	MiG-23/29、Su-7/17/22/25、Mi-17/24
ORO-57	57㎜	8発	MiG-19
日本			
RL-4	5in（127㎜）	4発	F-4EJ、F-1

左／A-10に搭載して航空祭で展示された、LAU-68ロケットランチャー
右／127㎜ロケット弾を4発収容できるLAU-10。前方にはフェアリングが取り付けられている（写真：石川潤一）

M261と呼んでいる。

海兵隊ではまた、5inロケット弾を4発収容できるLAU-10/AおよびLAU-97/Aを搭載することもある。わずか4発（左右搭載でも8発）しか搭載できないわけだが、FAC（前線航空統制）任務で目標の位置を攻撃隊に指示するためのものなので不足はないのだろう。5inロケット弾は白燐や赤燐などの発煙弾頭を搭載して目標指示に使うことが多く、一方2.75inロケット弾はリップル（連続）発射で広域を制圧することが多い。

リップル（連続）発射する
ロケット弾の発射順

リップル発射の場合、飛び出したロケット弾が互いにぶつかり合わないよう、19チューブの場合は3ゾーン、7チューブなら2ゾーンに分けられ、時間差を付けて発射される。ランチャーは単なるチューブで、ボムラックに吊り下げるためのサスペンションラグのほか、ロケット弾点火に必要な電気を通電するためのコネクターがある。通電によりロケットモーター前部のイグナイター（点火器）のスクウィブと呼ばれる導火火薬が熱せられて発火、黒色火薬とマグネシウム混合の点火薬が発火し、その炎がロケットモーターの固体燃料中空部を駆け抜け一気に点火する。

点火の順番は前述のようにゾーン別になっており、19チューブでは外縁部ゾーン1（またはゾーンA）の12発が発射され、残ったのは7発。そのゾーンは7チューブ式ランチャーと同じで、上下2チューブずつがゾーン2（ゾーンB）、真ん中の3チューブがゾーン5（ゾーンE）となっている。ゾーン3/4（ゾーンC/D）が抜けているのは、ロケットランチャーを4基搭載して、リップル発射する場合に割り当てられるためで、内舷のランチャーでは19チューブならゾーン3/4/5

陸自AH-1Sによるハイドラ70ロケット弾のリップル発射（写真：鈴崎利治）

リップル発射における「ゾーン」

（ゾーンC/D/E）、7チューブならゾーン4/5（ゾーンD/E）という順番だ。

FFARのフィンの
折りたたみ方は2種類

現行のロケットモーターは2.75inロケット弾がMk66、5inロケット弾がMk71で、アルミ製のモーターチューブの中にプロペラント（推進剤）、インヒビター（抑制剤）、イグナイター、そして均一に燃焼させるための安定ロッドがあり、尾端にノズル/フィン・アセンブリが付く。ノズル/フィン・アセンブリには2種類あり、Mk66は十字フィン、Mk71と後期型Mk66はラップアラウンド・フィンだ。フィンの形状によって、ノズルの形状も違ってくる。

まずは十字フィンだが、4枚の矩形フィンの翼端部を十字形の留め具で固定した形状で、発射の際にコンタクトディスクと呼ばれる留め具が外れ、バネで跳ね上がったフィンは50度程度の後退角まで広がる。一方のラップアラウンド・フィンは、ノズル付近の弾体尾部を覆う（ラップアラウンドする）外皮がフィンの役割を果す方式で、90度ずつ4等分されていて、ランチャーを離れるとロックが外れ、バネにより立ち上がって4枚のフィンになる。

ノズルは十字フィンの場合は折りたたんだフィンの谷となる部分を排気が流れるよう4つあって、初期のMk4では単なる円筒だったが、Mk40では斜めにカットされ、弾体を回転させられるようになった。ラップアラウンド・フィン方式では排気によるフィン損傷の心配はないため通常の1本ノズルで、内側にライフリングのような溝を刻んで排気に回転を与える。

ロケットモーターの先端部内側にはネジ山が切ってあり、ここに弾頭を取り付ける。実弾の場合は弾頭の先端に信管がやはりネジで取り付けられる。信管は径の小さい2.75inロケット弾ではPD（着発）式が基本で、着弾の衝撃で撃針がプライマーを叩いて着火、デトネーターに引火してブースター、そして弾頭へと火が回る方式だ。ただし、地上で誤って落下させても爆発しないよう、信管にはローターと呼ばれる丸い安全装置が内蔵されており、発射の際の大き

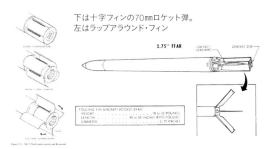

下は十字フィンの70mmロケット弾
左はラップアラウンド・フィン

なGによりプライマーが撃針の真後ろに来るよう回転、安全解除となる。なお、径の大きい5inロケット弾では、PD方式のほか機械式遅延信管や近接信管などいろいろな組み合わせが可能。

弾頭の種類はじつにいろいろ
誘導式のロケット弾もある

ロケットランチャーは基地祭などに展示されることも多く、ランチャーと一緒にロケット弾も並べられることがある。もちろんこれらは訓練弾で、訓練爆弾同様青く塗られていることが多い。弾頭についてはいろいろな種類があるので、アメリカ軍の現用のものについては右に「現用弾頭」の表にしてみた。

基本的な弾頭はHE（高性能炸薬）が充填されたもので、対戦車、対人、MPSM（多用途サブミュニション）などいくつかの種類がある。フラグメンテーションというのは弾頭が爆発により破砕して飛び散り、対人あるいはソフトスキン車両などに有効だ。フレシェットというのは対人殺傷用に多数の太い針を前方に射出する弾頭で、当初は対戦闘機用としても使われた。

フレシェットは元々ダーツ競技のダート（矢）を意味するフランス語で、フレチェットとも呼ばれる。Mk66に取り付けられるWDU-4/A弾頭の場合、弾頭内には2,200本のフレシェットが収容されており、射出用火薬が起爆すると円錐状に広がりながら前方へ向って飛び出す。このほか白燐および赤燐を使った発煙訓練弾、照明弾などの弾頭もあり、さらには信管との組み合わせでさらに種類が増えるので、とても紹介しきれない。

これに加えて、最近ではロッキードマーチンがDAGR（直接攻撃航空ロケット）というロケット弾とミサイルの中間的な誘導式ロケット弾を開発している。M151弾頭の前にセミアクティブレーザー式の誘導セクションを追加し、ヘルファイアのように運用できるという構想だ。同じようなものとして、BAEシステムズもAPKWS（新型精密キルウエポンシステム）を開発中で、こちらはM151弾頭とMk66ロケットモーターの間に誘導セクションを追加するレイアウトだ。このように、ロケット弾にはさらに進歩する余地があり、携行弾数が多い分だけ運用柔軟性にも優れる。都市型戦闘のように友軍への被害を考えなければならない戦闘が増える中、ロケット弾のように威力の小さい精密誘導兵器が増えていくかもしれない。

最後になったが、アメリカ以外のロケットランチャーについても少し触れておこう。アメリカ式は円筒形で先端と後端にフェアリングを取り付ける方式だが、ヨーロッパや

■現用のロケット弾用弾頭

弾頭名	用途	ロケット
M149	フラグメンテーション	Mk66
M156	白燐	Mk40
M229	HE（高性能炸薬）	Mk66
M255	フレシェット	Mk66
M257	照明	Mk66
M261	HE- MPSM（多用途サブミュニション）	Mk66
M264	赤燐発煙	Mk66
M267	訓練用発煙MPSM	Mk66
M274	訓練用発煙	Mk66
M278	赤外線照明	Mk66
Mk6	訓練	Mk71
Mk24	HE- MPSM（多用途サブミュニション）	Mk71
Mk32	訓練	Mk71
Mk33	照明	Mk71
Mk34	赤燐発煙	Mk71
Mk63	フラグメンテーション	Mk71
Mk67	訓練用発煙	Mk66
WDU-4/A	フレシェット	Mk66
WTU-1/B	訓練	Mk40
WTU-11/A	訓練	Mk71

セミアクティブ・レーザー誘導ロケット弾DAGR。先端に受信センサーがあり、フィンはラップアラウンド式。発射すると機首にウイングが展開するようだ（イラスト：Lockheed Martin）

旧ソ連（ロシア）ではロケットランチャー自体を空気抵抗の小さい形にすることが多い。フランスのマトラが開発、ミラージュやイギリスのハリアーが搭載したタイプ116/155は有名で、100リットル増槽の前部をロケットランチャーにしたJL100という変わり種もある。

旧ソ連には57mmのS-5、80mmのS-8、127mmのS-13という3種類のFFARがあり、それぞれに専用のロケットランチャーがある。よく知られているのが円錐形状のUB-16とUB-32で、数字は弾数を表す。このほかS-8用のB-8シリーズ、S-13用のB-13シリーズなどもある。B-8シリーズはマトラ式に似た円錐形だが、UBシリーズは円錐中心部のチューブが付き出た独特の形状で、遠目にもよく分かる。ほかにもカナダやブラジルなどロケットランチャーを国産化している国は多く、海外のエアショーなどでも多く見受けられるので、機会があればチェックしていただきたい。

モスクワ国際航空宇宙ショーMAKSで、Su-33の折りたたんだ主翼に搭載して展示されたロケットランチャーB-8。直径8mmのS-8ロケット弾を20発収容できる（写真：鈴崎利治）

爆雷、機雷、魚雷

対潜水艦戦に必須な伝統兵器
「水雷兵器三兄弟」

海自厚木航空基地の「ちびっこヤング大会」で公開された150kg対潜爆弾
（写真：石川潤一）

航空機搭載型の
「爆雷（対潜爆弾）」「機雷」「魚雷」

　海上自衛隊厚木航空基地のイベントで、P-3Cオライオンの傍らに、真っ黄色に塗られた爆弾のようなものを見たことがある方は少なくないと思う。その色からおよそ兵器には見えないが、これは150kg級対潜爆弾（爆雷とも言う）と呼ばれる対潜兵器のダミー弾で、同じ色に塗られたMk46魚雷のダミー弾が展示されていることも多い。ここでは主にASW（対潜水艦戦）に使われる3つの「水雷兵器」である〈爆雷〉、〈機雷〉、〈魚雷〉について、航空機から投下される「吊るしもの」に限って見て行くことにする。

　大雑把に書いてしまうと、設定された深度で爆発する単純な兵器が爆雷で、海底に着底あるいは係維（けいい）され、磁気や音響などにより起爆するもう一歩進んだ兵器が機雷、そしてプロペラスクリューにより目標に向かう、よりアクティブな兵器が魚雷だ。中には魚雷を内蔵する機雷のようなハイブリッドなものもあるが、その辺については追々書くとして、まず爆雷から見ていこう。

　爆雷は英語でいうと「Depth Charge」あるいは「Depth

Mk101ルル核爆雷。
核弾頭は11キロトン級のW34
（写真：US Navy）

■爆雷（対潜爆弾）各種

名称	重量	主な搭載機
Mk53	325lb（約150kg）	TBF/TBM、P-2、P-3、S-2
Mk54	1,350lb	TBF/TBM、S-2
Mk90 "Betty"	核爆雷	S-2、P-5
Mk101 "Lulu"	核爆雷	P-2、P-3、S-2

Bomb」で、「Depth（デプス）」というのは「深度」のこと。つまり、投下前に設定された深度まで沈下したところで起爆する「爆薬」あるいは「爆弾」のことだ。海上自衛隊では艦艇から投下する爆雷と区別する意味から、冒頭で書いた150kg航空爆弾を「対潜爆弾」と呼んでいる。

　アメリカ海軍ではグラマン／ジェネラルモーターズTBF/TBMアベンジャー雷撃機、ロッキードP-2ネプチューン対潜哨戒機、グラマンS-2トラッカー艦上対潜機などが1960年代頃までMk53、Mk54という航空爆雷を運用していたが、現在は使われていない。Mk53は重量325lb（148kg）で、海上自衛隊が現用中の150kg対潜爆弾はその同系だろう。

　爆雷は至近距離で爆発しないと潜水艦に被害を与えることはできないが、その打開策として考案されたのが核爆雷だ。核弾頭の小型化にともない実用化されたもので、周辺を航行する潜水艦は確実に破壊できるが、例えば水上艦から投下すればその艦が被害を被ることは避けられない。そのため、Mk90ベティとMk101ルルはP-2ネプチューンやP-3オライオン、マーチンP-5マーリンなど大型対潜哨戒機から運用された。ただし、実戦で使われたことはなく、すでに退役している。

機雷はイベントでよく展示されるが
見分けるのは難しい

　海上自衛隊、アメリカ海軍とも、P-3Cオライオンが常駐している基地であれば、時々は見かける吊るしものが機雷だ。特に、毎年7月に青森県の陸奥湾で実施される日米共同の機雷戦訓練と掃海特別訓練では、三沢基地および八戸航空基地から訓練用に赤白に塗られた機雷を搭載したオライオンが頻繁に飛行する。それ以外にも、沖縄の嘉手納基地では以前、機雷を吊るしたアメリカ海軍のP-3Cを見かけることがあった。また、海上自衛隊のP-3C後継機、川

B-52Gとともに展示されたMk52機雷。安定フィンの形が初期型と異なる（写真：石川潤一）

B-52Gの爆弾倉に搭載されたMk52機雷。色はオレンジに白帯（写真：石川潤一）

B-52Gの主翼下に搭載された機雷。手前上側はMk56、下側はMk60CAPTORで、後方には爆弾倉に収容されたMk52が3基並んでいる（写真：石川潤一）

崎P-1の飛行試験が行われている厚木航空基地では、試験用の機雷や対艦ミサイルを搭載している姿を見ることができる。

海上自衛隊のオライオンはこのほか、千葉県の下総航空基地や山口県の岩国航空基地、沖縄県の那覇航空基地に展開しており、これらの基地イベントに行けば対潜爆弾や機雷、魚雷などの黄色いダミー弾が展示されているかもしれない。

このように、機雷は比較的見る機会の多い吊るしものだが、単純な筒状だったり、Mk80系の高抵抗爆弾と同じ形状だったりと、見分けるのは意外に簡単ではない。現在は使われていないものも含めて、有名どころはリスト（128ページ参照）にしたので、参照していただきたい。

現用はMk52以降で、3つのタイプに分かれる。Mk52/55/56などは円筒形の尾部に折りたたんだパラシュートが詰まった円盤形のパラシュートパック、略して「パラパック」があり、投下後、リリースメカニズムが働いてパラシュートを開き、ゆっくりと落下する。パラパックを囲むように四角形の安定フィンがあり、機雷は海面へ落下後、パラパックを切り離すと先端部を下にして沈下する。機雷には浅い海なら海底に沈んだまま目標の通過を待つ沈底（ボトム）式、着底後、機雷本体が切り離され、ワイヤ長の長さだけ浮上する係維（モアリング）式がある。機雷の後部側面にはアーミング・デバイスという安全装置があり、着水後、水圧によってスイッチが入る。

磁気、音、水圧を複合感知して爆発するのが現代の機雷

機雷というのは「機械水雷」の略で、英語では「マイン（Mine）」という。英語では地雷も「マイン」なので、「アンダーウォーターマイン」と「ランドマイン」と呼び分けることもある。機雷そのものは19世紀から使われており、当初は機雷に船や潜水艦が触れると爆発する触発（コンタクト）式で、水面下を浮遊するタイプや海底からワイヤで係留される係維式が中心だった。第二次大戦前には磁気や音響で起爆する感応（インフルーエンス）式機雷が生まれた。

鋼鉄製の艦船、潜水艦の磁気に感応して信管を起爆する磁気（マグネティック）式が最初で、続いてスクリュー音などの音を拾って起爆する音響（アコースティック）式も生まれた。また、船体が直接機雷に触れる、いわゆる「触雷」しなくても至近を通過した時の水圧の変化で起爆する水圧（プレッシャー）式の信管も誕生した。現在では、複数の信管を併用する複合（コンバインド）方式が標準的になった。

海上自衛隊も使用しているMk52機雷を例にあげれば、いろいろな感応方式の改良型を複数用意している。

Mod1　音響
Mod2　磁気
Mod3　水圧/磁気
Mod5　音響/磁気
Mod6　音響/磁気/水圧

Mk52/55は沈底感応式で、パラシュートによって投下されるが、より簡単な既存の爆弾に感応信管を付けた、クイックストライク機雷が多く使われている。クイックストライク機雷が登場する前には、デストラクターという機雷にも地雷にもなるMk36/40/41があった。ベースとなっ

P-3Cに搭載されるMk62クイックストライク機雷。フィンアセンブリは初期型Mk15スネークアイのようだ（写真：US Navy）

Mk55機雷

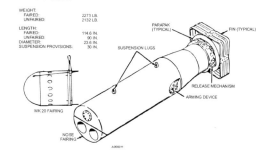

WEIGHT:
FAIRED: 2273 LB.
UNFAIRED: 2132 LB.

LENGTH:
FAIRED: 114.6 IN.
UNFAIRED: 90 IN.
DIAMETER: 23.6 IN.
SUSPENSION PROVISIONS: 30 IN.

PARAPAK (TYPICAL)
FIN (TYPICAL)
SUSPENSION LUGS
RELEASE MECHANISM
ARMING DEVICE
MK 20 FAIRING
NOSE FAIRING
A065011

たのは500lb級のMk82、1,000lb級のMk83、2,000lb級のMk84で、その発展型がMk59/62/63/64/65クイックストライクだ。

Mk59は、現在ではほとんど使われていないM117 750lb爆弾のリターデッド（遅進）型M117Rだ。Mk84 2,000lb爆弾を改造したMk64は、弾体を薄くして炸薬量を増やしたMk65に切り替えられている。つまり、現在よく見られるクイックストライク機雷はMk82ベースの「Mk62」、Mk83ベースの「Mk63」、そして前述した「Mk65」の3種類だ。

機雷の種類いろいろ
なかには小型魚雷を収容したものも

デストラクター/クイックストライク機雷は、通常のパラシュートではなく、リターデッド装置で減速させる方式で、基本的にはMk80系爆弾と同じものが使われる。Mk36/62には初期型がMk15スネークアイ・フィンアセンブリを採用していたが、Mk62後期型はフィンの形が異なり軽量化されたBSU-86/Bフィンアセンブリに変更された。さらに、爆撃機から中高度で投下する場合は、パラシュート式のMk16フィンアセンブリを使うこともある。

1,000lb級のMk63もフィン開傘式のMAU-91/Bとバリュート（バルーンパラシュート）式のMk12の2種類あって、Mk64もバリュート式のMk11を尾部に取り付けていた。Mk64は2,000lb級という最大クラスの機雷だが、元々が爆風破砕効果を狙った分厚いケーシングであるため炸薬量が少なく、水中での威力は小さい。そこで、まったく新しいケーシングを設計、尾部にパラシュートを装備しているのがMk65で、重量はアメリカの機雷としては最大級の2,390lb（1,084kg）に達する。これに次ぐ2,321lbの機雷がMk60 CAPTERで、CAPTERとは「魚雷収容カプセル」のこと。機雷の内部に小型魚雷を収容、沈底して目標となる潜水艦が接近するとカプセルから魚雷が発射されて攻撃を行うハイブリッド兵器だ。

Mk60はその特殊性から日本国内ではあまり見かけることはなく、筆者も1989年の横田基地公開でB-52Gが展示された時に見たのが唯一。この時は爆弾倉にMk52、主翼下にMk56とMk60、さらにハープーン対艦ミサイルも搭載するというサービスぶりで、今後、これと同じことを期待してもまず叶わないだろう。

航空機投下型の魚雷は3種類
古い順にMk46、Mk50、Mk54

CAPTERの話が出てきたところで、最後は「魚型水雷」、略して「魚雷」（英語ではTorpedo）についても見ていこう。魚雷については厚木航空基地をはじめとして海上自衛隊のP-3C基地のイベントで黄色く塗られたMk46をしばしば見かける。しかし、どうにもリアリティに欠けるとお思いの方は、アメリカ海軍厚木基地の日米親善祭が狙い目だ。現在、厚木基地にはMH-60R飛行隊2個が常駐しており、魚

■機雷各種

名称	型式	重量	主な搭載機
Mk13	磁気	1,048/1,118 lb	B-24/PB4Y、A-1
Mk25	磁気	1,950～2,000 lb	A-1、A-4、P-2、P-3
Mk36	デストラクター	552 lb	A-7、B-52、F/A-18、P-3
Mk40	デストラクター	1,056 lb	F/A-18
Mk41	デストラクター	2,000 lb	B-52
Mk52	音響/磁気/水圧	1,130～1,235 lb	A-7、B-52、F/A-18
Mk55	音響/磁気/水圧	2,039～2,128 lb	A-7、B-52、F/A-18、P-3
Mk56	磁気	2,135 lb	A-7、B-52、F/A-18
Mk59	クイックストライク	750 lb	B-52
Mk60	CAPTOR	2,321 lb	P-3
Mk62	クイックストライク	531 lb	B-1、B-2、B-52、F/A-18、P-3
Mk63	クイックストライク	985 lb	B-52、F/A-18、P-3
Mk64	クイックストライク	2,000 lb	B-52
Mk65	クイックストライク	2,390 lb	B-1、B-52、F/A-18、P-3

厚木基地のWingsでS-3Bバイキングとともに公開されたMk65クイックストライク機雷。Mk84とはまったくの別物だ（写真：石川潤一）

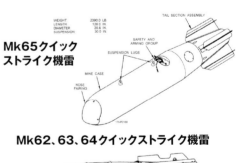

Mk65クイックストライク機雷

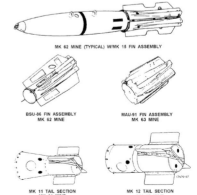

Mk62、63、64クイックストライク機雷

MK 62 MINE (TYPICAL) W/MK 15 FIN ASSEMBLY

BSU-86 FIN ASSEMBLY
MK 62 MINE

MAU-91 FIN ASSEMBLY
MK 63 MINE

MK 11 TAIL SECTION
MK 64 MINE

MK 12 TAIL SECTION
MK 63 MINE

■魚雷各種

名称	重量	直径	主な搭載機
Mk7	1,628 lb	18 in	DT-2
Mk13	2,216lb	22.4 in	TBD、TBF/TBM
Mk24	680 lb	19 in	TBF/TBM
Mk34	1,150 lb	21 in	TBF/TBM、S-2
Mk41	1,327 lb	21 in	S-2
Mk43	265 lb	12.75 in	A-1、S-2
Mk44	425 lb	12.75 in	A-1、SH-3
Mk46	518 lb	12.75 in	P-3、S-3、SH-2、SH-3、SH-60
Mk50	800 lb	12.75 in	SH-2、SH-60
Mk54	608 lb	12.75 in	P-3、P-8、MH-60R

HS-14のSH-60Fに搭載されたMk50魚雷。前部が黒に青帯、後部が銅色で、白いノーズフェアリングが目立つ（写真：石川潤一）

オーストラリア航空ショーに展示されたオーストラリア海軍のS-70BシーホークとMk50魚雷（写真：石川潤一）

P-8Aポセイドンに搭載されるMk54魚雷（写真：US Navy）

Mk46魚雷

Mk50魚雷

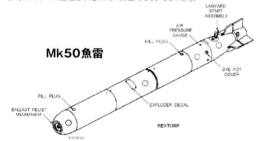

ニュージーランド交通技術博物館に展示されていたイギリス海軍のソードフィッシュ雷撃機。胴体下に18in魚雷を搭載している（写真：石川潤一）

雷の訓練弾を搭載した状態での展示も期待できる。

　魚雷とは何かを今さら説明する必要はないと思うが、現用の航空機投下型魚雷は3種類で、P-3Cの爆弾倉に収容できるやや短いMk46とSH/MH-60などが搭載するMk50がこれまで厚木基地で展示されたことがある。既述のようにMH-60Rの運用が始まった厚木では、最新鋭のMk54魚雷も間もなく見られるだろう。Mk54はP-3CやP-8Aポセイドンにも搭載できるよう、Mk46よりやや長い程度で、直径はMk46/50と同じ12.75in（324mm）だ。初期の魚雷は潜水艦や駆逐艦、魚雷艇などから発射される魚雷と同径の21in（533mm）径のものが多かったが、現在は小径化されて取り回しがかなり楽になった。

　地上展示されている魚雷の尾部には、機雷のパラパックのような短い円筒形のエアスタビライザーが取り付けてある。その中にはパラパックも内蔵されており、着水時の衝撃をやわらげるという本来の役割が終わると切り離され、推進用のプロペラスクリューが姿を現す。プロペラを着水の

衝撃から守るという役割もエアスタビライザーには備わっている。

　以上、アメリカ海軍と海上自衛隊の水雷三兄弟について見てきたが、ロシアや中国、海軍国であるイギリス、独自兵器の好きなフランスなども国産水雷兵器を開発している。ヨーロッパでは現在、多国籍共同開発のヘリコプターの売り込みに力を入れており、AW159リンクス・ワイルドキャットやAW101マーリン、NH-90の艦載型NFH-90などがしのぎを削っている。これにアメリカ製のMH-60Rが加わるわけで、国際航空ショーでこれらの機体が魚雷のモックアップとともに展示されることが増えている。

　また、航空博物館で第二次大戦中の雷撃機、アベンジャーやソードフィッシュなどが旧式の魚雷を搭載した形態で展示されていることもあるだろう。

　飛行機を見たら何か吊るしていないか主翼や胴体の下をのぞき込む。そんな習慣を吊るしもの好きならぜひ身に付けていただきたい。

新たな飛翔ウエポンとして注目される
ウクライナ軍事侵攻でのドローン兵器

この本は元々、航空機の胴体や主翼に搭載する「ウエポン」について書いたものだが、2022年2月にロシア軍がウクライナ領に侵攻したのを機に、ドローン兵器が一気に注目されるようになった。とはいっても、大きく取り扱うほどの「ウエポン」でもないので、コラムとして簡単に紹介しておきたい。

破壊力は小さくても効果は大きい

ドローンというと一般的なイメージはホビーやスポーツ、あるいは報道、土木等の作業支援が用途の4枚プロペラのクワッドコプター、プロペラを増やしたマルチコプターで、「ウエポン」とはかけ離れているだろう。しかし、ウクライナでは民生用の小型ドローンに手榴弾や手製爆弾を搭載できるよう改造した。そしてこのドローンを前線の向こう側まで飛ばし、敵の塹壕の中に投下するというこれまでになかった使い方を考案した。

ホバリングするドローンのカメラで目標を見ながら、状況によってはすぐ近くまで降下して爆弾を投下するため狙いはかなり正確で、戦車の砲塔のハッチに放り込むような映像も多数公開されている。当然ながら反撃を受けて撃墜されるドローンも多いはずで、ニュースなどに流れて来るのは成功例に過ぎない。爆弾の威力は小さく、兵器としての有効性は低いが、いつ、上から爆弾が降ってくるか分らない恐怖が兵士に与える心理的効果は計り知れない。

小型軽量で安価なため、多数のドローンを同時に飛ばしてスウォーム（群れ）として運用することもでき、今後、AIによる連携も可能になり、用途はさらに広がるはずだ。

自爆兵器、徘徊型ドローンとは

もうひとつ、ウクライナの戦いで注目されたのが「徘徊型ドローン」で、目標付近上空を徘徊（ロイタリング）して、標的を見つけると突っ込んでいく自爆兵器だ。このため、「カミカゼドローン」などとも呼ばれるが、地対地ミサイルの一種といってもいいだろう。ミサイルとの大きな違いは速度の遅いプロペラ推進が基本で、目標上空に長時間滞空できる性能を重視したものだ。

よく知られているのがロシアのザラ・ランセット（飛行時間40分）だが、搭載する弾薬が数kgであまり効果がなかった。そこでロシアは、イランのシャヘド製でサイズの大きいシャヘド136を導入、ゲラン2として運用している。これなら2,000km前後を飛行、数10kgの高性能爆薬とともに突っ込んでいくため、効果は大きい。なにより、1基数100万円の比較的安価な兵器であるため、スウォームで襲来すれば、パトリオットなどウクライナ側の高額な地対空ミサイルを消費させる効果は大きく、やっかいな相手になっている。

対するウクライナ側にも、アメリカのエアロバイロンメント製スイッチブレードという歩兵携帯式の電動徘徊兵器が供与されている。しかし、弾頭の威力が小さいため、シャヘドほどの戦果は挙げていないようだ。

なお、ウクライナでは使われていないが、アゼルバイジャンがアルメニアとのナゴルノ・カラバフ紛争で、イスラエルのIAIが開発した低価格の徘徊兵器、ハーピーとその改良型、ハロップを使用している。

米陸軍第11装甲騎兵連隊によるドローンスウォーム訓練（写真：DVIDS）

米海兵隊の第1航空射撃連絡中隊が運用するスイッチブレード300
（写真：US Marines）

米海軍特殊作戦部隊員がスイッチブレード300を発射するところ
（写真：US Navy）

索引

〈注〉
※本書でとりあげているウエポンおよび搭載するための装備品を、名称で引くための索引を設けた。ただし、ある程度の説明があるページと図や表のあるページに限った。
※ページ数の後に「図」とあるものは、そのページに図があることを示す。「表」とあるものはそのページの表中に出ていることを示す。
※「/A」や「/B」などのインスタレーションレター（取り付け記号）は、索引では省略した。
※同種類の兵器で設計番号が同じものは、シリーズレター（A、B、Cなど）や改造記号（（v）以下の表記）が異なってもひとまとめにし、「/」で区切って併記した。
※113ページでも触れているように「M」「Mk」は様々な物品に付けられているため、番号が被ることはままある。隣の文字で、目当てのものかどうか確認されたい。